INVENTAIRE
V 19178

I0069635

RP. 371.

Au frere Lebrun
augustin arch[...]
du con[seil] de pa[ris]

V. 2118.
A.

L'ARITHMETIQVE
DE GEMME PHRISON:

Traduite en François par Pierre Forcadel de Beziers, Professeur és Mathematiques: & par luy illustree de Commentaires, contenans plusieurs inuentions nouuelles dudit FORCADEL.

Augmentee en ceste derniere Edition des Commentaires sur les reigles des Fractions.

EN MOY LA MORT,

EN MOY LA [VIE]

A PARIS,

Chez Hierosme de MARNEF, & la veufue
GVILLAVME CAVELLAT au mont
S. Hilaire à l'enseigne du Pelican.

M. D. LXXXV.

AVEC PRIVILEGE DV ROY.

August. Dioe. Par.

EXTRAICT DV PRIVILEGE
DV ROY.

PAr grace & Priuilege du Roy, il eſt permis à
Hieroſme de Marnef, Libraire iuré en l'Vniuerſité de Paris, d'imprimer ou faire imprimer en tel
volume que bon luy ſemblera, *L'Arithmetique de
Gemme Phriſon, traduite en François par Pierre Forcadel,
Profeſſeur és Mathematiques, & auant ſon deceζ augmětee
de Commentaires ſur les reigles des fractiõs.* Et fait deffen-
ſes ledit Seigneur à tous Libraires, Imprimeurs, &
perſonnes quelcóques de ſon royaume, d'imprimer
ou faire imprimer, vendre & diſtribuer en ſes terres
& Seigneuries, autres que ceux qu'aura imprimé ledit de Marnef, ou de ſon conſentement, iuſques au
temps & terme de ſix ans, finis & accõplis, à commencer du iour & date que ledit liure ſera paracheu-
ué d'imprimer, ſur peine de confiſcation deſdits liures, & autre amende arbitraire. Et à fin qu'aucun
ne puiſſe pretédre cauſe d'ignorance, ledit Seigneur
veut & entend que l'extraict d'iceluy eſtant mis au
commencement ou à la fin dudit liure ſerue pour
toute notification, car tel eſt ſon plaiſir nonobſtant
oppoſitions ou appellations quelconques, comme
plus à plein appert par leſdites lettres dudit Priuilege. Sur ce donné à Paris le 8. Mars, 1585.

PAR LE CONSEIL.
BARTHELEMY.

AV REVEREND ET

tresdocte Prelat, Messire Hierosme de la Rouuere, Euesque de Thoulon, Ambassadeur de Monseigneur de Sauoye, pres sa Majesté.

MONSEIGNEVR, deslors que ie party de Fráce pour faire le voiage d'Italie, i'auois par plusieurs fois entendu par personnages de grande erudition, & de singulier iugement, cóbien la nature dés la naissance vous auoit enrichy de ses perfections, & auec quel soing & solicitude vous auiez esté nourry & instruict en toutes bónes disciplines dés vostre enfance, & combien par la tres-heureuse felicité de vostre diuin esprit, & tresexcelléte memoire, vous auiez proffité &

auancé, tant en l'inte!'igence des bónes
lettres, comme en la vraye cognoissance & exercice de la vertu. Mais depuis
qu'ayát passé les monts, ie trouuay toutes les villes d'Italie pleines d'vne tref-
honorable renómee de voftre nom, &
que dans Rome les plus grás Princes &
Seigneurs, & autres hómes excellents
en toutes efpeces de doctrine, vo' loü-
oient, prifoiét & eftimoiét, cóme à l'en
uy, & mefme publioient, que dés l'aage plus tendre, fans attédre le téps que
les autres ont accouftumé de laiffer venir pour eftre façónez aux lettres, vous
auiez furpaffé & vaincu toute l'efperá-
ce, qu'vn ieune gentilhóme bié népou-
uoit auoir dónee de foy à fes parés &
precepteurs : ie ne ceffay onc depuis ce
téps, de vo' reuerer, honorer, admirer,
& defirer prefque impatiément d'auoir
bien toft le bien, & l'heur d'acquerir
quelque lieu en voftre cognoiffance &
bóne grace, auec occafió de vous pou-

uoir faire hūble feruice. Ayant longue-
mét continué en femblable deuotion,
& eſtant retourné en ceſte vniuerſité de
Paris, où ie fais en public & en priué
profeſſió des Mathematiques, i'ay péſé
que ie ne pourrois pour le preſent vo°
bailler preuue pl° certaine de mó bon
vouloir, que de faire publier ſous vo-
ſtre protection l'Arithmetique Fran-
çoiſe de Gemme Phriſon, laquelle, outre la ſimple traduction, i'ay amplifiée
de pluſieurs miennes expoſitions & inuentions, leſquelles (comme ie croy) ne
ſeront point inutiles à ceux qui ſe dele-
ctent de telles ſciences. Ie vous ſuppli-
ray donc, Monſeigneur, receuoir ce petit teſmoignage de ma bonne volonté,
auec celle meſme douceur, qui vous a
touſiours eſté familiere enuers les hommes ſtudieux, leſquels vous auez accou
ſtumé d'aymer, fauoriſer, & aduancer
ſelon leurs merites, à chacun honneſte
moyen qui ſe preſte opportunement:&

en me faifant cefte faueur, Mõfeigneur, vous m'obligerez & affectiõnerez touf-iours de plus en plus. à vous rédre toute ma vie l'humble obeiffance, auec laquelle i'ay deliberé me monftrer entierement voftre en tous les endroits, où il vous plaira me fauorifer de tant que de me commander. Ce pendant, Monfeigneur, ie fuppliray le Createur, vous donner, en parfaicte fanté, & entiere profperité, longue & heureufe vie. De Paris, ce quatorziefme iour de Decembre, l'an mil cinq cens foixante.

Voftre tref-humble, & trefobeiffant feruiteur,
P. Forcadel.

GVILLAVME CAVELLAT
au Lecteur Salut.

COMME est le naturel de l'hôme, d'aymer tousiours nouuelleté, & entrepren dre quelquesfois choses à quoy d'autres, ou par vne crainte qu'ils ont de n'en pouuoir venir à leur honneur, ou pour cause de la difficulté qui du commencement se presente, n'ont osé mettre la main : depuis le temps que la cognoissance, acquise auec l'aage, m'a fait voir à l'œil, que ceux, auec lesquels i'ay mesme vacation de profiter à la Republique par l'edition de toutes sortes de liures, s'arre- stêt à imprimer les œuures des Grãmairiens, Orateurs, Historiographes, Philosophes, Le- gistes, Medecins, & Theologiês: voyant que nul, ou peu dentr'eux, s'ingeroit d'entrepren- dre, non pas mesmes entrer dãs les destours & Labyrinthe des Mathematiques : à fin que tant loüable science ne feust ancãtie par fau-

A iiij

te d'estre mise en lumiere, i'ay prins sa cause
en main, & quasi seul entre les Imprimeurs
de nostre France me suis entremis, auec ex-
cessifs fraiz & despenses, de faire imprimer
toutes sortes de liures traitans de cest art, à
fin de te donner asseuré tesmoignage, combien
tousiours i'ay desiré l'accroissemët des lettres.
Et cöbien qu'il n'y ait si petit liure de Ma-
thematique, qui ne soit accompagné de figures, demonstrations, organes, machines, nombres, & peintures inexplicables : ausquelles
faillir du moindre poinct, est peruertir l'intelligence, & troubler le sens de l'auteur : si est-
ce que ny ce ste difficulté, ny toute autre consideration qui pourroit destourner l'esprit de
si difficile entreprise, ne m'a sçeu retirer de ma
deliberation : poursuiuāt laquelle, chacū peut
veoir combiē de diuers liures Grecs, Latins,
& François, sont maintenāt en lumiere, lesquels (sans mon moyen) à l'auenture seroient
encores enseuelis és tenebres d'ignorance. En
quoy aiāt quasi employé tout le bien qu'auec
mon trauail i'auois acquis, dequoy me puis-

ie vanter, sinō d'auoir serny de lumiere, ou chā
delle: laquelle, luisant au profit d'autruy, petit à petit se consume soymesmes, & defaut?
Quoy qu'il en soit aduenu, toutefois ie ne me
repētiray point de mō entreprise, pourueu que
tu sois cōtent de mō trauail : & que ie puisse
cognoistre, que tāt mes labeurs passez, q̃ celuy
lequel à present ay entrepris & acheué, t'ont
esté & sont agreables & profitables. Je ne te
feray autre discours sur les loüanges, tant de
Gēme Phrison, qui est nostre autheur princi-
pal de ceste Arithmetique, que du seigneur
Forcadel, qui l'a traduite & cōmentee: car &
cest œuure, & plusieurs autres de leur forge,
qui par mō moyē sont en lumiere, dōnent suf-
fisant tesmoignage, que iamais ils n'eurēt leur
pareil en ceste sciēce: ce que cognoistras mieux
par la lecture de cest œuure, que non pas par
mō dire. Reçoy le dōc en telle part, que ie co-
gnoisse mō labeur & mise n'auoir esté du tout
perdus: à fin que par ce moyē tu me dōnes cou-
rage de poursuiure mō entreprise, & de te mettre en main de iour en iour quelque chose de
nouueau. A Dieu.

L'ARITHMETIQVE

DE GEMME PHRISON,

traduite en François par Pierre Forca-
del de Beziers, Professeur ordinaire des
Mathematiques: & par luy illustree de
Commentaires, contenants plusieurs in-
uentions nouuelles dudit Forcadel.

La premiere partie est des especes
d'Arithmetique.

PHRISON.

OMBRER, est exprimer la valeur de tout nombre, qui est proposé, & aussi poser par ses caracteres tout nombre donné.

FORCADEL.

Nombrer, est non seulement cognoistre le nombre de 35 · 409. &c. mais aussi es-crire les mesmes.

PHRISON.

Ie ne mets pas la numeration entre les qua-

tre efpeces de l'Arithmetique:parce que tout
ainfi qu'aux autres arts, aucuns elements precedent les reigles de l'art: ainfi ie penfe qu'à
bon droit la numeration doit eftre feparee
des efpeces de l'Arithmetique.

FORCADEL.

Les efpeces de l'Arithmetique font en tout dix: c'eft
à fçauoir, la Numeration, l'Addition, la Souftra-
Ction, la Multiplication, la Diuifion, la Progreffion,
l'Extractio des Racines, la Duplatio, & Mediation,
& la Duplatio & Mediatio. Defquelles les cinq pre
mieres font neceffaires, pour l'intelligece des coputa-
tions comunes: & les autres, pour les autres compu-
tations Mathematiques: dont f'enfuit la figure.

Nombrer.

Adioufter.	*Souftraire.*
Multiplier.	*Partir.*
Progredir.	*Extraire.*
Doubler.	*Medier.*

Doubler & Medier.

PHRISON.

Il y a deux chofes principales, parlefquel-
les tant la numeratio que les efpeces qui f'enfuyuent font paracheuees: c'eft à fçauoir, les
caracteres ou elemens,& leurs lieux.

Il y a 10 elemens, defquels les neuf font fi-
gnificatifs, & l'autre qui fignifie rien, lequel
par la couftume receue de parler nous nom-
merons ciphre, zero, rien, ou nulle,& f'efcrit

tout ainſi comme la lettre o, ou comme vn
petit cercle:& les ſignificatiues ſont,

1. 2. 3. 4. 5. 6. 7. 8. 9.

vn. deux. trois. quatre. cinq. ſix. ſept. huict. neuf

Telles figures, quand elles ſont ſeules, obtiennent leur ſeule valeur : mais quand elles
ſont accompagnees auec les autres , ou auec
ciphre, elles ſ'augmentent d'vne infinité de
ſortes. Et tout cela ſe fait ſelon le changemét
des lieux : tout ainſi que vulgairement on dit
que les honneurs changent les mœurs, auſſi
icy les lieux des figures augmentét, ou dimi-
nuent leur valeur.

Vn chacun donc de ces caracteres, poſé au
premier lieu, ſignifie ſoy meſmes ſimplemét,
c'eſt à dire,en tát qu'il vaut de ſa premiere im-
poſitió: cóme 6,ſix:8,huit,&c. Nous nómons
le premier lieu au coſté dextre , à fin qu'on
voye & croye que ceſt art a prins origine des
Chaldees, ou des Hebreux, leſquels eſcriuét
en tel ordre. Au ſecond lieu, qui ſ'enſuit vers
le coſté ſeneſtre,chacun caractere ſignifie dix
fois ſoy meſmes: comme 80, octante: 70, ſe-
ptante,&c. Au tiers lieu apres,chacune figure ſignifie cent fois elle meſmes:comme 800,
huict cens:600,ſix cens:200,deux cens: & les

ciphres en ces endroits icy occupent tant seulement les lieux.

FORCADEL.

*Au second lieu vn chacun caractere signifie dix
fois soy-mesmes, c'est à sçauoir, autant de racines, ou
autant de dix: au troisiesme lieu cent fois soymesmes,
c'est à dire, autant de quarrez de dix: & au quatriéme lieu, mil fois soy-mesmes, c'est à sçauoir, dix fois
cent fois, c'est à dire, autant de cubes, de dix vnitez,
&c.* PHRISON.

En ces trois premiers lieux dōcques, ie veux
premierement qu'vn chacun, studieux de cest
art, soit exercé: car iceux cogneuz, facilemēt
il exprimera tout autre nombre, encores qu'il
soit de beaucoup plus d'elemens ou figures:
ce qu'il fera facilement en ceste sorte. Diuise
premierement le nombre proposé, tirant vne
ligne de trois figures en trois figures, commē-
çant à dextre iusques à la fin, comme 3, 554,
560, 782: & en contraire ordre, il te faut nommer toutes les figures qui ont vne ligne apres
la derniere vers le costé senestre, selō la varia-
tion des figures & des lieux: en telle sorte que
la figure, prochaine à la ligne, soit nōmee simplement: c'est à sçauoir, nombre: la seconde,
dixaine: & la troisiesme, centeine: tout ainsi
comme si apres icelles il n'y auoit point d'autres figures. Mais adiouste à vne chacune se-
paration autant de fois mil, comme il y a de

lignes iufques au commencement. Et à fin que nous le facions felon les Latins, apres la premiere ligne, il te côuient dire milier: apres la feconde, milier de miliers: apres la troifiefme, mil miliers de miliers: & apres la quatriéme, mil fois miliers de miliers: & ainfi iufques en infinité. Mais apres la quatriéme ligne les Latins n'ont point de mot propre pour la nômer: toutesfois nous auons mieux aimé bailler les preceptes de l'art, que nô pas de la langue Latine. Auffi vn chacun art a fa phrafe & maniere de parler.

FORCADEL.

Les mots propres à la numeration, commençant à la premiere iufques à la derniere du nombre, font tels: vn, dix, cent, mil, dix mil, cent mil, milion, dix milions, cent milions, mil milions, dix mil milions, cent mil milions, milion de milions, dix milions de miliõs, cent milions de milions, mil milions de milions, &c.

PHRISON.

Exéple. Pofons le nôbre fuyuant pour d'iceluy exprimer la valeur 23456346678. Il fe doit premierement feparer ainfi que nous auôs dit, interpofant des poincts ou lignes ainfi 23,456,346,678: puis apres foit nommé tout le nombre auec les figures, qui font entre les deux lignes en cefte forte, vingt-trois mil miliers de miliers, quatre cens cinquante fix miliers de miliers, trois cens quarante-cinq miliers , six cens septante-huict.

FORCADEL.

Il y a aussi en tout ledit nombre vingt-trois mil quatre cens cinquante-six milions, trois cens quarā-te cinq mil, six cens septante-huict.

PHRISON.

Et icy se doit diligemment noter, que les deux figures prochaines à la ligne se prononcent selon que l'vsage de parler le requiert.

FORCADEL.

Elles, auec les trois apres, se doiuent nommer par vingt-trois mil quatre cens cinquante-six miliers de miliers.

PHRISON.

Et apres ces choses bien entenduës, il sera facile de poser quelque nombre, qui soit proposé par ses figures en ayant égard tant aux figures qu'aux lieux d'icelles. Ce que nous laissons à l'exercice de ceux, qui apprennent.

FORCADEL.

Tout ainsi que les lieux s'entresuyuent de dextre à seneſtre, aussi s'entresuyuent-ils de seneſtre à dextre. Parquoy celuy, qui veut nõmer ou escrire quelque nõbre, doit estre bien exercé à recognoistre les lieux tant d'vne part que d'autre, à celle fin qu'il nõme ou escriue tout ce, qui se doit nommer ou escrire: & que quãd rien sera en quelque lieu, ne soit pas nommé: & quand il y entreuiendra, soit escrit. Et se doit tousiours tout nombre escrire de seneſtre à dextre, tout ainsi que de feneftre à dextre il fe nomme.

DE LA DIVISION DV NOM-
bre en fes efpeces, defquelles la cognoiffance peut
feruir de beaucoup à l'vfage qui f'enfuyt.

PHRISON.

LEs autheurs appellent le nôbre, vne multitude d'vnitez mifes enfemble. Parquoy
l'vnité combien que fouuétesfois elle foit pri
fe pour nôbre, toutesfois elle ne fera pas pro-
prement nombre, mais commencement de
tous nombres.

FORCADEL.

L'vnité eft prife fouuentesfois pour nombre, parce
que potentialement par elle tous fe fignifient: comme
1 trois, 1 quatre, 1 dix, ou 1 dixfept, &c.

PHRISON.

Car tout ainfi que la ligne fe tire par la diftance de plufieurs poinéts en longueur, auffi
le nôbre eft fait de beaucoup d'vnitez affem-
blees. Et fe diuife, en fimple, articulé, & compofé. Nous nômons nombre fimple, tout nôbre qui eft moîdre à dix: & font en tout neuf:
c'eft à fçauoir, 1, 2, 3, 4, 5, 6, 7, 8, 9: lefquels nous
auons appellez cy deuant elemens fignifica-
tifs. Le nombre articulé, eft tout nombre, qui
fe peut diuifer egalemét en dixaines entieres:
c'eft à dire, tout nombre, qui eft fait de deux,
ou plufieurs figures : defquelles la premiere à
main

main dextre est ciphre, comme 10,20,30,60,
100,600,3000,360,&c. & iceux nombres ar-
ticulez sont infinis. Le nombre composé,est
celuy,qui prouient du simple & de l'articulé:
& tels sont tous les nombres, qui s'escriuent
par plusieurs figures, dōt la premiere n'est pas
ciphre: exemple,24, 91,102,132,1003, & ainsi
iusques à infinité, Les Autheurs diuisent aussi
le nombre en pair , & impair: desquels celuy
peut estre diuisé en deux parties egales:& l'au
tre, non. Ils se pourront faire plusieurs autres
diuisions de nombres: comme en parfait, &
imparfait,abondant,ou diminutif,en quarré,
cube, sourd, &c. en premier & non premier.
Mais parce qu'icelles diuisions ne peuuēt pas
bonnement estre entendues sans la cognoissance des especes qui s'ensuyuent, nous les a-
uons plus commodement reseruees chacune
en son temps & lieu.

FORCADEL.

La cognoissance des nombres pairs, & impairs, par-
faits & imparfaits, abōdans ou diminutifs, quarrez,
cubes, premiers, & non premiers, &c. est tres facile
par leurs diffinitions. Mais le nombre sourd, est le nō-
bre non exprimé: lequel multiplié, maintenāt par soy,
maintenant par son quarré , & maintenant par son
cube, qui est autant cōme le quarré par le quarré, &c.
fait le nombre qui l'a fait non exprimé: lequel aussi se
nomme sourd, au regard de celuy qu'il auoit fait: tous

B

ainſi que les deux premieres lignes d'Euclide, en ſon
dixieſme, ſe nomment rationelles, parce que potentialement elles ſont rationelles.

DE L'ADDITION, PRE-
miere eſpece.
PHRISON.

IL y a quatre eſpeces d'Arithmetique, par
leſquelles preſque toutes reigles & queſtiõs
ſont parfaites. Nous appellons eſpeces, certaines manieres d'operer par les nombres : tout
ainſi qu'en Dialectique les manieres d'argu-
mēter ſõt cõpriſes ſous quatre eſpeces, c'eſt
à ſçauoir, Syllogiſme, Induction, Enthyme-
me, & Exéple. La premiere d'icelles eſt Additiõ, laquelle enſeigne à mettre pluſieurs nõbres en vne ſomme : cõme ſi tu fains auoir de-
ſpédu en vn an 397 eſcus, & en vn autre 765 :
ceſt eſpece icy enſeigne à mettre & aſſembler
ces deux nombres en vne entiere ſomme.

FORCADEL.

Puis que 7 vnitez du premier an, auec 5 vnitez du
ſecond ſont 12, c'eſt à ſçauoir, vne dixaine & 2 d'a-
uantage : il faut laiſſer 2 au premier lieu, & adiouſter
1 dixaine auec 9 du premier an : ſont 10 : auquel qui
adiouſte 6 du ſecond an, ſont 16 dixaines, qui valēt
1 cent & 6 dixaines de plus, parce qu'en 16 il y a vne
dixaine & 6 d'auantage. Doncques il faut laiſſer 6
au ſecond lieu, & adiouſter 1 cent auec 3 du premier

an, font 4 & du second an, font 1 1 cens, qui valent
1 milier & 1 cent, parce qu'en 1 1 il y a vne dixaine
& 1 d'auantage. Parquoy 1 cent se doit poser par 1 au
troisiesme lieu, & 1 milier par 1 au lieu suyuant, qui
est le quatriesme, pour auoir pour la despense de deux
ans 1 1 6 2 escus.

PHRISON.

Mais il faut icy noter, que le plus grand nõbre doit estre escrit dessus, & le plus petit dessous, en telle sorte que la premiere figure du
nombre dessous soit directement escrite sous
la premiere de celuy dessus, & la secõde droit
sous la secõde, la tierce droit sous la tierce, &
ainsi de toutes les autres : lesquelles estás ainsi
disposees, soit tiree vne ligne au dessous, & en
commençant à main dextre, il faut adiouster
ensemble en vne somme toutes les figures du
premier ordre ou lieu : & si icelle peut estre escrite d'vne seule figure, il la faut escrire sous
toutes les figures posees au premier lieu : mais
s'il la faut escrire par deux figures, celle vers la
main dextre soit escrite, & garde l'autre en ta
memoire, ou biē la note à part : ou (si tu aimes
mieux) adiouste la auecques les figures, qui
sont au second lieu. Et de rechef ayant fait de
toutes vne somme, s'il ne vient qu'vne figure,
escris la dessous semblablement : & s'il y en a-
uoit deux, escris la dextre, & adiouste la senestre à l'ordre d'apres : & en ceste sorte ne cesse

d'operer, iufques à ce que tu ayes afséblé tous les ordres: & à la fin fi le nombre vient à eftre efcrit de deux, ou de plufieurs figures, qu'il foit efcrit entieremét. Et en cefte maniere tu auras affemblé plufieurs nóbres en vne fomme, c'eft à fçauoir, la derniere.

Exemple de deux nombres.

Les nombres à adioufter.   2 3 0 4 5 6
                             6 7 8 2 1
La fomme.   ‾‾‾‾‾‾‾‾‾‾‾
                           2 9 8 2 7 7

Exemple de plufieurs nombres.

	4 3 2 0 6 5 2	
Les nombres à	9 3 0 8 7 6 5	4
adioufter.	3 6 0 0 3 2 1	‾‾‾
	4 3 0 8 7 6 0	4
	5 6 7 8 9 1	

‾‾‾‾‾‾‾‾‾‾‾‾‾
2 2 1 0 6 3 8 9

La declaration du fecód exemple. Tous les nombres du premier ordre font 9, ic l'efcris deffous: & ceux du fecód ordre, c'eft à fçauoir 5, 6, 2, 6, 9, font 28. l'efcris donc 8, & adioufte deux au tiers ordre qui enfuit: lefquels enfémble auec les autres font 33. l'efcris 3, & adioufte 3, à l'ordre fuyuant, qui tous enfemble font 26. l'efcris 6 deffous, & adioufte deux au cinquiefme ordre, lefquels auec les autres font 10: parquoy i'efcris o: & adioufte l'vnité au fixiefme ordre, laquelle auec les autres fait 21:

i'efcris 1, & adioufte 2 au dernier ordre, lequel
fait 22 : lefquels parce qu'ils viennent à la fin,
ie les efcris entierement ainfi 22106389.

La preuue de l'addition.

Prens tous les nombres à adioufter, paffant
par toutes les figures, n'ayant aucunement e-
gard à l'ordre d'icelles: & en ce faifant, quand
ton nôbre croift, ofte 9, & adioufte le refte a-
uec les autres, iufques à ce que tu ayes paffé
par toutes: & note ce qui te demeurera, apres
que tu auras ainfi amaffé & deiecté tous les 9:
car fi tu as bien fait, vne femblable figure demeurera, apres que tu auras femblablement
prins tous les nôbres ou caracteres de la fomme, & que tu en auras iecté 9 tant de fois que
tu pourras. Et cefte preuue icy doit fuffire à
ceux, qui apprénent: autrement on peut faire
plus certainemét la preuue par fouftractiõ, ef-
pece fuyuante. S'il aduient (laquelle chofe eft
bié rare) que en adiouftant, il vint en quelque
lieu trois figures: alors il faut efcrire la premie
re fous la premiere, & la fecõde foit adiouftee
au fecond ordre, & la tierce au tiers. Mais en
tels exemples on fera bien plus prudemmét,
fi on partit l'operation en deux ou trois additions à part: & puis apres affembler icelles
fommes particulieres en vne.

FORCADEL.

Parce que les nombres du premier lieu font 112, qui

	9279	
	389	
	479	
	599	—10746
Les nõbres	689	
à adiouster.	779	
	899	
	989	—3356
	679	
	299	
	189	
	97	
	96	—1360
	112	
	105	
	53	
	9	

Somme 15462.

valent 11 *dixaines & deux d'auãtage: il faut poser* 2 *au premier lieu, & adiouster* 11 *auec les secõdes, & fõt* 116, *c'est à sçauoir,* 11 *dixaines & 6. Dõcques* 6 *se doit poser au secõd lieu, &* 11 *se doit adiouster auec les troisiémes, & ferõt* 64: *& par ainsi* 4 *se doit poser au troisiéme lieu, & 6 se doit adiouster auec la seule du quatriesme, pour auoir* 15: *pour lesquels il faut poser* 5 *au quatriéme, & 1 au cinquiéme lieu. Ainsi se voit, que la fin de l'addition est, chercher le tout par ses parties.*

DE SOVBLEVER, OV SOVstraire, seconde espece.

PHRISON.

CEste espece icy enseigne à leuer vn nombre d'vn autre, à fin qu'on voye le reste, ou l'excés des deux nombres, tout au cõtraire de la precedente espece: comme si quelcun

me doit de preſt 30263486 eſcus, & il m'a
payé 465432, ie veux ſçauoir combien il reſte
encores à payer. Eſcris le plus petit nombre
ſous le plus grãd, en ſorte qu'vne chacune des
figures ſoit ſous vne chacune des autres, commençant à dextre en telle ſorte.

$$30263486$$
$$765432$$
$$\overline{29498054}$$

En apres léue la premiere de l'ordre deſſous,
de la premiere du deſſus: comme 2 de 6, reſtẽt
4, que tu eſcriras deſſous. Séblablement la ſeconde de la ſeconde: comme 3 de 8, reſtent 5,
que tu eſcriras deſſous, & pourſuis en ceſte
ſorte iuſques à la fin. Et ſ'il y a deux figures de
meſme valeur, nous eſcrirons ſous icelles 0:
comme en l'exéple propoſé au troiſieſme lieu
4 de 4, reſte rien: & nous l'eſcrirons par vn ciphre 0. Mais ſi la figure deſſous ſurmonte de
valeur celle deſſus, cõme il aduiét au quatriéme lieu de noſtre exemple, là où 5 ne peuuent
pas eſtre leuez de 3 : à toutes les fois que cela
aduiét, il faut touſiours leuer la figure deſſous
de 10, & adiouſter le reſte, qui en demeure, à
la figure deſſus, & eſcrire la ſomme deſſous.
Mais il faut diligémment preuoir de adiouſter
l'vnité à la figure deſſous prochainement ſuyuante:& faut ainſi pourſuiure iuſques à la fin,
ſelon ces reigles icy. Et cecy ſe fait, pour autãt

B iiij

que, quand celle deſſus eſt moindre que celle
deſſous, il conuient emprûter quelque choſe
dû prochain lieu enſuiuant, c'eſt à ſçauoir, l'v-
nité, laquelle vaut dix au lieu propoſé. Et par
ainſi apres la ſouſtractiõ, il faut adiouſter icelle vnité à l'ordre deſſous enſuiuãt, à fin qu'elle
ſoit leuce du deſſus. Et parce dõc, que, au qua
trieſme lieu de noſtre exemple, 5 ne peuuent
eſtre leuez de 3: ie les ſouſtrais de 10, & reſtent
5, que i'adiouſte au deſſus, c'eſt à ſçauoir, 3: &
font 8, leſquels i'eſcris ſous 3. Maintenãt i'adiouſte 1 à l'ordre deſſous ſuiuãt, ils font 7: leſquels derechef doiuēt eſtre leuez du deſſus,
c'eſt à ſçauoir, de 6. Mais parce que ie ne puis
(d'autant qu'il eſt plus grand) ie ſouſtrais 7 de
10, reſtent 3, leſquels ie adiouſte à 6 qui eſt au
deſſus, font neuf, leſquels i'eſcris deſſous. Et
de rechef par celle meſme cauſe i'adiouſte 1 à
l'ordre deſſous enſuiuant, font 8: leſquels, par
ce qu'ils excedēt le nombre deſſus, ie leue de
dix, & reſtent 2: leſquels i'adiouſte au nõbre
deſſus, font 4, que i'eſcris deſſous. Mais maintenant il me faudroit adiouſter l'vnité à la figure ſuyuante : mais il n'y en a point à l'ordre
deſſous : parquoy l'vnité, qui deuoit eſtre adiouſtée à l'ordre ſuyuant, doit eſtre leuce de
l'ordre deſſus, c'eſt à ſçauoir, o : mais on ne
pourroit oſter quelque choſe d'vn lieu où il
n'y a que rien: leue donc 1 de 10, reſtent 9: leſ-

quels adioufte au nombre deffus o, reftent 9,
que tu efcriras deffous. Et derechef il côuient
adioufter l'vnité au dernier lieu deffous : laquelle eftât leuee de 3, qui eft le nombre deffus, reftent 2, à efcrire deffous.

FORCADEL.

Quand il aduient que la figure deffous ne fe peut le-
uer de celle deffus, il la faut leuer de la deffus accom-
pagnee de 10 enfemble : côme fi 3 eftant deffous fe doit
leuer de 2 eftant deffus, il le faut leuer de 12 : & fi 8
fe doit leuer de 0, il le faut leuer de 10 : encores fi 10 fe
doit leuer de 9, il le faut leuer de 19, &c. Dôt s'enfuit
que l'vnité fe doit adioufter au lieu deffous enfuiuât,
parce que du lieu deffus enfuiuant, il en faut leuer 1,
côme emprunté : & on en veut leuer la figure deffous :
on doit doncques du lieu deffus leuer la figure deffous,
la comptant 1 plus que n'eft fa valeur. Et quand il eft
dit en la fouftractiô qui fe doit faire au feptiéme lieu,
que l'vnité ne fe peut leuer de 0 : il fe doit entendre a-
Ctuellement, parce que potentialemêt elle fe fouftrait
de 30.

Autre exemple.

60021039097	*Le nombre duquel.*
29039916	*Le nombre qui.*
59991999181	*Le reftant.*

PHRISON.

Il faut noter, que s'il y a plufieurs nombres,
qui doiuent eftre fouftraits d'vn nôbre, alors
adioufte les premierement en vne fomme par

la reigle precedēte, puis léue icelle sommᵉ du nombre proposé.

FORCADEL.

Et s'il aduient aussi, que le nombre, duquel on veut soustraire, soit de plusieurs pieces : il les faut premie-rement mettre en vne somme, par addition.

La pᵃᵘᵘᵉ de soustraction.

PHRISON.

Adiouste le nombre, que tu as soustrait, à la reste : & si tu as bien fait, le produit & la pre-miere somme seront semblables.

FORCADEL.

Ou bien, soustrais la reste de tout le nombre: & si tu as biē fait, il restera les premieres parties soustraites: car le premier nombre est prins pour vn tout. Et ce qui se léue, sont les parties: & la reste, les autres.

Vne autre maniere.

PHRISON.

On reiette 9 du second & du troisiéme nō-bre, tant de fois que tu pourras, n'ayāt aucun égard à l'ordre ny au lieu: & garde le reste. Et semblablement reiette 9, tant de fois qu'il se-ra possible de la premiere somme à part: & ce qui restera, sera égal & semblable au nombre, qui est resté premierement.

DE MVLTIPLICATION,
troisiéme espece.

MVltiplier eſt, de la multiplication d'vn
nôbre par vn autre, produire vn' nôbre,
qui contienne autant de fois le multiplié, côme le multipliant l'vnité : c'eſt à dire, Multiplier, eſt augmenter ie ne ſçay côbien de fois,
ou pluſieurs fois, quelque nôbre qui ſoit : côme multiplier 2 3 par 6, c'eſt mettre ſix fois 2 3
enſemble. Et par ce que toute ceſte eſpece icy
depéd de la multiplication des nombres ſimples l'vn par l'autre , il ſera bon deuant toutes
choſes, d'enſeigner la multiplication des nôbres ſimples. Si donc tu veux ſçauoir côbien
font 8 multipliez par 9, ou 7 par 8, &c. eſcris
l'vn nôbre ſimple ſous l'autre, en ceſte ſorte.

ſimples. diſtáces.ſimples.diſtances.ſimples. diſtances.

9   18   26   4

8   27   37   3

7   2 5   6 4   2

En apres eſcris à coſté la diſtance de l'vn &
de l'autre à 10 : puis multiplie l'vne diſtáce par
l'autre, c'eſt à dire, prononce l'vn aduerbiale-
mét auec l'autre : côme deux fois 1, font deux :
leſquels eſcris ſous les diſtances. Finalement
oſte la diſtáce de l'vn en croix, de l'autre ſimple, & eſcris la reſte ſous les ſimples : comme 2
de 9, ou 1 de 8, il reſte 7, qu'il te faut eſcrire :
par ainſi tu as trouué, que 8 fois 9, font 72. Vn

autre exemp'e. Ie veux fçauoir combien font
6 fois 7. Ie dis, 3 fois 4 fõt 12. Ie marque 2 fous
les differences, en gardant l'vnité. Puis i'ofte
3 de 6, ou 4 de 7 : il refte 3, aufquels i'adioufte
l'vnité, que i'ay gardee: font 4. Ie trouue donc
que fix fois 7 font 42. Toutesfois cefte reigle
icy te tromperoit, où les deux fimples ioincts
enféble ne feroient plus de dix: mais en iceux
il n'eft pas befoing de reigle pour leur grande
facilité.

FORCADEL.

Les nõbres fimples, qui fe multiplient l'vn par l'au-
tre, adiouftez enfemble, font plus de dix, ou dix, ou
moins de dix : & quelque nombre qu'ils facent, touf-
iours la reigle donnee a lieu, dont la demonftration eft
prinfe de la 5. & 6ᵉ propofitiõs du fecond liure d'Eu-
clide. Toutefois l'vfage d'icelle n'eft pas exercé, fi les
deux nõbres fimples, qui fe doiuẽt multiplier, fõt, aiou-
ftez enfemble, dix, ou moins de dix : parce que f'ils fõt
dix, celuy qui cherche, cherche toufiours vne mefme
chofe : & f'ils fõt moins de dix, celuy qui cherche, fe
trouue en plus grand peine, ou au trauail qui luy a-
meine la recherche de ce qu'il demandoit.

PHRISON.

1	2	3	4	5	6	7	8	9	
1	2	3	4	5	6	7	8	9	1
4	6	8	10	12	14	16	18	2	
9	12	15	18	21	24	27	3		
16	20	24	28	32	36	4			
25	30	35	40	45	5				
36	42	48	54	6					
49	56	63	7						
64	72	8							
81	9								

Les nombres quarrez.

L'vſage de la table.

Par ceſte table cy, tu te pourras beaucoup
ſeruir pour quelque temps, iuſques à ce que
l'vſage t'ait deliuré de tel ennuy. Si donc tu
cherches le plus grãd des ſimples au premier
ordre deſſus, le moindre à coſté dextre: le rencontre des deux ordres demonſtrera le nombre, qui viẽt du ſimple propoſé, multiplié par
l'autre.

Or doncques quand tu voudras multiplier
vn nombre, quel qu'il ſoit, par vn autre, eſcris
l'vn & l'autre, en gardant l'ordre, lequel nous
auõs enſeigné de garder en l'addition, en ſorte que le plus grand ſoit au lieu deſſus. Exemple. Ie venx reduire 267 iours en heures: c'eſt
à dire, multiplier par 24: i'eſcris l'vn & l'autre

en l'ordre que nous auons dit.

267   en la mesme ligne   267

24   sous posé   24

Cela fait, ie multiplie la premiere dessous,
c'est à sçauoir, 4, par la premiere du dessus, disant, 4 fois 7 font 28 : & parce que ce nōbre icy
s'escrit par deux figures, i'escris la premiere,
c'est à sçauoir, 8, en gardāt l'autre, tout ainsi
qu'en additiō : autremēt s'il n'en fust venu qu'v
ne seule figure, ie l'eusse escrite dessous. En a-
pres ie multiplie la mesme premiere dessous
4, par la secōde du dessus : ils font 24 : ausquels
i'adiouste 2, que i'auois premieremēt gardez,
fōt 26 : desquels i'escris la premiere, en gardāt
l'autre. Finalemēt ie multiplie la mesme premiere du nōbre dessous par la tierce du dessus, fōt 8, ausquels i'adiouste 2, que i'auois gardez, font 10, que i'escris entieremēt, parce que
mon operation est venuë iusques à la fin. Laquelle chose acheuee, la multiplication seroit
parfaite, si le nombre dessous n'estoit que d'v-
ne seule figure : mais parce qu'il est de deux,
ayant tréché ou effacé la premiere, auec l'autre, c'est à sçauoir, 2 cōmēce de mesme sorte,
multipliāt par chacune dessus iusques àla fin.
Le nōbre, qui se doit multiplier. 267

Le multipliant.   24

1068

534 adiousté.

Le produict.   6408

Mais icy il cõuient obferuer, que la premiere du nombre produit, foit mife non pas
fous la premiere du fecond, mais fous la fecõde, par la multiplication de laquelle le nõbre
eft produit: & les autres en apres foient mifes
par ordre. Sẽblablement fil y auoit trois, ou
bien plufieurs figures au nombre multipliãt,
il conuiendroit multiplier l'vne apres l'autre
par toutes celles deffus:&commencer les nõbres produits fous leurs multipliantes, & les
autres figures en apres chacune en fon ordre,
cõme il appert par exemples. Finalement les
nombres ainfi ordõnez, & produits de la multiplication, doiuẽt eftre adiouftez en vne fõme, non pas(comme il eft dit en l'additiõ)ad-
iouftãt la premiere auec la premiere,&c.mais
vne chacune doit eftre prinfe en fon lieu, fous
lequel elle eft mife: & la fomme, qui en prouient, eft appellee, nombre produit da la mul
tiplication d'vn nõbre par autre:comme fi vn
capitaine, ayant 6 7 0 8 3 foldats, doit payer à
chacun 8 efcus, on demande combien il luy
faudroit d'argent. Il en vient cinq cens trẽte-
fix mil, fix cens foixante-quatre efcus.

    6 7 0 8 3 foldats.

        8 efcus d'vn chacun.

  536664 efcus de tous.

Par l'exemple precedent il se voit, que des deux nõbres proposez en la multiplicatiõ, celuy qui a vn mesme nom auec le produict, est le multiplié.

PHRISON.

Encores il me plait de reduire 1536 ans qui
sont passez depuis la natiuité de nostre Seigneur, en iours. Et parce qu'vn chacun an a
365 iours, excepté les ans de bissexte: ie multiplie 1536 par 365: ils produisent 560640 iours,
outre les intercalaires, lesquels pour le present nous delaissons.

$$
\begin{array}{r}
1536 \text{ ans.} \\
365 \text{ iours d'vn an.} \\
\hline
7680 \\
9216 \\
4608 \\
\hline
560640 \text{ tous les iours.}
\end{array}
$$

Aucunes abbreuiations de multiplication.

Quand tu voudras multiplier quelque nõbre par 10, prepose au nombre à multiplier o:
côme 367 par 10, font 3970. Et si tu multiplies
par 100, escris deux ciphres deuant: par mille,
trois: & ainsi aux autres, par semblable raison,
là où la derniere figure est l'vnité, & les autres
ciphres. Que s'il aduenoit, qu'en iceux la derniere ne feust l'vnité, mais vne, ou bien plusieurs des simples significatiues, alors ayãt reietté

ietté les ciphres, qui font tant au commencement du nombre à multiplier, que du nombre multipliant, fais ton operation par les figures fignificatiues. & ta multiplication faite, escris deuant le produict tout autant de ciphres, que tu en as reietté de tous deux: côme 3 6 o o multipliez par 7 2 o o, ie reiette quatre ciphres, en apres ie multiplie 3 6 par 7 2 : il en vient 2 5 9 2, ausquels prepofe 4 ciphres, font 25920000, pour le vray produict.

$$
\begin{array}{r}
36 \\
72 \\
\hline
72 \\
252 \\
\hline
25920000
\end{array}
$$

FORCADEL.

La reigle de multiplier prend fa caufe tant de la numeration, que de la premiere propofition du fecond, & premiere du fixiéme liure d'Euclide: côme fe voit par la multiplication de 20 par 3, c'eft à fçauoir, deux dixaines par 3, qui font 6 dixaines, affauor 60: et 400 par 4, c'eft à fçauoir, quatre cens par 4 font 16 cens, qui fôt 1600, &c. Il fe voit auffi, que 43 multipliez par 4, font 4 fois 3, & 4 fois 40, c'eft à fçauoir, 172: car là où il y a 4 fois 43, il y a auffi quatre fois 40, & 4 fois 3: pareillemêt 43,2, & 43,2: auffi 43 deux, deux fois. En 57 fois 12, il y a 57 fois 3 quatres, ou 57 fois 4 trois: & en 57 fois 49, il y a 57 fois 50, moins 1 fois 57, ou bien 57 fois 7 feptaines: en 40 fois 30,

C

il y a 4 fois 3 dix, dix fois: c'est à sçauoir, 4 fois 3 cēs,
qui valent 12 cens, & font par la numeration 1200,
&c. Et tousiours là où il y a 43 quatres, il y a aussi 4
quarante trois : & 15 septaines font 7 quinzaines,
par la 16e proposition du septiéme liure d'Euclide.

La preuue de multiplication.

PHRISON.

La preuue de multiplication est faite par di
uision, espece suiuante: car si tu diuises le produict de la multiplication des nōbres par l'vn
ou lautre des multiplians, il est necessaire que
l'autre ou l'vn en vienne. Et ne te faut attédre
autre maniere de preuue : car les autres sont
vulgaires & faulses, n'ayans aucuu fondemét.
Apprens donc la diuision, deuant que t'arre-
ster à la preuue.

FORCADEL.

Toutes les sortes des preuues, qui se font tant aux
especes precedentes, que suyuantes, sont trescertaines,
quand elles sont prises entierement.

DE DVPLATION ET MEDIA-
tion. PHRISON.

AVcuns ont de coustume de faire à part
leux autres especes, c'est à sçauoir, du-
plation & mediation, les separás de multiplication & diuision. Ie ne sçay quelle chose a e-
meu tels fols, comme ainsi soit que la diffinition & operatió soit semblable. Car doubler,
est multiplier par deux : & medier, est partir

par deux. Que si ainsi estoit, que ces operatiõs fussent separees, nous trouuerions d'especes infinies, cõme triplation, quadruplation, &c. mais cest assez parlé d'icelles.

DE DIVISION, QVA-
triéme espece.

Diuiser, est partir quelque nombre en tãt de parties qu'on veut. Ce que aucũs diffinissent en ceste sorte : Diuiser, est produire vn nombre, qui contienne autant de fois l'vnité, comme le nombre à diuiser contient le diuiseur: car le nombre proposé, que voulons partir, nous l'appellons le nombre à diuiser: & celuy, par lequel la diuisiõ se doit parfaire, est appellé diuiseur. C'est celuy, qui demonstre les parties, esquelles nous voulons diuiser l'au tre: comme, diuiser 24 par 6, cest coupper 24 en six parties. Icy 24 sera appellé nombre à diuiser: 6, le diuiseur: & 4, le produit, ou nombre produict. La pratique. Escris le nombre à diui ser par ses caracteres au lieu dessus : & le diuiseur, au dessous de luy, tout au cõtraire ordre, que nous auons enseigné iusques icy: en mettant la derniere figure sous la derniere, la penultiéme sous la penultiéme, & les autres en semblable ordre en commençant à senestre.

Le premier exemple.

8628
18   Le partiteur.

C ij

Toutesfois si la derniere figure du diuiseur, ou du nombre dessous excede la derniere du nombre à diuiser:tu mettras la derniere du di uiseur sous la penultiéme du nombre à diui ser, & les autres (si aucunes en y a) selon leur ordre.

Autre exemple.

8628

92   Le partiteur.

Tout cela fait, voy combien de fois le diui seur est contenu au nombre escrit dessus. La quelle chose à fin qu'elle soit faite plus facile mét, quád le diuiseur est de deux ou plusieurs figures, tu feras la question non pas de tout le diuiseur, mais tant seulemét de la figure sene stre: comme s'il falloit diuiser 433656 escus à 72 hommes : premierement je ne mets pas 7 sous 4, parce que la derniere du diuiseur, c'est à sçauoir, 7, est plus grande que la derniere du nombre à diuiser, c'est à sçauoir, 4: mais ie les mets sous 3, & 2 sous l'autre ensuiuát. Mainte nant il faut sçauoir, combien de fois 72 est en 433 : car c'est le nóbre, qui est escrit dessus. Ce que pour faire facilement, ie dis combien de fois 7 est en 43, c'est à sçauoir, le nombre qui est escrit dessus. Et parce que ie trouue qu'il y est cóté na 6 fois, i'escris 6 à main dextre apres vne ligne courbe, ou en façon de croissant. Ie multiplie icelle par tout le diuiseur : il en

viét 432, qu'il faut efcrire fous le diuifeur, met
tant la premiere fous la premiere du diuifeur,
& les autres en apres par ordre : puis apres ie
leue iceluy mefme nombre du nombre à diuifer qui eft deffus, & ie note la refte fur iceluy mefme diuifeur : comme il appert en ceft
exemple.

$$\phi \, \mathfrak{z} \, \mathrm{I}$$
$$433656 \qquad (6$$
$$72 \quad \text{diuifeur.}$$
$$432$$

Cefte icy doncques eft vne operation de
diuifion : laquelle fi tu as bien entendue, il n'y
a rien, qui te puiffe retarder en tout le refte de
la diuifion. Mais il faut, qu'apres vne chacune
operation faite en telle forte, il refte vn plus
petit nombre fur le diuifeur, que n'eft le diuifeur mefme.

FORCADEL.

Il eft certain que, f'il refte vn nombre égal au par-
titeur, le produiît doit eftre d'vn plus : & fi la refte
contient deux fois le partiteur, le produiît doit eftre de
deux plus, &c. Ce qui nous enfeigne, que l'effay de la
figure, qui doit eftre mife au produiît, fe doit pluftoft
faire pour le plus, que pour le moins.

PHRISON.

Ayant donc fait vne telle operation, f'il refte
plufieurs figures au nôbre à diuifer vers dextre, defquelles on n'ait point fait la fouftra-

ction : change le diuiseur d'vn lieu ensuyuant
vers la dextre, en sorte que la derniere du diuiseur obtienne le lieu, qu'au parauant obte-
noit la penultiéme:ou pour faire plus brefuement, qu'vne chacune figure soit auancee
d'vn lieu vers la main dextre.

$$\begin{array}{l} \text{I} \\ 4\;3\;3\;6\;5\;6 \\ 7\;2 \qquad (6 \end{array}$$

En apres soit de rechef cherché combien de
fois le diuiseur est côtenu au nôbre escrit dessus, faisant comme au parauăt la question de
la derniere figure du diuiseur:& iceluy nombre soit escrit apres la premiere figure à dextre, laquelle nous auons cômandé estre mise
dedăs la ligne lunaire: laquelle aussi soit mul-
tiplice par le diuiseur, & le nombre produict
soit leué du nôbre dessus, non autrement que
nous auons dit au parauăt. Et faut ainsi poursuiure en tel ordre & telle maniere en diuisăt,
multipliăt, & leuant, iusques à ce que la premiere du diuiseur soit paruenuë à la premiere
du nôbre à diuiser:sous laquelle ayăt ainsi fait
l'aduancemét,apres auoir faicla soustraction,
l'operation de la diuision cessera:&le nombre
contenu apres la ligne lunaire, monstrera côbien de fois le diuiseur a esté nombré au nôbre à diuiser. Dont est venu, que ce nombre
icy a esté appellé des vulgaires quotient.Mais

il faut icy noter, que si, apres qu'on aura trãf-
posé le diuiseur, ne peut estre en ce lieu là au-
cunemét contenu au nombre à diuiser escrit
dessus(ce qui se fait, quãd il est plus petit)alors
il faut escrire ciphre apres la ligne courbe, ou
(cóme aucuns disent)au quotiér, & puis trãf-
poser de rechef le diuiseur au prochain lieu a-
pres, & faire en iceluy comme parauãt est dit.
Comme en l'exemple deuãt escrit, apres que
le diuiseur a esté transposé, nous cherchons
combié de fois 72 est en 16:ou bien,combien
de fois 7 en 1 qui est escrit dessus:&parcequ'il
n'y est pas vne fois, i'escris ciphre apres 6 au
quotient.

001

*5·5656   (60

72

Et de rechef ayant transposé le diuiseur, ie
cherche combien 7 est en 16 : & parce qu'il y
est deux fois , i'escris 2 auec les autres figures
mises apres la ligne lunaire, ayãt faite la multiplication & soustraction.

00121

*5365 6   (602

27

144

Et de rechef ayant transposé le diuiseur, ie
cherche, combien de fois 7 est en 21. l'escris 3
auec les autres figures du quotient: & ayant

C iiij

fait la multiplicatiõ & fouſtractiõ, il reſte riẽ.

```
        o o 1 2 1
      4 3 3 6 5 6        ( 6 0 2 3
            7 2
          2 1 6
```

Mais cecy ne doit pas eſtre paſſé, que ſi ce
pendant il aduient, que de la multiplication
du nombre ſimple, qui eſt eſcrit apres la ligne
lunaire, par le diuiſeur il en viẽne plº qu'il n'y
a eſcrit deſſus le diuiſeur : alors il faut effacer
iceluy nombre ſimple, & en eſcrire vn autre
moindre de l'vnité : & doit on faire cela, iuſques à ce que de la multiplicatiõ il en vienne
vn nõbre moindre que celuy deſſus, ou égal.
Comme, ſi ie veux diuiſer 200 eſcus par 38, ie
cherche cõbien de fois 3 eſt en 20, i'eſcris premierement 6. Mais parce que ſix fois 38, c'eſt
à ſçauoir 228, valent plus que 200 : ayãt effacé
6, ie mets 5 en leur lieu, leſquels multipliez par
38, font 190. Ie leue dõc ce nombre icy de celuy de deſſus, parce qu'il eſt moindre que luy,
en eſcriuant le reſte deſſus : & faut paracheu-
uer le ſurplus, cõme nous auons dit parauant.

```
          1 o
        2 o o        ( 6 5
          3 8
        2 2 8
        1 9 0
```

Si doncques il reſte rien apres vne telle di-

uifion, cela monftre que la particion a efté faite entierement : mais s'il refte quelque chofe,
efcris le fur le diuifeur apres le nombre quotient, ayât mis vne ligne entre deux. Comme
si ie diuife 1 2 5 par 6, refterôt 5, lefquels ie note en cefte forte apres le nombre produict, 20
⅚ :& ce que signifie tel nombre, il fera dict aux
fractions.

$$2\ 2\ 5 \quad (20\ \tfrac{5}{6}$$
$$6\ 6$$

FORCADEL.

Pour parfaire entierement vne diuifion, alors qu'il
refte quelque chofe, comme en la precedête, là où il re-
fte 5 à partir par 6 : il faut faire de chacû vn, six par-
ties, en multipliant 5 par 6, & on aura 30 parties,
c'est à fçauoir, sixiefmes lefquelles, en diuifant 30 par
6, font 5 parties pour chacû des 6, c'est à fçauoir, 5 si-
xiémes parties : que lon pofe ainsi, ⅚. Et pour exprimer
leur valeur, toufiours ce, qui est fur la ligne, fe pronô-
ce tel qu'il est, c'est à fçauoir, 5 : & ce, qui est fous la li-
gne aufsi, y adiouftât, iefmes, c'est à fçauoir, sixiémes.
Et parce que 5 des 5 parties est toufiours egal à 5 vni-
tez reftees, on tire apres le côbien, vne ligne, & deffus
on pofe vn nombre egal au nôbre refté : mais on l'affu-
iettift au partiteur, pofant iceluy partiteur fous la li-
gne. Ou biê, parce qu'il me refte 5 à partir à 6, ie diray
que, s'il me reftoit 1 tant feulemêt, d'iceluy 1 en ferois
6 pieces, à caufe que 6 est partiteur : & à chacû vn des
6 i'en dôncrois vne piece, c'est à fçauoir, vne sixiéme

partie:& par ainſi de 5 i'en donneray 5 ſixiémes par-
ties.Tout cela ſe fait,quãd les deux nõbres,ſans celuy
qui reſte,que le partiteur,n'ont point vn cõmun nombre qui les meſure. Que ſ'il aduenoit qu'ils ſe puiſſent
partir par vn troiſiéme, alors il les faudroit partir
l'vn apres l'autre par iceluy,& des quotiens faire cõme deuant : car ils obſeruerõt vne meſme raiſon auec
les deux diuiſez par la 15e propoſition du cinquieſme
liure d'Euclide. Cõme, ie poſe qu'en diuiſant quelque
nombre par 8, il me ſoit reſté 6: & parce que 6 & 8
ſe peuuent partir par 2,ie les diuiſe par 2,ſont 3 & 4,
par leſquels ie voy 3 deux: & 4 deux,c'eſt à ſçauoir,
touſiours mon 6 & mõ 8,mon 3 & 4,par les vnzié-
me & quinziéme propoſitions dudiĉt cinquiéme. Et
par ainſi ie partiray 3 en 4,comme deſſus, & i'auray
¾, c'eſt à ſçauoir,3 quatriémes.Mais pour trouuer le

liure 7. 25
Euclide.
Reduire
vne grande
fraction en
vne petite.

nombre qui diuiſe les deux autres, tels que voudras,ſi
aucũ en y a,tu partiras le plus grand par le moindre,
& le partiteur par la reſte,inſques à ce qu'il reſte riẽ:
& quãd il reſte rien,cela mõſtre que le partiteur d'v-
ne telle diuiſion eſt la meſure des deux premiers nõbres
propoſez.Cela ſe fait par la ſecõde propoſitiõ du ſeptiẽ
me liure d'Euclide.Dõt ſ'enſuit, qu'en diuiſãt le plus
grãd par le moindre,ſ'il reſte riẽ à la premiere diuiſiõ,
le plus petit nõbre meſure tous les deux:& alors il en
viẽdra 1 ſur la ligne,et le cõbien deſſous:& quãd il re

nota ·

ſte 1 en partãt le plus grãd par le moindre,en quelq̃ diuiſiõ qu'il ſoit:alors par la premiere dudit 7e ils n'õt q̃
l'vnité, qui les meſure:car ils ſont premiers entr'eux.

PHRISON.

Prens donc vn tel exemple. Ils sont proposez 7336268 iours : on demande combien ils
font d'ans Egyptiens. Ie diuise le nombre
proposé par 365 iours, qui sont en vn an:il en
vient 20099 ans & 133 iours. Et regarde bien
diligemment l'operation, laquelle nous auõs
icy escrite.

```
          1
        5 73
        9  7
  11    815
  7336268(20099 ans 133 iours.
  365555 5
   36666
    555
```

Aucunes abbreuiations de diuision.

Quand tu voudras diuiser quelque nombre que ce soit par 10, couppe vne seule figure : & icelle estant la premiere à main dextre,
les autres figures monstreront le produict : &
celle, qui est ostee, monstre le residu. Comme
2708 diuisez par 10, il en vient 370, & restent
8. Semblablement en diuisant par 100, oste les
deux premieres à dextre, comme restátes : par
mil, trois : par 10000, quatre : & ainsi en apres
tant qu'on voudra, si la derniere, est l'vnité :
les autres, ciphres.

Celuy, qui me fait partir quelque nombre que soit, estant dix ou plus par dix, il me demande combien y a de dixaines en iceluy: & parce que la numeration des dixaines commence au second lieu, ie couppe le premier. Et le nombre de 100, ou plus, estant party par 100, il en vient ce qui se mostre par les deux premieres couppées: par ce que la numeratiõ cõmence au troisiesme lieu, & tousiours les figures couppées monstrẽt le reste de la divisiõ, &c. Quãd dõc quelcun me demãde le quotiët de quelque nombre divisé par 20, il me demande cõbien de dixaines il y a en iceluy: & parce que la numeration des dixaines cõmence au second lieu, ie couppe le premier lieu, ou la premiere estant en iceluy, & divise les autres par 2: mais ce, qui reste, se doit partir par 20, &c. Aussi celuy, qui me fait partir quelque nombre par 12, il me demãde combien il y a de 3 quatres, ou de 4 trois: parquoy ie le divise par 4, & ce qui en vient, par 3: ou bien, par 3, & ce qui en vient, par 4, &c.

La preuue.
PHRISON.

preuue

Si tu veux experimenter si la chose est bien faite, ou non : multiplie le nombre produict, ou (comme aucuns l'appellent) le quotient par le diuiseur : & s'il reste quelque chose apres la diuision faite, adiouste le à la somme: & si on a bien fait, il en viendra le nombre à diuiser.

En toute entiere diuiſiõ il reſte touſiours rien: par quoy qui multiplie le quotiẽt, ou combien par le partiteur, il en viẽt (ayãt bien party) le nõbre à diuiſer.

DE MEDIATION, OV
Partition, ou bien ſeƈtion par deux. ou ⅟₂

PHRISON.

LA diffinitiõ de mediatiõ mõſtre l'operation: car c'eſt vne partitiõ par deux. Parquoy ie n'en mettray icy autre choſe, que l'exemple.

Mediation.		Abbreuiation.
ɪ ɪ ɪ	⅟₂ 43672136 par 2.	
43647ɪ36 ⅟₂ (21836018	21836068	
2α 2 2 2 ɪ ɪ ɪ		

Ce ſõt icy dõcques les quatres eſpeces d'Arithmetique, par leſquelles tout ce, qui ſera dit cy apres, ſera fait, ou toutes choſes, qui ſe peuuẽt faire par les nõbres, ſont parfaites. Parquoy quicõque tu ſois, apprens les deuãt toutes choſes.

DE PROGRESSION.
PHRISON.

L'Vſage de progreſſion en ce lieu n'eſt pas autre choſe, qu'vne abbreuiation d'additiõ. Elle eſt d'vne treſgrande vtilité, tãt en diuerſes queſtiõs, & meſmemẽt pour les cõſiderations Geometriques, là où pluſieurs reigles ſont faites par la nature des progreſſiõs.

L'vsage des progressions est experimenté en l'Algebre, comme se void en icelle que l'vnité & la ligne sont ë mesme lieu, 2 & le quarré de la dite ligne sont en vn lieu mesme, & 3 & le cube de la mesme ligne sont au troisiesme lieu, &c.

PHRISON.

Mais ayät egard à nostre ëtreprise, nous ë parlerons le plus briefuemët qu'il sera possible. Progressiö ordönée dóc, se nömevn ordre cötinué de plusieurs nombres:& elle sera ordönée, si les nöbres s'aügmëtët entr'eux par ordre egalemët: cöme, 1, 2,3,4,5,6,7,8,9,10,11, &c.ou 6,7,8,9,10,11,12:&aussi, 2,4,6,8,10,&encores, 5,8,11,14,17. Et telle ptogression est nommée Arithmetique. Mais s'ils marchët par semblable proportion ou raison de nöbre, c'est à dire, que celuy, qui vient apres le prochain precedent, le contienne autant de fois, que le second contient le premier : alors vne telle progression est appellée Geometrique: comme, 3,6,12,24,48,96,192. Càr en ce lieu icy vn chacü nombre cötient deux fois sö prochain precedent:& a celle qui s'ensuit, quatre: 1, 4, 16, 64, 256, 1024.

FORCADEL.

En toute progressiö Arithmetique, de premiere entrée, il y conuient considerer quatre nombres, c'est à sçauoir, le premier, l'excés, le dernier, & le nöbre des

nombres, c'eſt à dire, le nombre par lequel on ſçait cōbien y a de nōbres en la progreſſiō. Et d'iceux les trois
eſtans cogneux, en ayãt egard à leurs lieux , & cōme ils ſont faits, on aura la cognoiſſãce du quatrieſme, en la ſorte qui ſ'enſuit.

nola   De la cognoiſſance du nombre des nombres,
par les trois autres.

Si d'vne progreſſion Arithmetique le premier nombre eſt 3, l'excés 5, & le dernier 48, le nombre des
nombres ſera 10: parce que le premier ſouſtraict du
dernier, il reſte 45 pour les vnitez des excés : & par
ce que l'excés eſt 5, il faut partir 45 par 5, il en vient
9, qui veult dire qu'il y a 9 nōbres en la progreſſiō ſans
le premier (par ce que l'excés commence au ſecond)
il y a doncques en tout, 10 nombres : & de là ſ'enſuit
que, ſi la progreſſion Arithmetique eſt naturelle, c'eſt
à ſçauoir, qu'elle commence à 1, & augmente d'vn,
le nombre des nombres ſera egal au dernier.

   De la cognoiſſance du dernier nombre par
les trois autres.

nola.   Si d'vne progreſſion Arithmetique le premier nū-
bre eſt 3, l'excés 4, & le nombre des nombres 16, le
dernier nombre ſera 63: parce que l'excés commençant au ſecond, il y a 15 nombres ſans le premier, c'eſt
à ſçauoir, 15 exces, qui ſont 15 fois 4, c'eſt 60: auſquels
qui adiouſte 3, ſont 63 pour le dernier nombre. Et de
là ſ'enſuyt comme deſſus, qu'en la progreſſion naturelle Arithmetique , le dernier nombre eſt egal au
nombre des nombres.

De la cognoissance de l'excés par les trois autres.

Si d'vne progression Arithmetique le premier nõbre est 4, le dernier 64, & le nombre des nombres 11, l'excés sera 6: par-ce que de 64 qui en leue 4, il reste 60, pour les vnitez des excés. Et parce qu'il y a 11 nõbres, il n'y a que 10 excés. Doncques si 60 se diuise par 10, il en vient 6 pour l'excés.

De la cognoissance du premier par les trois autres.

Si d'vne progression Arithmetique l'excés est 8, le dernier nombre 86, & le nombre des nombres 11, le premier nombre sera 6, parce que s'il y a 11 nombres en la progression, il y a 10 excés. Doncques 10, multipliez par 8, sont 80: lequel soustraict de 86, il reste 6 pour le premier nombre.

Encores en toute progression Arithmetique, il faut considerer quatre nombres, c'est à sçauoir, le premier, le dernier, le nõbre des nombres, & la somme de tous, & que d'iceux les trois estans cogneuz on trouue facilement le quatriéme en ceste sorte.

De la cognoissance de la somme de toute la progression par les trois autres.

Premierement on doit noter, que de toute progression Arithmetique de trois nombres, les deux extremes sont doubles au milieu: parce que d'autant que le plus grand est plus grand que le milieu, d'autãt le plus petit en est moindre. Et si la progression est de quatre nõbres, les deux extremes sont egaux aux deux autres: parce que d'autãt que l'vn des premiers est moindre que l'autre, d'autant aussi l'vn des plus grands est

plus

plus grand que l'autre. Brief, en toute progreßion Arithmetique toufiours les deux extremes font egaux aux deux autres, qui leur font prochains, fi point en y a: et doubles au milieu, f'il y eft: car les deux extremes font egaux à leurs prochains, & les autres prochains à iceux, ou le double du milieu à iceux. Par ainfi donc tous les deux nombres d'vne progreßion font le nombre egal aux deux extremes adiouftez enfemble, par la premiere commune fentence du premier liure d'Euclide, & l'vn portant l'autre eft egal à la moitié de la fomme des deux extremes. Dont f'enfuyt, que voulât fçauoir combien font tous les nombres d'vne progreßion Arithmetique adiouftez enfemble, fçachât quel eft le premier nombre combien, le dernier, & le nôbre des nombres: on adioufte le premier & le dernier, & puis on multiplie ce qui en vient par autant de deux, qu'il y a au nôbre des nôbres, & le produit eft la fôme de tous les nôbres de la progreßion: ou bien, on prend la moitié des deux extremes enfeble (car autât fait l'vn nôbre portât l'autre) & le combien fe doit multiplier par autât de nombres qu'il y a en la progreßiô, pour auoir la fôme de tous. Dôt f'enfuit, qu'on garde le nôbre des nôbres, & le nôbre des deux extremes, & puis on multiplie la moitié de l'vn par l'autre, ou l'autre par la moitié de l'vn: car autant fait l'vn produit que l'autre, par la 19e propofition du 7e liure d'Euclide, & aufi par la demonftration, par laquelle on fçait le contenu d'vn triangle rectâgle, en laquelle on diuife l'vn des coftez d'iceluy par le milieu: qui peut eftre

D

auſſi priſe des 36e & 42e propoſitions du premier liure
d'Euclide. Si doncques d'vne progreſſion Arithmetique, le premier nombre eſt 3, le dernier 47, & le
nombre des nombres 8: parceque 47 & 3 (c'eſt à ſçauoir, tous les deus nombres) font 50, & l'vn portant
l'autre 25, la moitié de 8 eſtant 4, ſi on multiplie 25
par 8, ou 50 par 4 puis que la raiſõ de 50 à 25 eſt telle
qu'eſt de 8 à 4, par la 15e propoſitiõ du cinquiéme liure
d'Euclide, & par la chãgée proportionalité 16e propoſitiõ du meſme, il en viẽt, par celle du ſeptieſme nõ-
mre, 20 ɔ pour la ſõme de tʰ les nõbres de la progreſſiõ.

<h3 style="text-align:center">De la cognoiſſance du nombre des nombres
par les trois autres.</h3>

Si d'vne progreſſiõ Arithmetique le premier nõbre eſt 5, le dernier 47, & la ſõme de tous les nõbres
de la progreſſiõ eſt 208: le nõbre des nombres ſera 8:
par ce que 47 & 5 font 52, & 208 diuiſez par 52
font 4, dont le double eſt 8, pour le nombre des nombres: ou biẽ, par-ce que la moitié de 52 eſt 26, ſi 208
ſõt partiz par 26, il en vient 8, pour le dit nõbre des
nombres. La ſomme cogneuë doncques, eſtant diuiſée
par les deux autres enſẽble, ou par la moitié: en l'vn,
le double du combien: & en l'autre, le combien, eſt
le nombre des nombres.

<h3 style="text-align:center">De la cognoiſſance du dernier nombre par
les trois autres.</h3>

Si d'vne progreſſion Arithmetique le premier
nombre eſt 4, le nombre des nombres 7, & la
ſomme de tous les nombres 98: le dernier nõbre ſera

24:parce que 9 8 diuisez par 7, sont 14 pour chacun
des nombres de la progression: dont le double est 28,
pour les deux extremes:duquel qui en leue 4,qui est le
premier, il reste 24 pour le dernier nombre : ou bien,
qui partist 98 par 3 ½ , qui est autant comme le
double de 98, c'est à sçauoir,196 par 7, il trouue 28
pour les deux extremes : duquel qui en leue 4, il reste
tousiours 24. car le double de 98 à 7, a la mesme raison de 98 à la moitié de 7, par la quinziesme du cinquiesme.

De la cognoissance du premier nombre par les trois autres.

Si d'vne progression Arithmetique le dernier
nombre est 63, le nombre des nombres 6, & la somme de tous 210: le premier nombre sera 7 : car 210
diuisez par 6, sont 35,dôt le double est 70:duquel qui
en leue 63,qui est le dernier, il reste 7 pour le premier
nombre:ou bien,qui diuise 210 par 3, la moitié de 6,
il en vient 70 pour tous les deux:duquel qui soustrait
63,il reste tousiours 7. Et ce sont les 8 premiers adui-
semens, par lesquels tout ce, qui se fait par les progressions Arithmetiques, est manifesté.

PHRISON.

En la progression Arithmetique, la somme de tous les nombres est assemblée par abbreuiation. Ainsi, premierement regarde cõbien il y a de nombres à adiouster, & note iceluy nombre : & apres, adiouste le premier de
la progressiõ au dernier, & semblablemét note

icelle fomme. Or multiplie la moitié de l'vn
des nombres par l'autre, & en viendra la fomme de tous: comme 6, 10, 14, 18, 22, 26, 30, 34,
38, 42, 46. Icy il y a 11 nombres, defquels le
premier auec le dernier, c'est à fçauoir, 6 auec
46, font 52. Ie multiplie 11 par la moitié d'iceluy, c'est à fçauoir, par 26: il produit 286, & ceste est la fomme de tous. Encores 3, 6, 9, 12, 15,
18, 21, 24. Il y a icy 8 nombres en la progreffiõ:
le premier auec le dernier font 27, lefquels ie
multiplie par 4, c'est à fçauoir, la moitié de
l'autre nombre: il en vient, pour la fomme de
tous, 108.

Le dernier de la progreffion, fe peut auffi co-
gnoiftre, fans les moyés, en cefte forte. Ie veux
affembler la fomme de 100 nombres augmé-
tez de 3, en commençant à 10, on cherche la
fomme.

FORCADEL.

*Nous auons monftré que, pour auoir la fomme de
quelque progreffion Arithmetique, il faut cognoi-
ftre d'icelle progreffion le premier & le dernier, &
puis apres le nombre des nombres. Icy nous auons tant
feulement le premier & le nombre des nombres. Parquoy auant toutes chofes il faut trouuer le dernier
nombre par le moyen du premier, de l'excés, & du
nombre des nombres: ainfi qu'il est diét cy deffus.*

PHRISON.

Puis doncques que le premier est 10, les au-

tres 99 nombres croiſſent par l'addition de 3.
Multiplie donc 99 par 3, font 297: leſquels adiouſté au premier, font 307. Ceſtuy eſt le dernier nôbre de la progreſſion. Adiouſte le dôc
au premier, font 317 : lequel nôbre multiplié
par la moitié de tous les nombres, c'eſt à ſçauoir, par 50, il en vient 1 5 8 5 0, qui eſt la ſomme de 1 0 0 nombres augmentez par le nombre de 3, le commencemét eſtant fait à 10. Et
au contraire, le premier nombre de la progreſſion eſtant donné, & ſemblablement le
dernier, & encores l'excés eſtant cogneu, on
pourra aſſembler la multitude des nombres
conſtituans la progreſſion en ceſte ſorte.

FORCADEL.

*Icy par le premier, par l'excés, & par le dernier
nombre eſtans donnez, on trouue le nombre des nombres: puis apres, la ſomme de tous, comme il eſt dict.*

PHRISON.

Leue le premier du dernier, & partis le reſte par l'excés. Vne telle operation monſtre,
combien il y a de nombres en la progreſſion,
ſans le premier. Côme en l'exemple precedét,
ſoit 10 le premier de la progreſſiô, 307 le dernier, & 3 l'excés. Leue 10 de 307, il reſte 297:
leſquels diuiſe par 3, il en vient 99: & tant ſont
de nombres en la progreſſiô, ſans le premier:
parquoy tous ſeront 1 0 0. Et venant maintenant à la progreſſion Geometrique, nous aſ-

semblerons la somme de plusieurs nombres precedens auec quelque proportion, c'est à dire, qui sont produits par vne multiplicatiõ, continue d'vn nombre. Multiplie dõc le dernier de la progression par celuy, par lequel les autres sont procreez, en multipliãt, & duquel la proportion de la progression prend son nõ: & leue de ce produict le premier nombre de la progressiõ: en apres partis le reste par le nõbre moindre de l'vnité, que celuy, par lequel tu as multiplié: par ce moyen on aura la somme de tous. Comme 2, 6, 18, 54, 162, 486, 1458, 4374, 13122 multiplie le dernier de tous par 3 (ainsi que tu vois les autres multipliez) font 39366: d'iceluy leue le premier, restent 39364: partis ce nombre par 2, qui est le nõbre moindre de l'vnité que 3, la somme dõc de tous est 19682. En la proportion double il n'est pas besoing de partir, car l'vnité ne diuise point.

FORCADEL.

Quand vn nombre est muliplié par 2, il est certain, que le produict contiẽt le nombre multiplié vne fois, & le nombre multiplié d'auantage: & si le produict est multiplié par deux, le nombre, qui en vient, contient vne fois le produict, vne fois le premier, & le premier d'auãtage. Bref, si la multiplication se continue par 2, tousiours le dernier produict contiendra tous les autres, & le premier multiplié, vne fois, &

le premier d'auantage. Dont s'ensuit, que, voulant as-
sembler en vne somme tous les nôbres d'vne progression Geometrique, double, c'est à dire, continuee par
2, on double le dernier de la progression en leuant le
premier du produict : & ce qui reste, est la somme de
tous les nombres de la progression. De là s'ensuit que,
si la progression est triple, parce que par mesme cause
le dernier produict contient tous les autres, & le premier multiplie 2 fois, & d'auantage le premier multiplié, on multiplie le dernier par 3, en leuant le premier du produit:& ce qui reste,party par 2,fait la sô-
me de tous. Doncques si la progression s'est continuee
par 5, le dernier nombre se doit multiplier par 5 : &
du produict il en faut leuer le premier, puis partir ce
qui reste par 4, &c. faisant tousiours la diuision par
vn moins du nombre, qui multiplie. Ceste reigle a,
aussi prins sa cause de la trentecinquiesme proposition
du neufiesme liure d'Euclide:car voulant scauoir côbien sont ensemble tous les nombres d'vne progression Geometrique, on prend le nombre qui s'ensuy-
uroit apres le dernier: duquel ayant soustraict le premier,ce qui reste a vne telle raison à tous les nombres
de la progression, comme la reste du second au premier : apres auoir aussi leué le premier du second,telle
partie,ou telles parties doncques, qu'est le premier au
regard de la reste du second, telles sont tous les autres
nombres de la progression au regard du produict, duquel on a leué le premier. Si dôcques le second est double au premier,le premier sera egal à la reste:& s'il est

D iiij

triple, *la reste fera double au premier : fi fextuple, la*
refte du fecond fera quintuple au premier : & par ain-
fi l'autre refte diuifee par 5, fera la fomme de tous les
nombres de la progreffion adiouftez enfemble.

PHRISON.

Et par-ce qu'il eft ennuyeux de produire
tous iceux nombres de la progreffion, par
multiplication, iufques au dernier: ie mettray
icy vne abbreuiatió, pour le foulagemét d'vn
tel affaire.

Premierement multiplie par ordre aucuns
nombres de la progreffion, lefquels eftás ainfi difpofez par ordre, efcris au deffous les nóbres de l'ordre naturel, commençant fous le
fecond, & fous le premier efcris o : comme tu
vois noté en l'exemple.

3.	9.	27.	81.	243.	729.
0.	1.	2.	3.	4.	5.

Par ceux icy, qui font bien peu, on pourroit
brefuement progredir quafi iufques à infinité. Car fi tu multiplies deux de ces nombres
icy, lefquels que tu voudras enfemble, & tu
diuifes le produict par le premier, il en viendra le nombre qui doit eftre mis au lieu, que
monftrent les deux nombres efcrits fous les
nombres multipliez, adiouftez enfemble. Cõme fi tu multiplies 729 par 243, il en vient
177147 : lefquels diuifez par le premier, c'eft à
fçauoir, 3, font 59049. C'eft le nombre, qui

nota
fur la
progreffió

doit estre mis au neufiesme lieu, au mesme ordre que sont les nombres escrits dessous. Et
cela se fait, pour autāt que les nombres escrits
dessous les deux multipliez, 4, & 5, adioustez
ensemble, font 9. Et si tu multiplies ce nombre icy dernierement inuété par soymesmes,
& tu diuises le produit par le premier, tu trouueras le nombre, qui doit estre mis au dixhuictiesme lieu : parce que 9 & 9 font 18. Et semblablement si tu multiplies 729 en soy, & tu le
diuises (ainsi que nous auons dict) par le premier, il produira le dixiesme nombre depuis
le second, parce que 5 sont escrits sous luy, lesquels prins deux fois, font 10. Mais quand le
premier nombre de la progression est l'vnité,
alors il n'est pas besoing de faire la diuisiō par
le premier : cōme chacun facilement le pourra entendre.

FORCADEL.

Quand vne progression Geometrique commence à
1, & se progredist par quelque nombre, il se voit que
le premier nombre de la progression, sans le premier,
est le second, qui se note par l'vnité : & le second
nombre, sans le premier, est le troisiesme, qui se no-
te par 2 : puis apres que le troisiesme nombre, tous-
iours sans le premier, est le quatriesme, lequel se note
par 3 : & ainsi des autres, continuant de lieu en lieu la
multiplication : & pareillement la naturelle progres-
sion Arithmetique, de deux nombres : de laquelle si on

multiplie ceux de la progreſſion Geometrique l'vn
par l'autre, ils produiſent le nõbre de la progreſſion
Geometrique, qui eſt au lieu tel, qu'eſt mõſtré par les
deux nõbres de la progreſſion Arithmetique adiouſtez enſẽble. Et cela ſe doit entẽdre, ſans le premier,
ſi la progreſſion cõmece à 1: ou bien, auec le premier, ſi
la progreſſion commence au nõbre, par lequel elle ſe
progrediſt. Car ſi la progreſſion cõmence à 1, & progrediſt par 3, il eſt certain que, ſi le ſecond nõbre, ſans
le premier, qui eſt 9, & ſe note par 2, ſe multiplie
par le troiſiéme, ſans le premier, qui eſt 27, & ſe note
par 3, ils produirõt le cinquiéme ſãs le premier, c'eſt à
ſçauoir, 243, qui ſe note par 2 et par 3 adiouſtez enſẽ
ble, c'ſt à ſçauoir, par 5: cõme: il ſoit ainſi, que 9 du ſecond lieu, ſans le premier multipliez par 27 font 27
neufs, c'eſt à ſçauoir, le troiſieme, ſãs le premier, multiplié par 9 c'eſt à ſçauoir, par 3 trois, qui font 81
trois, qui eſt le quatriéme nõbre, ſans le premier, mul
tiplié par 3, c'eſt à ſçauoir, le cinquiéme nombre, ſans
le premier. Tout ainſi ſi la progreſſion commence à 3,
& ſe progrediſt par 3, alors 3 eſtant le premier nõbre
noté par 1, & 9 le ſecond noté par 2, & c. ſi 9, qui eſt
le ſecõd, ſe multiplie par 27, qui eſt le troiſieme, il en
viẽdra 243, le cinquieſme nombre de la progreſſion:
parce que 2 & 3 adiouſtez enſemble, font 5, & que
du ſecond lieu on ſ'eſt auancé de trois lieux, c'eſt à ſçauoir, au cinquieſme de 2 & de 3: car 9 fois 27 font
27 fois 3 trois fois au troiſieſme, qui font 81 trois

au quatriefme, & 243 au cinquiefme lieu. Par mefme raifon 9 multiplié par foymefme, feroit 81, qui eft
le quatriéme lieu de 2 & 2 adiouftez enfemble: car 9
neufs font 27 trois au troifiefme, c'eft à ffauoir, le
quatriefme 81 en l'vne & en l'autre fans le premier.
De là f'enfuyt, que fi d'vne progreffion Geometrique,
qui commence à quelque nombre, & progredift par
vn autre, l'ayant continuee de quelques nombres, &
auffi la progreffion Arithmetique commençât au fecond, ainfi qu'il fe peut voir cy deffous: fi les deux tels
nombres de la progreffiõ Geometrique qu'on voudra,
ou quelcun en foy, fe multiplient, & le produict fe diuife par le premier: il en viédra le nombre dudit lieu,
fans le premier: car fi la progreffion Geometrique cõmence à 4, & progredift ou fe continue par 3, le premier nõbre de la progreffion fera 1 quatre: & le
premier, fans cõpter le premier, qui fe note par l'vnité
de la progreffion Arithmetique, fera 3 quatres: le fecond, fans le premier, 9 quatres: le tiers, 27 quatres,
&c. felon la progreffion Geometrique, qui commence
à 1, & f. fait par 3. Si doncques 9 quatres, c'eft à ffauoir, 36 (qui eft le fecond fans le premier, & fe note
par 2) fe multiplient par 27 quatres, c'eft à ffauoir,
108 (qui eft le troifiefme fans le premier, & fe note
par 3) ils produifent 243 quatre quatres, c'eft à ffauoir
243 quarrez de 4, qui font 3888 : lefquels partis par
1 quatre, c'eft à ffauoir, par 4, qui eft le premier
nombre de la progreffion Geometrique, tout ainfi que
le contenu d'vn quarré, diuifé par fa racine, fait

sa racine, aussi en viendra il pour combien 2 4 3 quatres, c'est à sçauoir, 972, qui est le 5 nombre de la progression Geometrique, sans le premier, c'est à sçauoir,
le sixiesme. Et de là viet aussi, que si d'vne progresson
Geometrique, commençant à quelque nombre, & pro-
gredissant par vn autre (ayant disposé les progressiós
Geometrique & Arithmetique, comme dessus)de
deux tels nombres qu'on voudra de la progression
Geometrique, si l'vn se multiplie par le combien de
l'autre diuisé par le premier, il en viendra le nombre
dudit lieu : comme se voit, que 1 0 8 multiplié par 9,
ou 36 par 2 7, font 9 7 2: aussi 36 multipliez par 9,
font 3 2 4, quatriesme nombre, sans le premier: & 4
vient de 2 & 2 adioustez ensemble, ou du double
de deux.

	1	2	3	4	5
4	12	36	108	324	972
1	3	9	27	81	243

PHRISON.

Ii y a vne autre abbreuiation de ces progressions. Car si tu multiplies le premier nombre
par le nombre de la proportion multiplié en
soy vne fois, & si de rechef tu progresses, multipliant par iceluy : tu produiras les nombres
de la progression, qui doiuent estre mis aux
lieux alternes.

FORCADEI.

Cela est tout manifeste au precedent exemple: ou se
voit que 9, quarre de 3, multiplié par 4, premier nõbre

de la progreßion, produict 3 6, qui est au second lieu a-
pres le premier: c'est à dire, que 4 neufs feroiët au premier lieu, sans le premier, 12 trois, qui valent le secöd
lieu, sans le premier, c'est à sçauoir, 3 6: lequel multiplié par 9, feroit 36 trois fois, au troisiesme, qui est le
quatriesme lieu, sans le premier, &c.

PHRISON.

Semblablement si tu multiplies le nombre
de la proportion deux fois en soy, & tu pro-
gredis par celuy mesme produict, que nous
appellons cube: tu auras les nombres, qui doiuent estre mis aux troisiémes lieux. Exéple. Ie
veux soudainemét progredir en la proportiö
ou habitude triple, commençant à 4. Ie multiplie dōc 3, nombre de la proportion, en soy,
font 9: & de rechef ie multiplie iceluy nōbre
par 3, font 27. Si dōques ie multiplie 4 par 27,
ils feront 108, nombre qui doit estre mis au
troisiesme lieu apres le second. Que si i'augmente de rechef iceluy mesme nombre par
27, ils font 2916, le nombre qui doit estre
mis au sixiesme lieu, c'est à dire, le septiesme
apres le premier. Par mesme moyen si ie multiplie 3 en soy 3 fois, ils font 81: & si ie pro-
gredis par iceluy, en multipliant, & les autres
produicts, ie produiray les nombres, qu'il cö-
uient mettre aux quatriesme, huictiesme, &
douziesme lieux: c'est à dire, ayant tousiours
laissé 3 nombres de la progreßion entredeux.

Quand 4 se multiplie par 27, il se multiplie par 4 trois neuf fois, qui sont 12 trois trois fois au secōd lieu, 36 trois au troisiéme, c'est à sçauoir, 108 en quatriesme, qui est le troisiesme sans le premier: & 4 fois 81, sont au troisiesme lieu 36 trois trois fois, qui sont au quatriesme 108 trois: & au cinquiesme, qui est le quatriesme sans le premier, 324. Par ainsi en l'yn par addition de 2, en l'autre par addition de 3, & en l'autre par addition de 4, &c. on trouue le secōd, quatriesme, sixiesme, sans le premier: le troisiesme, sixiesme, neusiesme, sans le premier: & le quatriesme, huictiéme, & douziéme, tousiours sans le premier, &c. Qui monstre, qu'en cherchant le dernier nombre à vne progression Geometrique, qui commence à 1, ou à quelque nombre, & progredist par vn autre, on le doit chercher par vn moins du nombre des nombres Comme si ie cherche le dernier de 16, ie dois trouuer le dernier de 15, commençant au second.

PHRISON.

Et en ceste sorte nous paruiendrons facilement iusques au dernier nombre de la progression, & aurons la somme de tous, par la voye cy deuant escrite.

DE LA REIGLE DES PROPORtions, ou de trois nombres.

LES autres ont de coustume, incontinent apres ces especes cy deuant dictes, bailler aux escholiers les autres especes des fractiōs,

ou minutes, en confondât leurs efprits de preceptes fans vfage. Mais i'ay mieux aimé tout
incontinent monftrer l'vfage des efpeces tel
qu'il eft par les reigles, à fin que les fondeméts
faits nouuellement, fans vfage, ne tombent.
A cefte chofe donc conuiendra fort bien celle reigle là, laquelle ne peut eftre affez loüee, *nota*
nommee la reigle des proportions, ou la reigle de trois: & eft ainfi nommee, pour autant
que par 3 nombres cogñeuz, elle enfeigne à
trouuer le quatriefme incogñeu. La chofe eft
fort brefue & facile, & l'vfage fort grand, tant
en l'vfage commun, que en Geometrie, & autres arts Mathematiques.

FORCADEL.

L'vfage de la reigle de trois commence en la mul-
tiplication & diuifion, tout ainfi qu'elle fe parfait
par multiplication & diuifion, ou par diuifion &
multiplication: & puis f'eftend, outre l'vfage commũ,
par vne infinité de reigles & demonftrations Ma-
thematiques, dõt elle en demeure non affez loüee. Elle
fe nomme la reigle de trois, parce que tout ainfi qu'el-
le eft propofee par trois nombres, auffi peut elle eftre
faite en trois fortes, d'vne part & d'autre, defquelles
f'enfuyuent deux correlaires. Defdictes trois fortes
la premiere & la feconde prennent leurs fources de
la quinziéme propofition du cinquiefme, quatriefn.e
propofition du fixiefme quinziefme dix-feptiefme
& dixhuictiefme du feptiefme liures d'Euclide. Et

tout cela est comprins en la penultiesme diffinition du premier liure de Vitellion. Mais la troisiéme sorte prend sa cause des seizième & dixseptiéme propositions dudit sixiéme, quinziéme du cinquiéme, & septiéme dixneufiéme & vingtiéme propositions dudit septiéme: & par ainsi s'ensuyt la pratique particuliere desdites trois sortes.

Pour la premiere sorte.

Quand quelcun me dit, qu'il a acheté 7 marcs de billon, qui luy coustent 42 liures, & il veut sçauoir combien luy cousteront 17 marcs: ie pose les trois nombres, ainsi qu'il les m'a proposez, en ceste sorte.

Marcs.	Liures.	Marcs.
7 ————	42 ————	17

6 liures.

1 0 2 liures.

Puis en diuisant le second nombre par le premier, ie trouue 6 : par lequel combien il me dit que le marc luy couste 6 liures. Et parce donc qu'il en veut acheter 17 marcs, il luy cousteront 17 fois 6 liures, c'est à sçauoir, 1 0 2 liures. Le combien doncques du second nombre diuisé par le premier, quãd il est multiplié par le troisiéme nombre, fait le quatriéme nombre incogneu.

Pour la seconde sorte.

Quand on me dit, qu'il a acheté 9 pieces d'argent, qui luy coustent 79 liures. & il veut sçauoir cõbien luy cousterõt les 27 pieces dudit argẽt: ie pose les trois nombres, ainsi qu'il les a proposez, en ceste sorte.

Pieces.

Pieces.   Liures,   Pieces.

9————————79————————27

3 fois.

237 liures.

Puis apres, en diuifant le troifiefme nombre par
le premier, ie trouue 3, par lequel il me dit, qu'il veut
acheter trois fois autant de pieces qu'il en a achetté:
& par-ce que l'vn autant luy coufte 79 liures, les
trois luy coufteront 3 fois 79 liures, c'est à fçauoir,
237 liures. Le conbien donques du troifiefme diuifé
par le premier, quand il eft multiplié par le fecond
nombre, fait le quatriefme nombre cherché.

De là s'enfuit premieremēt, que fi le premier nombre, ou le premiere quātité eft l'vnité : le fecōd nōbre,
multiplié par le troifiefme, fait ce qu'on cherche.

Et fecondement, fi l'vnité eft au fecond ou au troifiefme lieu : le troifiefme, diuifé par le premier, ou le
fecond, diuifé par le premier, font ce qu'ō demandoit.

Pour la troifiefme forte.

Quand on me dit, qu'il a achetté 15 pieces d'or, qui
luy couftent 35 liures, & il veut fçauoir combien
luy coufteront les 48 pieces du dit or : alors ie pofe en
mefme ordre les nombres propofez, ainfi qu'il fe voit
cy deffous : puis apres par le premier correlaire, ie luy
dis que, quand 1 quinze luy coufte 35 liures, 48 quin-
zes luy coufteront 48 fois 35 liures, c'eft à fçau-
uoir, 1680 liures : & autant coufteront 15 qua-
rantehuiéls, par la fiziefme propofition du fepiefme
liure d'Euclide. Dōcques fi 15 quarātehuiéts couftēt

E

1680 liures, 1 quarantehuict coustera (par le second
correlaire) le combien de 1680 liures diuisees par 15,
c'est à sçauoir, 112 liures. Le produict est venu du second nombre proposé multiplié par le troisiesme, &
le combié dudit produit party par le premier. Si doncques on multiplie le second par le troisiesme, ou bien
le troisieme par le secôd, & on diuise le produict par
le premier il en vient ce qu'on cherche. Et icy se trouuent aussi lesdits deux correlaires.

Pieces.	Liures.	Pieces.
15 ——————— 35 ——————— 48
quinzes.	Liures.	quinzes.
1 ——————— 35 ——————— 48

$$48$$
$$280$$

| quarantehuiéts | 140 | | quarantehuiéts. |

15 ——————— 1680 ——————— 1

112 Liures.

15
1680 (112 liures.
155
1 1

La pratique donc est telle: multiplie le tiers
par le milieu : & ce, qui en viendra, partis le
par le premier : & le nombre qui viendra de
la diuision, monstre le nombre que tu cherchois . Que si tu veux sçauoir la raison de

note

cefte chofe , voy la dix-neufieme du feptiefme d'Euclide, & les autres, qui luy appartiennent. Comme fi vne telle queftion
eftoit propofée: il conuient payer pour trois
mois, 20 efcus: combien faudra il payer pour
9 mois? Multiplie 9 par 20, font 180: lefquels
diuife par 3 , ils produifent 60 efcus, qu'il
conuiendra payer pour 9 mois.

Mois.	Efcus.	Mois.
3————————20————————9		

$$9$$
$$180$$

$$3 \qquad (60\ efcus.$$

Mais l'artifice côfifte plus à pofer les nombres par ordre, que non pas à l'operat on. Laquelle chofe eft facile par cefte voye: comme
ils foint toufiours trois nôbres cogneuz, l'vn
tant feulement à la queftion accouplée auec
foy: & celuy doit eftre toufiours le troifiefme:
& celuy qui eft de femblable chofe, doit eftre
le premier, & celuy, qui demeure le fecond,
ou le milieu. Exéple. Faifant la queftion, que
7 aulnesde drap couftêt 13 efcus, combié auray ie d'aunes pour 39 efcus? Le troifiefme nôbre en ceft exemple icy fera 39 , pour autant
que la queftion luy eft icy adiouftée : &
le premier & diuifeur fera 13, pour autât qu'il
fignifie vne mefme chofe auec le tiers , c'eft à
ç auoir les efcus : & le milieu 7, lequel mult-

E ij

plié par 39, il en vient 273: & si tu partis ce nōbre par 13, tu as 21 aulnes pour 39 escus.

Aulnes.	Escus.	Escus.
7————————13————————39		

Escus.	Aulnes.	Escus.
13————————7————————39		

$$7$$
$$273$$
$$13 \quad (21 \text{ aulnes.}$$

FORCADEL.

Ayant posé les nombres ainsi qu'ils sont proposez,
& comme il se voit premierement cy dessus, il n'y a
pas de raison changee. Parquoy il faut entendre a-
uit toutes choses la raison conuerse, faisant du conse-
quent, qui est 13 escus, l'antecedent: & de 7 aulnes,
le consequent: & pareillement 39 sera transformé en
antecedent: car si 7 aulnes coustent 13 escus, 13 escus
coustent 7 aulnes : & on veut sçauoir, combien cou-
steront 39 escus.

PHRISON.

Il faut doncques que le premier nombre
soit de mesme chose & de nom auec le tiers.
Comme si on faisoit vne telle question. Ie
despens en vn an 80 escus, combié en 7 iours?
les nombres ne sont pas bien posez, pour autant que le premier est de plus grand temps,
que le dernier. Il falloit dōc dire. Ie paye pour
365 iours, 80 escus, combien pour 7 iours? ou
ie despens en 52 sepmaines, 80 escus, combien

en vne?Car il eſt neceſſaire à tous les deux,ou
les ans, ou les iours, ou quelque autre choſe,
eſtre denotee de meſme nom par le nombre.

FORCADEL.

Les parties d'vn an ne ſont point ans , tout ainſi
que les parties d'vne ligne ſont lignes : mais bien plu-
ſieurs iours ſont vn an , & vn an pluſieurs iours:
pluſieurs iours auſſi ſont I mois , & I an pluſieurs
mois:pluſieurs iours ſont vne ſepmaine,& vn an plu-
ſieurs ſepmaines. Voylà pourquoy, quand il ſe faict
quelque comparaiſon d'ans & de iours , les ans &
les iours ſe doiuent reduire en iours, ou en ſepmaines,
ou en mois, c'eſt à ſçauoir, au plus petit ou à quelcun
des moyens,ſ'il y en a. Toutesfois ce,qui ſe peut redui-
re au plus grand moyen, ſ'y doit reduire, tout ainſi
ſi quelcun diſoit,qu'auec 3 liures 5 ſols 3 deniers, il a
gagné 10 eſcus: & il veut ſçauoir combien il gagne-
ra auec 3 ſols 6 deniers : puis que les deniers ſont les
plus petites parties, on peut reduire ce,qu'il a gagné,
& ce,qu'il doit gagner,en deniers: diſant,qu'en 3 li-
ures 5 ſols 3 deniers , c'eſt à ſçauoir , en 65 ſols 3 de-
niers y a 7 83 deniers, & en 3 ſols 6 deniers,y a 4 2
deniers. Parquoy il dit, que 783 deniers luy ont ga-
gné 10 eſcus: & il veut ſçauoir combien luy gagne-
ront 42 deniers. Mais puis qu'en 65 ſols 3 deniers y
a 271 liards, & en 3 ſols 6 deniers y en a 14 liards,
il dict bien mieux quand il dict , que 261 liards luy
ont gagné 10 eſcus, & qu'il veut ſçauoir com-
bien luy gagneront 14 liards. Encores il pourroit dire

que quand 261 liards luy ont gagné 10 cinquantes
fols, c'est à fçauoir, 500 fols, qu'il veut fçauoir combien luy gagneront 14 liards, &c.

PHRISON.

Ayant posé les nombres par ordre en la maniere deuant dite, si tu diuises le troisiéme par
le premier, & tu multiplies le quotient par le
second, il en viendra la mesme chose, comme
si tu l'eusses fait par la maniere deuant dicte.
Parquoy tu pourras aussi experimenter par
ceste voye, si tu auras bien fait.

$$23 \text{——} 48 \text{——} 69$$
$$3 \qquad 23 \quad (3$$

Le produict. 144

Semblablement, si tu diuises le second par
le premier, & tu multiplies le quotient par le
troisiesme, il en viédra le mesme. Comme 22
donnent 66, combien 106? diuise 66 par 22, il
en vient 3, que tu multiplieras par 106, ils produisent 318.

$$22 \text{——} 66 \text{——} 106$$
$$22 \quad (3 \qquad 4 \tfrac{4}{4}$$

De rechef, si tu vois que le premier & le second se puissent diuiser facilement par quelque autre troisiesme, mets les quotiés d'iceux,
au premier & second lieux, le tiers non changé. L'operatiou sera facile par ce moyen.

$$12 \text{———} 36 \text{———} 367$$
$$\text{poſe } 2 \text{———} 6 \text{———} 367$$
$$\text{poſ. } 1 \text{———} 3 \text{———} 367$$

Ou encores ſi le premier & le tiers ont vn diuiſeur commun entr'eux, remets les quotiens aux meſmes lieux d'iceux, le milieu non changé : & pourſuis en apres la reigle, ainſi qu'elle eſt enſeignee.

FORCADEL.

Ces deux derniers aduiſemens, ſont vn meſmes : car il faut conſiderer, que de trois nombres propoſez la raiſon, par laquelle on cherche le nombre incogneu par l'autre, ſe refere du premier au ſecõd, & par ainſi à leurs racines : mais alors le troiſieſme demeure tel qu'il eſt. Elle ſe refere auſſi, par la changée proportionalité du premier au troiſieſme : dõcque à leurs racines : & alors le ſecõd demeure tel qu'il eſt. Dõt auãt toutes choſes il conuient reduire ces deux raiſons à leurs premiers termes, ou les y prendre. Et cela ſe fait, en diuiſãt le premier & ſecond par leur meſure, puis apres le premier & troiſieſme, ou bien premierement le premier & le troiſiéme, & en apres le premier & le ſecõd, ſelon la volõté de celuy qui ſ'y exerce. Et tout cela ſe fait par la 15ᵉ propoſition du cinquieſme, 17ᵉ & 18ᵉ propoſitiõs du ſeptiéme liure d'Euclide, dõt i'en ay aſſez ſuffiſamment eſcrit au ſecond liure de mon Arithmetique : & parce ie me contenteray d'en faire icy tant ſeulemen la declaration d'vn exemple, par lequel il eſt demandé, que 48 pieces de

E iiij

taille valent 45 efcus, & on veut fçauoir, combien
vaudront 28 pieces de la mefme taille. Ie voy pre-
mierment, que le nombre, qui mefure 48 & 28, eft
4, dont il en vient 12 pour l'vn, & 7 pour l'autre. Et
par ainfi on dit, que, 12 quatres valent 45 efcus: &
on veut fçauoir, côbien vaudrôt 7 quatres. Puis apres
le nombre qui mefure 12, & 45 eft 3, dont il en vient
pour l'vn 4 trois quatres & pour l'autre 15 trois: &
par mefme caufe on demande, que 4 trois quatres
valent 15 trois efcus : & on veut fçauoir, combien
7 quatres. Il faut donc multiplier 15 trois, par 7
quatres, & ils font 105 trois quatres: lefquels, diuifez par 4 trois quatres, font 26 efcus $\frac{1}{4}$, qui eft ce
qu'on cherchoit. Ou bien, puis que 48 & 45 fe diuifent par 3, & que pour l'vn il en vient 16, pour l'autre 15 : ne me dit on pas que 16 trois luy conftent 15
trois efcus, & qu'il veut fçauoir combien luy coufteront 28? Encores 16 & 28 fe diuifent par leur mefure, 4 : dont il en vient 4 quatres trois fois, pour l'vn:
& 7 quatres, pour l'autre. Dôcques on me dit, que 4
quatres trois fois, couftêt 15 trois: & il veut fçauoir
combien coufterôt 7 quatres :15 trois multipliez par
7 quatres, font 105 trois quatres. Ils font donc 105
quatres trois fois , par la 16e propofition du feptiefme liure d'Euclide: tout ainfi que fi 7 quatres
eftoient multipliez par 15 trois, & 105 quatres trois
fois partis par 4 quatres trois fois, font pour combien 26 efcus $\frac{1}{4}$: tout ainfi mefmes que fi 105 trois
quatres fe partoient par 4 trois quatres : & 26

escus ½ est le pris des 28 pieces de taille.

pieces.	escus.	pieces.
48 ———	45 ———	28

quatres.   quatres.

12 ———————— 45 ———————— 7

trois quatres. trois.   quatres.

4 ———————— 15 ———————— 7

—————
7 *quatres.*
—————
105 *trois quatres.*   (26 ¼
4 *trois quatres.*
—————

pieces.	escus.	pieces.
48 ———	45 ———	28

trois.   *trois.*

16 ————— 15 ————— 28

quatres trois. trois.   quatres.

4 ———————— 15 ———————— 7

—————
7 *quatres.*

105 *quatres trois.*

26 ¼

PHRISON.

Celuy, qui sera mediocrement versé aux demonstrations Geometriques, pourra faire beaucoup de telles choses facilement. Mais ie ne suis pas marry d'adiouster les choses, qui me semblent suffire pour ceux, qui apprennent, par lesquelles on peut operer, & examiner l'operation faite. Car si par telles diuerses manieres deuant dictes, tu viens à vn mesme but, croy hardiment que tu as bien faict ton

En toute reigle de trois, il y a tousiours deux rectangles egaux proposez, dont les deux costez de l'vn, & l'vn costé de l'autre sont cogneuz. On cherche doncques l'incogneu par les trois autres, ou bien deux triangles semblables y sont proposez, dont les deux costez de l'vn faisant l'angle egal à l'vn des angles de l'autre sont donnez, & l'vn des costez de l'autre dudict angle, par lesquels on cherche & trouue l'incongneu. Celuy donc, qui est bien versé aux demonstrations Geometriques, cognoistra que le tout estroittement est comprins en la quarante-troisiesme proposition du premier liure d'Euclide, & puis aux autres, qui en parlent plus au large. Doncques cela cognoissant, il se pourra apperceuoir de beaucoup d'autres telles choses, & se les redra faciles. Quant à la preuue de la reigle de trous, elle se fait, en la faisant par toutes les trois sortes, par lesquelles on trouue tousiours vn mesme quatrieme : car come en l'exemple precedent on trouue 26 escus $\frac{1}{4}$, si on multiplie 4 5 par 2 8, il en vient 1 2 6 0 : lesquels partis par 4 8, sont 26 $\frac{1}{4}$: tout ainsi que si 1 0 5 douzes se diuisoient par 4 douzes. Encores si on diuise 45 par 48, il en vient $\frac{15}{16}$ lesquels multipliez par 28, qui est autant que $\frac{28}{16}$, c'est à sçauoir, $\frac{7}{4}$ par 1 5, ils font $\frac{105}{4}$, qui valent 2 6 $\frac{1}{4}$: car tout ainsi que, voulant reduire les deniers en sels, on diuise les deniers par 1 2, ainsi voulant reduire les quarts en vnitez entieres, il les faut partir par 4, qui est en predre la quarte partie. D'auantage, si on diuis

figure de ce ressorme

fe 28 par 48, il en vient $\frac{7}{12}$: lefquels multipliez par
35, qui eft autât comme multiplier $\frac{15}{12}$, c'eft à fçauoir,
$\frac{15}{7}$ par 7, il en vient 26 $\frac{1}{4}$, qui monftre qu'il eft le
nombre cherché. Tu te fouuiendras, que la reigle de
multiplier le fecond par le troifiefme, & partir le
produict par le premier, s'eft donnee comme la plus
generale, parce que le fecond n'eft pas toufiours le plufieurs fois entier du premier, ny auffi le troifiefme, dudit premier. Parquoy mefmement aux nombres entiers, on eft plus loing de ce qui femble eftre fafcheux,
quand il y entremient des fractions.

La ſeconde partie.

DES FRACTIONS, OV MINVTES.

PHRISON.

Nous appellons fractions, minutes, ou parties, les nombres ſignifians les parties d'vne choſe entiere : cō-me $\frac{1}{2}$ ſignifie vne moitié, par ce mot, *ſemis*: $\frac{1}{4}$, vn quart, par ce mot, *quadrans*, ou vne quatrieſme partie: $\frac{3}{4}$, trois quarts, par ce mot, *dodrans*: ou trois quatrieſmes, par ces mots, *tres quadrantes*.

FORCADEL.

Il ne ſera pas icy incommode, pour mieux deſcou-urir l'intelligence de ce qui eſt dit, d'adiouſter, que les anciës auoient accouſtumé de diuiſer vn chacun tout, qu'ils nommoient, As, en douze parties, c'eſt à ſçauoir 12 *douzieſmes, dont ils nommoiët l'vne, vne once, par ce mot,* vncia: *les deux* $\frac{2}{12}$, *par ce mot,* ſextás: *les trois* $\frac{3}{12}$, *par ce mot,* quadrás: *les quatre* $\frac{4}{12}$, *par ce mot,* triës: *les cinq* $\frac{5}{12}$, *par ce mot,* quincunx: *les ſix* $\frac{6}{12}$, *par ce mot,* ſemis: *les ſept* $\frac{7}{12}$, *par ce mot,* ſeptunx: *les huiſt*

$\frac{2}{3}$, *par ce mot*, bisse: *les neuf* $\frac{3}{4}$, *par ce mot*, dodrans: *les dix* $\frac{5}{6}$, *par ce mot*, dextans: *& les vnze* $\frac{11}{12}$, *par ce mot*, deunx. *Ils ont aussi diuisé l'once (ainsi que Cãpan le dit, en la 8e proposition du 14e liure d'Euclide) en 576 pieces, dont ils en nommoient tant seulement les suyuantes,* $\frac{1}{2}$, $\frac{1}{3}$, $\frac{1}{4}$, $\frac{1}{6}$, $\frac{1}{8}$, $\frac{1}{12}$, $\frac{1}{18}$, $\frac{1}{24}$, $\frac{1}{48}$, $\frac{1}{72}$, $\frac{1}{96}$, $\frac{1}{144}$, $\frac{1}{192}$: *par lesquelles diuisions auec les precedentes il semble qu'ils ont fort fauorisé aux diuisiõs, desquelles vsent ordinairement ceux, qui frequentent l'estat des monnoyes.*

PHRISON.

Et sont escrites par deux nombres, desquels on appelle celuy dessus, numerateur: & celuy dessous, denominateur: cestuy-cy, pour autãt qu'il monstre en combien de parties il faut qu'vn entier soit diuisé: & l'autre, pour autant qu'il nombre combien de telles parties, doiuent estre prinses. Cõme $\frac{3}{7}$, icy celuy dessous mõstre vn entier deuoir estre diuisé en 7 parties: & celuy dessus enseigne quil en faut prẽdre tant seulement trois septiesmes. Quand dõc ces deux nombres sont egaux, tousiours ils denotent tant seulement vn entier, comme $\frac{2}{2}$: quand le dessus est plus grand, il signifie plus que l'entier: & quand il est moindre, il signifie moins que l'entier. Et d'autant qu'en somme le dessus est distãt du dessous, de tant plus les minutes surmontent l'entier.

Puis qu'en toute fraction, le nôbre, qui se pose sous
la ligne, monstre tousiours les parties, esquelles vn
entier se doit diuiser : & celuy dessus, monstre combien d'icelles parties on tient d'iceluy : cela fait, que
par vne fraction, maintenant il nous est signifié
moins d'vn entier, maintenant vn entier, & maintenant plus d'vn entier. Qvnd elle signifie moins
d'vn entier, c'est d'autât moins qu'est la difference du
denominateur au numerateur : comme $\frac{4}{7}$ sont moindres
qu'vn entier de $\frac{3}{7}$, par ce que la difference de 7 à 4 est
3. Et quand vne fraction signifie plus de l'entier,
e'est de tant plus qu'est la difference du numerateur au
denominateur, comme si de $\frac{169}{25}$ ie veux leuer vn entier, il reste $\frac{144}{25}$, par ce que la difference de 169 à
25 est 144. Mais auant que passer plus outre, il est
necessaire de sçauoir que, pour l'intelligence de tout
ce qui se fait par les fractions, il nous sera icy monstré cinq sortes de reduire : dont la premiere est, la
reduction des fractions de fraction, ou des fractiôs de
quelque chose à vne fraction d'icelle : la seconde est,
la reduction de plusieurs pieces ayans vn mesme
nom, en vnitez entieres : la troisiesme est, la reduction de plusieurs vnitez entiers, ou plusieurs vnitez
& partie ou parties d'vne, en plusieurs pieces selon la
diuision de l'vnité : la qatriesme est, la reduction de
plusieurs pieces d'vn entier, en vne autre sorte de
pieces, auxquelles aussi il se diuise : & la cinqiesme est,
la reduction de plusieurs pieces d'vn entier, ou de plu-

sieurs entieres estans de diuers noms, à vn mesme
nom. Voyons donc ce, qui est dit premierement.

PHRISON.

Il y a aussi des fractions de fractions (ainsi
qu'on les appelle) ou minutes de minutes,
lesquelles aduiennent plus rarement, & l'escriuent par plusieurs simples minutes : com-
me $\frac{3}{4}$ de $\frac{1}{2}$ signifient trois quarts d'vne moitié,
par ces mots, tres quadrantes semissis: ou $\frac{1}{2}$ de $\frac{3}{4}$, la
moitié de trois quarts, par ces mots, dimidium
dodrantis. FORCADEL.

A celuy, qui sçait bien dequoy est fait l'entier, &
dequoy sont faites ses parties, qui luy empeschera, de
prendre la partie ou les parties de la partie, ou des parties: ou bien la partie des parties, ou les parties de la par-
tie de quelque partie, ou parties come d'vn tout? Certainement ie croy qu'il croira, que nul empeschement
ne le sçauroit empescher: car si ie sç ay dire que la moitié de 4 est 2, & la moitié de 3, est $\frac{3}{2}$ en l'vn, par-ce
qu'il est le plusieurs fois entier de 2: & en l'autre, par-
ce que 3 deux, diuisez par 1 deux, c'est à sçauoir, 2 trois,
qui font 6, diuisez par 2 vns, c'est à sçauoir, 2, qui fôt
$\frac{6}{2}$, dont la moitié est $\frac{3}{2}$: par mesme cause ie diray, que
la moitié de $\frac{2}{3}$, est $\frac{1}{3}$ & la moitié de $\frac{3}{3}$ sont $\frac{3}{2}$: considerant premierement que les nombres, multipliez par
quelque nombre, se diuisent par iceluy en vnitez entieres, & que toute fraction est le combien de la diuision du numerateur par son denominateur. Parquoy si
le numerateur de la fraction ne se peut partir par ce-

luy, par lequel ie le veux partir : ie multiplie tant le
numerateur, que le denominateur, par iceluy, & les
produicts sont la mesme fraction, par la 15e proposition du cinquiesme, & 17e proposition du septiesme
liures d'Euclide. De laquelle estant ainsi transfor-
mée, i'en prens facilement la partie telle que ie veux :
comme se voit : que de $\frac{2}{3}$ voulant en prendre la moitié, est partir $\frac{2}{3}$ par 2, dont il en vient $\frac{1}{3}$: tout ainsi
que 2 liures diuisées par 2, sôt 1 liure. Mais posôs que
2 des $\frac{2}{3}$ ne se puisse pas partir par 2 : alors ie multiplie 2, & 3, par 2, sont $\frac{4}{6}$, & la moitié de $\frac{4}{6}$
sont $\frac{2}{6}$, qui valent $\frac{1}{3}$: doncques la $\frac{1}{2}$ de $\frac{2}{3}$ sont $\frac{6}{3}$ parce
que 3 & 4 multipliez par 2 sont $\frac{3}{8}$ qui valent $\frac{1}{4}$.
Et par ainsi ce qui sera la moitié de l'vn, sera aussi
la moitié de l'autre, par la conuersion de la 6 commune sentence du premier liure d'Euclide. Or est il ainsi
que la moitié de $\frac{6}{8}$ sont $\frac{3}{8}$, aussi la moitié de $\frac{3}{4}$ seront
$\frac{3}{8}$: & par mesme moyen les $\frac{2}{3}$ de $\frac{3}{4}$ seront $\frac{2}{4}$, c'est à sçauoir, $\frac{1}{2}$: parce que le $\frac{1}{3}$ de $\frac{3}{4}$ est $\frac{1}{4}$, & les $\frac{2}{3}$ sont $\frac{2}{4}$, c'est
à dire, la dite moitié, ou bien, comme si 3 ne se pou-
uoit partir par 3, le $\frac{1}{3}$ de $\frac{3}{4}$, c'est à dire, de $\frac{9}{12}$ sont
$\frac{3}{12}$, & les $\frac{2}{3}$ sôt 2 fois $\frac{3}{12}$, qui sôt $\frac{6}{12}$, c'est à sçauoir, $\frac{1}{2}$.
Mais il est ainsi que le 6 de $\frac{6}{12}$ est venu de 3,
qui sert pour numerateur à $\frac{3}{4}$ & à $\frac{3}{12}$ multipliez
par 2 numerateur de $\frac{2}{3}$: & 12 de $\frac{6}{12}$ est venu de 4 denominateur de $\frac{3}{4}$ multipliez par le 3 des $\frac{2}{3}$, qui est l'autre denominateur, &c. De là doncques est venuë la
reigle plus large, qui reduict vne fractiô de fractiô
en fraction d'entier, en multipliant les numerateurs

l'vn

l'vn par l'autre, & les denominateurs auſſi l'vn
par l'autre. Dont ſenſuit, que la moitié de ³⁄₄ ſôt vne
meſme cohſe auec les ³⁄₄, de ²⁄₂: parce qu'il y a les meſmes
numerateurs & denominateurs, qui produirôt les nôbres meſmes. I'eſcriray ecores, pour les plus ſtudieux,
la cauſe d'vne telle reigle, comme ſenſuit. Quand ie
veux ſçauoir côbien font les ⁵⁄₈ de ³⁄₄, ie demande que,
quand I reuient à ³⁄₄, à côbien reuiendront ⁵⁄₈? Parquoy
par les correlaires cy deuant, il me faudroit multiplier ³⁄₄ par ⁵⁄₈, choſe de laquelle ie ne ſuis pas encores in-
ſtruict:: outesfois ſi ie multiplie le premier & le troiſieſme terme par 8, parce que toute fraĉtiô multipliée
par ſon denominateur fait autant d'vnitez côme eſt
ſon numerateur, i'auray (par la 5ᵉ du cinquieſme) 8
pour l'vn, & 5 pour l'autre. Dont on me demandera,
que 8 couſtêt, ou reueinêt à ³⁄₄. & on veut ſçauoir, à
combien reuiendront 5: qui eſt, demãder que I
huiĉt fois, reuient à ³⁄₄, à combien reuient ⁵⁄₈ huiĉtfois.
Puis apres, ſi ie multiplie le premier & ſecond terme
par 4 (car le combien, multiplié par le partiteur, fait
reuire le nombre party) i'auray pour l'vn & pour l'au
tre 32 & 3. Il fault donc que ie demande que, quãd 32
reuiennent à 3, à combien reuiendront 5. en multipliãt 3 par 5, l'vn, qui eſtoit numerateur de l'vne fra-
Ĉtiô, & l'autre eſtoit nûerateur de l'autre, & diui-
ſât par 32, qui eſt le produit de l'vn denôinateur, par
l'autre: ainſi ie trouneray ¹⁵⁄₃₂ pour le produit de ³⁄₄ mul
tipliez par ⁵⁄₈ & pour auſſi les ³⁄₄, de ⁵⁄₈ ou les ⁵⁄₈ de³⁄₄.
Dont ſenſuit auſſi la reigle deſſus, pour la multipli-

F

cation des fractions.

PHRISON.

Encores $\frac{3}{4}$ de $\frac{2}{3}$ de $\frac{6}{7}$ c'est à dire les trois quartes de deux tierces de six septriesmes, c'est à dire, d'vn entier diuisé en 7, prens en 6 particules, lesquelles de rechef diuise en trois: & d'icelles prés en deux, lesquelles diuise é quatre, & par ainsi elles signifiét trois particules. Toutes fois & quantes qu'il s'en trouuera de telles, reduis les incontinent à simples auant que faire aucune chose auec icelles, en ceste sorte: Multiplie le premier dessus par le secõd, & s'il y en a plusieurs, multiplie le produict par le troisiesme : escris la sõne au lieu dessus. Sëblablemët multiplie le premier dessous par le secõd, & le produict par le troisiéme:& escris la sõme sous la premiere sõme, tirãt vne ligne ëtredeux:cõme aux exéples precedés $\frac{3}{4}$ de $\frac{1}{2}$ font $\frac{3}{8}$, trois octaues d'entier. Encores $\frac{3}{4}$ de $\frac{2}{3}$ de $\frac{6}{7}$ multiplie 3 par 2, il en viét 6, lesquels multiplie par le troisiesme, c'est à sçauoir, 6, fõt 36, lesquels tu poseras en ceste sorte $\frac{36}{}$. En apres multiplie 4 par 3, font 12: lesquels multiplie par 7, il en vient 84 : escris les sous les autres, en ceste sorte, $\frac{36}{84}$, c'est à dire, 36 octantequatriesmes.

FORCADEL.

Pour bien entendre la demonstration de ce dernier exemple, il faut premierement considerer le paral-

lelogrãme a. b. c. d, diuiſé en ſept parties, parce que le
denominateur de la premiere fracⁱⁱõ de l'entier, eſt 7:
& d'icelles il en faut prẽdre le. $\frac{6}{7}$, c'eſt à ſçauoir, 6, par
le parallelogrãme a. e. f. c, lequel cõme ſecõd entier, ſe
doit diuiſer en trois parties par les lignes g h. & l. m:
dõt il en faut prẽdre les deux par le rectãgle a. g. h. c:
lequel troiſiéme entier ſe doit diuiſer en 4 parties, par
les lignes i. k. & o. p. Puis aⁱpres il en faut prẽdre les 3
par le rectangle a. i. k. c, qui eſt au regard du premier
entier, les $\frac{3}{7}$: & par ainſi les $\frac{3}{4}$ de $\frac{2}{3}$ de $\frac{6}{7}$, de quelque
choſe, valẽt $\frac{3}{7}$ de la meſme choſe. car le $\frac{2}{3}$ de $\frac{6}{7}$ valent
$\frac{4}{7}$, & les $\frac{3}{4}$ de $\frac{4}{7}$ ſont $\frac{3}{7}$. Mais poſons que le nõbre des
pieces du rectãgle a. e. f. c. ne ſe puiſſe partir par trois,
& ſoit fait de chacune piece trois pieces: ainſi le tout
ſera diuiſé en 21 pieces, & ledit rectãgle en 18, dõt les
$\frac{1}{3}$ ſont 12, parce que le tiers eſt 6: le 12 vient de 2 fois
6, numerateurs: & le 21, de 3 fois 7, denominateurs.
Les $\frac{2}{3}$ dõc de $\frac{6}{7}$ valẽt $\frac{12}{21}$, dont il en faut prẽdre les $\frac{3}{4}$:
& pource faire ne voyõs pas, que de 12 ſe puiſſe pren-
dre la quarte partie, & faiſons de chacũ douze quatre pieces par les trois lignes trauerſantes, r. ſ. t. v. x.
y. Ainſi le premier tout, ſera diuiſé en 84 pieces: le ſecond, en 48: duquel le quart eſt douze: & les trois
quarts, trois fois douze, c'eſt à ſçauoir, 36, pour le rectãgle a. i. k. c, qui valent $\frac{36}{84}$. Le 36 vient de trois
douzes, & l'octante-quatre de quatre vingt-vns,
c'eſt à dire, l'vn de la cõtinuelle multiplicatiõ des numerateurs, & l'autre des autres. Et par ainſi leur
commune meſure eſtant 12, ils ſont $\frac{3}{7}$.

F ij

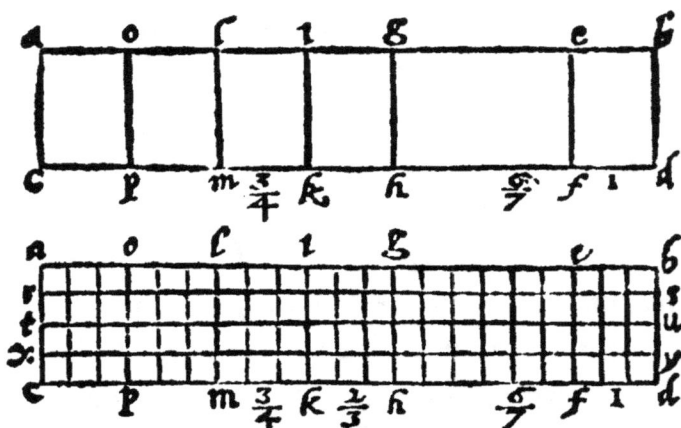

PHRISON.

Les fractions, qui valent plus que l'entier, il
les faut reduire en entiers, en diuisant le numerateur par le denominateur, autant que
l'entier vaut:& escris le reste sus le diuiseur ou
denominateur:comme $\frac{806}{7}$ valent $115\frac{1}{7}$. Et
tu conuertiras les entiers en parties, en multipliāt le nombre des entiers par le denominateur des parties:cōme 64, tu les reduis en qua
triémes, si tu multiplies 64 par 4, & il en vié-
dra $\frac{256}{4}$. Mais si les fractiōs sōt ioinctes auec les
entiers, tu mettras icelles en vne fraction, en
ceste maniere : Multiplie le nōbre des entiers
par le denominateur de la fraction ioincte: &
adiouste au produict le numerateur de la fraction ioincte:tu auras le numerateur de la fraction, le mesme denominateur estant escrit
dessous: comme $23\frac{1}{3}$ valent $\frac{70}{3}$, car trois fois
23 valent 69:ausquels i'adiouste 1. L'vsage de

cefte chofe eft en multiplicatiõ & diuifiõ, afin
que plus facilement l'operation foit faite.

FORCADEL.

L'vfage certainement de ces deux reductions eft en
la multiplication & diuifion des fractions, & aux
reigles fuyuantes, comme eftant ou fe faifant d'elles.
Comme fi ie veux multiplier 2 $\frac{1}{3}$ par $\frac{3}{4}$, ou $\frac{3}{4}$ par 2 $\frac{1}{3}$, ie
demande les $\frac{3}{4}$ de $\frac{7}{3}$, qui valent $\frac{21}{12}$, c'eft à fçauoir, $\frac{7}{4}$,
qui font 1 $\frac{3}{4}$. Et fi ie veux diuifer 6 par $\frac{1}{7}$, en 6 il y a
42 feptiémes: ie veux doncques partir 42 par 5, & il
en vient 8 $\frac{2}{5}$: & fi ie veux les $\frac{3}{4}$ de 7, ce feront $\frac{21}{4}$, c'eft
à fçauoir, 5 $\frac{1}{4}$. Et tout cela fe rencontre puis apres, aux
reigles de trois.

PHRISON.

Mais comme ainfi foit, que les nombres des
fractions ne fignifient autre chofe, finon en
tant que la proportion du fuperieur eft à l'inferieur : de là vient qu'vne mefme chofe eft
notee par plufieurs nombres. Toutesfois il eft
bien plus commode, qu'ils foient efcrits par
les plus moindres nombres, que lon pourra.

FORCADEL.

Pour fçauoir la raifon, qu'il y a entre deux nombres, foit fimple, ou nõ : nous diuifons toufiours l'vn
par l'autre. Dequoy fe fait potentiellement vne fraction maintenant, & maintenant actuellemét : comme quand on me demande la raifon de 6 à 2, ie diuife
6 par 2 : & il en vient la raifon triple, c'eft à fçauoir,
de $\frac{6}{2}$, ou $\frac{3}{1}$: c'eft à dire, la raifon de trois vnitez à

vne: Et quand on me demande la raiſon de 3 à 4,
quelle elle eſt, alors ie diuiſe 3 par 4 : & il en vient
$\frac{3}{4}$, c'eſt à ſçauoir, la raiſon de 1 $\frac{1}{3}$: car vn trois, & le
tiers de trois, font 4. ou, trois vns, & vn tiers, font 4,
&c.

PHRISON.

Si tu veux doncques exprimer vne fraction,
qui eſt eſcrite par plus grãds nombres, par les
plus petits qu'il ſera poſſible faire par nõbre :
cherche quelque nõbre, qui ſoit, qui les puiſſe
diuiſer tous deux, c'eſt à ſçauoir, le ſuperieur
& l'inferieur, en telle ſorte qu'il reſte rien : car
les quotiens tels, ſignifient vne meſme choſe
que les premiers : comme $\frac{9}{12}$, diuiſe 9 par 3, il
en vient 3 : & auſſi partis 12 par 3, il en vient 4.
Nous diſons doncques $\frac{3}{4}$ valoir autant, que
$\frac{9}{12}$. Mais ſi par faute d'experience tu ne peux
trouuer ce nombre diuiſant, leue le moindre
du plus grand, effaçãt celuy là, duquel la ſouſtraction eſt faite : & de rechef le moindre des
deux propoſez, du plus grand, iuſques à ce
qu'ils ſoient faicts deux nombres pareils, leſquels certainement monſtrent le nõbre, par
lequel tous deux peuuent eſtre diuiſez, afin
qu'ils deuiennent à la plus petite proportion.
La doctrine de ceſte choſe icy depend de la
premiere du ſeptiéme d'Euclide. Exemple de
$\frac{54}{81}$: le leue 27 de 81, reſte 54 : & de rechef, 27
d'iceluy, reſtent 27. Si dõcques tu diuiſes l'vn

& l'autre par 27, il en viendra $\frac{1}{3}$, qui vaut autant que $\frac{2\cdot7}{3\cdot1}$, comme il foir vne mefme proportion du fuperieur à l'inferieur. Encores de $\frac{2\cdot7}{63}$ leue 27 de 63, refte 36: & d'iceluy leue 27, reftét 9: lefquels ofte de 27, refte 18: & d'iceluy encores 9, reftent 9. Diuife donc $\frac{2}{6}$ $\frac{7}{3}$ par 9: tu verras $\frac{3}{7}$ valoir autant, que $\frac{2\cdot7}{6\cdot3}$.

FORCADEL.

On a bien pluftoft fait, de partir le plus grand des nóbres propofez par le moindre, laiffant toufiours celuy, qui eft party, iufques à ce qu'il refte 1, ou riẽ: comme 81 diuifé par 27, fait 3, & refte rien: & par ainfi les deux combiés feront 1 & 3, par lefquels, ou defquels fe fait $\frac{1}{3}$. Auffi quand 63 fe diuife par 27, il refte 9: & 27 diuifé par 9, il refte rien: 9 doncques, eftant le nombre qui mefure les deux premiers propofez, fait pour l'vn & pour l'autre 3 & 7, c'eft à dire, $\frac{3}{7}$. Et fi on me propofoit l'abbreuiation de $\frac{15}{28}$, bien que ie confidere que 15, eftant plus petit, fe diuife par foy, par 3 & par 5, par lefquels 28 ne fe peut partir, & que par cela ie puiffe dire qu'ils font les moindres, ie diuife 28 par 15, il refte 13: & 15 par 13, il refte 2: puis 13 diuifez par 2, il refte 1: qui me móftre que 28 & 15 font mefurez fant feulement de l'vnité. Mais fi, en diuifant les deux nombres propofez, ie me trouue deux nombres, defquels la mefure me foit cogneuẽ, alors fans paffer plus outre ie pourray dire, qu'icelle mefurera auffi les autres plus grands. Comme de $\frac{21}{35}$ l'abbreuiation fe fait, en diuifant

F iiij

nota

312 par 143, il reſte 26 : puis 143 diuiſez par 26, il
reſte 13, qui eſt la meſure de 13 & de 26. Et par ainſi
ie partiray 143 & 312 par 13, il en vient 11 & 24,
qui ſont mon abbreuiation à $\frac{61}{24}$. Encores de $\frac{1}{3} \frac{1}{1} \frac{1}{2}$, par-
ce que 42 & 49 ſe partent par 7, ie diuiſe 91 & 322
par 7, ils ſont 13 & 46, c'eſt à ſçauoir, $\frac{13}{46}$.

PHRISON.

S'il y a des ciphres au commencement du
ſuperieur & de l'inferieur, reiecte les. $\frac{200}{500}$, ne
valent non plus ny moins que $\frac{2}{5}$: $\frac{100}{870}$, valent
$\frac{10}{87}$: car il faut oſter à l'vn & à l'autre egalemét
pluſieurs ciphres : $\frac{10}{20}$, valent $\frac{1}{2}$.

FORCADEL.

Il y a vne infinité de preſages, par leſquels on cognoiſt, ſi les nombres propoſez ſont premiers, ou non :
comme quand ils ſont diſtans de l'vnité, ils ſont les
moindres : s'ils ſont impairs diſtans de 2, ou de quelque nombre pair, ils ſont auſſi moindres : ſi tous
deux ſont premiers, ils ſont les moindres : ſi le plus
grand eſt premier, ils ſont les moindres : ſi le moindre eſt premier, & qu'il ne meſure pas le plus grand,
ils ſont les moindres. Le nombre, qui ne ſe diuiſe

nota

par 2, ne ſe partira pas par le nombre fait de pluſieurs
deux : & qui ne ſe diuiſe par 3, il ne ſe partira
pas auſſi par le nombre faict de pluſieurs trois, &c.
Mais auant que paſſer plus outre, il conuient con-
ceuoir, que le nombre, qui meſure deux nombres,
partira le nombre fait de ces deux là : comme, deux
meſure 6 & 8, il meſurera doncques 14. Par cela ſeul

on pourra ſçauoir , que le nombre ſe partira par
deux, qui aura 0, ou vn nombre pair pour ſa premiere
figure : car toutes les dixaines ſe diuiſent par 2 : &
celuy ſçachant faire la preuue de 9 , & conſiderant
qu' vn nombre, qui meſure vn autre, meſurera le nōbre meſuré par l'autre, il cognoiſtra qu' vn nombre ſe
diuiſera par 3, quand d'iceluy faiſant la preuue de 9
il reſte rien (car tel nōbre ſe diuiſe par 9) 3, ou 6. Bref,
ſi la ſomme des lettres d'iceluy nombre , eſtans adiouſtées comme ſimples vnitez, ſe diuiſe par 3 , auſſi
celuy nombre ſe partira par 3   Le nombre pair ſe
partira par 4, ſi la ſeconde eſt nombre pair ou nulle,
& que la premiere ſe diuiſe par 4 : car toutes les deux
dixaines ſe diuiſent par 4. Et auſſi ſi la ſeconde eſt
l'vnité ou nombre impair, & que dix, adiouſté auec la
premiere, face vne ſomme, qui ſe puiſſe partir par 4 :
& par ainſi ſi la ſeconde eſt l'vnité, ou vn nombre impair, & la premiere 0 : il ne ſe pourra pas partir par 4.
Le nombre ſe diuiſe par 5, qui a 0 ou 5 pour ſa premiere figure : car les dixaines ſe diuiſent par 5 : le nombre
pair ſe diuiſe par 6, quand auſſi il ſe diuiſe par 3 : le
nombre ſe diuiſe par 7, quand d'iceluy faiſant la preuue de 7, comme ie l'ay eſcrite au premier liure de mon
Arithmetique, il reſte riē : & le nombre pair ſe diuiſe
par 8, quand la troiſiéme figure d'iceluy eſt nōbre pair
ou nulle, & que les deux premieres ſe diuiſent par 8,
prinſes ſelon leurs valeurs : & auſſi la troiſieſme eſt l'vnité ou nombre impair, & que cent,
adiouſté aux deux premieres, facent vn nombre, qui

se puisse partir par 8:car tous les deux cens se diuisent par 8. Ou bien, si la troisiesme est 0, ou nombre pair, & que faisant l'espreuue de deux autres par 8, il reste rien:tout le nõbre se partira par 8. Et si l'vnité est au 3e lieu, tant pour sa cause, que pour la cause d'vn nõbre impair, faisant la preuue de 8 d'elle & des deux autres: s'il reste rien, tout le nombre se partira par 8. Et s'il aduient que les deux nombres soient escrits par autant de lieux l'vn que l'autre, & que les lieux d'vn chacun soient egaux entr'eux : l'abbreuiation se fera, ou sera aux deux premiers desdits nombres, par la 12e proposition du cinquiesme liure d'Euclide. Cõme $\frac{666}{888}$ valent $\frac{6}{8}$ c'est à sçauoir, $\frac{3}{4}$: $\frac{77}{99}$ valent $\frac{7}{9}$: & $\frac{77}{55}$ sont $\frac{7}{5}$, c'est à sçauoir, $1\frac{2}{5}$. Et par mesme raison $\frac{444}{777}$ $\frac{555}{888}$ va-lẽt $\frac{45}{78}$ c'est à sçauoir, $\frac{15}{26}$: & $\frac{777}{999}$ sont $\frac{7}{9}$. D'auã-tage $\frac{2}{8}\frac{4}{6}\frac{8}{6}$ valent $\frac{1}{2}$, aussi $\frac{26}{52}\frac{1}{2}$: mais $\frac{24}{32}\frac{3}{4}$ valent $\frac{3}{4}$, parce que 4 fois 24 dixaines, font autant comme 3 fois 32: aussi $\frac{3}{4}\frac{2}{3}\frac{4}{2}$ valent $\frac{3}{4}$, parce que 32 fois 3 cens, font autant comme 24 fois trois. Et cecy se fait, tant par la douziesme proposition nommee, que aussi par la dix-neufiesme proposition du septiesme liure d'Eucli-de, &c.

PHRISON.

Tu trouueras la valeur de la fractiõ en quel-que entier que ce soit, en ceste sorte : Multi-plie le superieur par les parties cogneuës de l'entier, & partis le produict par l'inferieur: tu verras cõbien la fraction vaut de telles parties cogneuës. Or parce que la liure des anciés Romains valoit 48 escus, duquel vn chacū estoit estimé à 25 deniers, ie veux sçauoir combien valoient les ⅗ d'vne liure. Ie multiplie donc 48 par 3, sōt 144, que ie diuise par 5. & ie trou. ue 28 escus & ⅘ d'escu: & de rechef ie multi plie 25 par 4, & diuise le produict par 5, & ainsi ie trouue 20 deniers. Et par ainsi ie dis les ⅗ d'vne liure des Romains valoir 28 escus & 20 den. Par mesme maniere tu trouueras encre nous cōbien de sols va'ent les ¾ de la moitié d'vn angelot, &c : (ainsi qu'on le nomme.) Multiplie 3 par 5, par-ce qu'il y a autāt desdits sols en la moitié d'vn angelot, il en vient 15, lesquels partis par 4, tu auras 3 sols & ¾ de sols. De rechef multiplie 3 par 12 sols ou moi. tiez d'vn stufer, ou gros (comme les nostres appellent) lesquels sout vn sols, il en vient 36 : lesquels partis par 4, tu auras 9 gros. Sembla blement s'il y a quelque autre monnoye pro posée, ou quelque chose que ce soit, il faut faire par la valeur cogneuë dicelle, comme nous auons dit.

FORCADEL.

Quand vn entier, ou quelque chose que soit, se diuise maintenant à vn nombre de pieces, & maintenant à vn autre, en cognoissant les parties de l'vn, on cognoi stra aussi les parties de l'autre proportionnées en ceste sorte : Si quelcun me demande la valeur des ⅗ d'vne liure, qui vaut 48 escus : il me dit que, quand

1 liure vaut 48 escus, côbien vaudrôt $\frac{3}{5}$ d'vne liure,
& par aïsi l'vnité estât la premiere, il me faut multi-
plier 48 par $\frac{3}{5}$. font 48 fois $\frac{3}{5}$, c'est à sçauoir, 48 fois 3
qui font $\frac{144}{5}$, qui valent 28 escus $\frac{4}{5}$. Le 144 est venu
de 48, nôbre, dont on cherche les parties, multiplié
par 3 numerateur, puis il s'est diuisé par 5 denominateur, dont est venue la reigle donnee. Mais 1 escu se
diuise en 25 deniers: ie diray dôcques pour les $\frac{4}{5}$, par-ce
que l'vnité est premiere, qu'ils valent 25 fois 4, c'est
à sçauoir, $\frac{100}{5}$, qui valent 20 deniers: & par ainsi
les $\frac{3}{5}$ d'vne liure de 48 escus, & de l'escu en 25 deniers, valêt 28 escus 20 deniers. Ou bien, ayant diuisé
144 par 5, il en vient 28 escus, & restent 4 escus,
qui valent 100 deniers: dont le cinquiesme, parce
qu'il les faut partir par 5, fôt 20 deniers. I'auray dôcques tant d'vne part, que de l'autre, 28 escus 20 deniers.

Liure.	Escus.	Liure.
1	48	$\frac{3}{5}$

$$3$$

$$144$$

25

$\frac{4}{100}$

28 Escus $\frac{4}{5}$ de 25, ou 28 escus 20 deniers

Escu.	Deniers.	d'escu.
1	25	$\frac{4}{5}$

$$4$$

$$100$$

20 deniers.

les $\frac{1}{5}$ de 48

3

——————————————

144   100

28 $\frac{4}{5}$ ou 20 deniers.

Qui aussi me demande combien valent les $\frac{1}{5}$ de 48 escus, il me dit qu'vne liure se diuise en 5 pieces & en 48 pieces : & que des cinq il encognoist 3, parquoy il cherche celles de 48. Ie diray doncques que, quand de 5 i'en cognois 3, de 48 i'en cognoistray 3 fois 48, qui sont 144 diuisez par 5, & il en vient vingthuict $\frac{4}{5}$. Et depuis qu'vn escu se diuise en vingtcinq deniers, ie diray encores que, si de 5 i'en cognois 4, de 25 i'en cognoistray 5 fois 4, c'est à sçauoir 20 : ou bien, 4 fois 25, qui sont 100 diuisez par 5, qui sont 20 deniers : ou bien, ie prendray du premier coup 28 escus 20 deniers, comme dessus.

Les $\frac{1}{5}$ de 48 escus.

Pieces.   Pieces.   Pieces.

5 ——— 3 ——— 48

3

—————————

144 |

55 | 28 esc. $\frac{4}{5}$ ou $\frac{5}{2}$ $\frac{5}{0}$ de. ou $\frac{4}{2}$ de.
                              25   5

Pieces.   Pieces.

5 ——— 4 ——— 25

$\frac{4}{0}$ $\frac{5}{0}$

20 deniers.

Si on me demande encores, combien valent les $\frac{3}{5}$
de 48: i'en prendray premierement le $\frac{1}{5}$, qui est 9 $\frac{3}{5}$,
dont le triple est 28 escus $\frac{4}{5}$.

Les $\frac{3}{5}$ de 48,	ou de 48,	ou de 48.
9 $\frac{3}{5}$	9 $\frac{3}{5}$	6 $\frac{3}{5}$
28 $\frac{4}{5}$	9 $\frac{3}{5}$	18 $\frac{6}{5}$
	9 $\frac{3}{5}$	28 $\frac{4}{5}$
	28 $\frac{4}{5}$	

Ou bien, ie voy que $\frac{3}{5}$ sont plus de la moitié: & pour
sçauoir de combien ie double, 3 & 5 font $\frac{10}{10}$: puis si de
1 0 ie prens la moitié, il en viēt 5, qui font distans de
6 de l'vnité, laquelle est le 5ᵉ de 5, ou le 1 0ᵉ de 1 0.
Parquoy tout ainsi que de 1 0, ie prens la moitié de
48, qui est 24, & le diziesme de 4 8, ou le $\frac{1}{5}$ de 2 4, est
4 $\frac{4}{5}$: lesquels auec 24. font 28 $\frac{4}{5}$.

Les $\frac{3}{5}$ de 48 font
Les $\frac{6}{10}$ de 48

5	24
1	4
6	28 $\frac{4}{5}$

Par mesme maniere les $\frac{4}{5}$ de 2 5, qui font l'entier
moins vn cinquiesme, feront 20 deniers, ou 4 fois 5,
ou 5 adioustez auec 3 fois 5.

Les $\frac{4}{5}$ de 2 $\frac{5}{5}$	ou de 2 $\frac{5}{5}$	ou de 25
$\frac{4}{20}$ deniers.	$\frac{5}{20}$ deniers.	$\frac{5}{20}$ deniers.

Tu sçauras aussi combien valent les $\frac{3}{5}$ de quarantehuict escus, en considerant que $\frac{3}{5}$ sont venus de trois
liures diuisees à cinq: & parce qu'vne chacune li-

ure se diuise en quarãtehuit escus, les trois liures se
diuiserõt en trois fois 48 escus, c'est à sçauoir, 144 escus: lesquels partis par cinq, fõt 28 escus ⁴⁄, &c. Tout
ainsi si tu auois party trois escus à quatre hõmes cõme
s'is espoir de recouurer des sols, & tu leur auois baillé
à chcun ³⁄₄ d'escu, dont ils ne se contentoiẽt pas, parce
qu'ils vouloiẽt estre payez en sols & denies: alors si
chacũ te rẽdit ses trois quarts d'escu, ils te rẽdirent 3
escus, desquels tu fis au chãge trois fois 50 sols, c'est à
sçauoir, cẽt cinquãte sols, q̃ tu partis à 4. & il en viẽt
trẽtesept sols six deniers pour chacũ. Mais à celle fin
que la reigle te demeure, sçachant bien qu'il te faut
multiplier le nombre seul par l'vn des autres, & partir par l'autre, ou qu'il le faut partir par l'vn des autres, & multiplier par l'autre, tu pourras dire que les
⁴⁄₅ de vingtcinq sont 20 de vingtcinq fois quatre, qui
font 100 partiz par 5: ou biẽ de quatre fois cinq, qui
est le cinquiesme de vingt-cinq : car si tu prenois
vingt-cinq fois cinq, qui valent cent vingt-cinq,
& les partois par quatre, tu trouuerois trente-vn
¹⁄₄ : & par ainsi, les parties seroient plus grandes que le tout : ce qui ne peut pas estre. Et si tu
partois vingt-cinq par quatre, il en viendroit six
¹⁄₄, lesquels multipliez par cinq feroient tousiours le
tout moindre à ses parties. Ie ne passeray pas aussi
plus outre, sans premieremẽt te monstrer la cause, par
laquelle on prend de quelque chose qui soit, la partie ou les parties, telle partie ou telles qu'on voudra
d'icelle: comme s'ensuit. Quãd on me demãde la tierce

partie de quarãtehuiſt, alors ie cõſidere deux tous,
c'eſt à ſçauoir, trois, & quarãtehuit puis apres, que 3
eſt le pluſieurs fois de l'vnité : parquoy trois party
par trois, fera ſon numerateur 1. Tout ainſi ie diuiſe
48 par trois, & il en vient 16, qui a vne telle raiſon
à 1, comme 48 à 3, par la quinzieſme propoſition du
cinquieſme: & par la ſeizieſme propoſitiõ du dit cinquieſme, de 16 à 48 la raiſon ſera telle, qu'eſt de 1 à
3: & par ainſi $\frac{16}{48}$, & $\frac{1}{3}$ ſont vne meſme choſe de
quelque entier que ſoit. Ie veux ſçauoir en-
cores les $\frac{3}{7}$ de 49: & pour ce faire, ie conſidere
que, ſi de 7 i'en prens le ſeptieſme, il en vient l'vnité:
laquelle poſée encor deux fois, fait 3 ſeptieſmes : &
par ainſi de 49 ie prens le ſeptiéme, qui eſt 7, & le
poſe encores deux fois: puis (par la douzieſme propoſi
tiõ du cinquieſme) la raiſon de 3 à 21, eſt cõme de 1 à
3: & par ainſi (par la vnzieſme propoſition du meſme) de 3 à 21 la raiſon ſera telle, qu'eſt de 7 à 49. Et
par cela donc $\frac{3}{7}$ & $\frac{21}{49}$ fõt vne meſme choſe. Encores
ſi on adiouſte à 1 le double d'vn, c'eſt à ſçauoir, 2:
& à 7, le double de 7, c'eſt à ſçauoir, 14: par la quinzieſme du cinquieſme, de 2 à 14 eſt cõme de 1 à 7:
& par ladite douzieſme, de 3 à 21, cõme de 1 à 7 : puis
apres de 3 à 21, cõme de 7 à 49: & $\frac{21}{9}$ valẽt autant
que $\frac{3}{7}$. Mais ie transfereray $\frac{3}{7}$ en $\frac{6}{14}$, & prendray de
14 & 49 les moitiez, c'eſt à ſçauoir, 7, & 24
$\frac{1}{2}$: puis de 7 & de 24 $\frac{1}{2}$, i'en prendray les ſeptieſmes,
qui ſont 1 & 3 $\frac{1}{2}$, & les leneray de 7 & de 24 $\frac{1}{2}$: il
me reſtera 3 & 21 qui ont (par la dixneufieſme du
cinquieſme

cinquiefme) la raifon de 7 à 14 $\frac{1}{2}$, *& aufsi celle de* 14 à 49. *La raifon de* 2 $\frac{1}{9}$ *eft celle de* $\frac{6}{7}$, *& aufsi de* $\frac{3}{7}$, *par ladite vnziefme propofition.*

$$
\begin{array}{cccc}
\frac{3}{7} & \frac{49}{7} & \frac{3}{7} & \\
1 & 7 & 7 & \frac{49}{7} \\
1 & 7 & 1 & 7 \\
1 & 7 & 2 & 14 \\
5 & 21 & 3 & 21 \\
\end{array}
$$

$$
\begin{array}{ccc}
\frac{3}{7} & \frac{6}{14} & \frac{49}{24} \\
3\frac{1}{2} & 7 & \\
\frac{1}{2} & 1 & 3\frac{1}{2} \\
3 & 0 & 21 \\
\end{array}
$$

Reduction en vne mefme denomination.

PHRISON.

Les parties de diuerfes denominations ne peuuent pas commodément eftre adiouftees enfemble, ny aufsi eftre fouftraites l'vne de l'autre, comme tierces parties auec quatriefmes parties: comme, nous n'affemblons pas les vnitez des nombres de diuerfes monoyes en vne fomme.

FORCADEL.

Si quelcũ me doit vn efcu, & vn efcu piftolet: ie ne diray pas qu'il me doit deux efcus, car il ne me doit pas tant: ny aufsi qu'il ne me doit que deux efcus pifto-

G

lets, car il me doit d'auantage: mais ie diray qu'il me
doit 50 sols d'vn escu, & 48 sols d'vn escu pistolet,
qui sōt 98 sols, c'est à sçauoir, 4 liures 18 sols: ou biē,
ie diray qu'il me doit 2 liures 10 sols à vne part, & 2
liures 8 sols de l'autre: & par ainsi pour le tout il me
doit 4 liur. 18 sols. S'il me doit vn escu, vn escu pistolet, & 3 liures: il me deura 7 liures 18 sols: car si quelcū me doit 2 escus & 6 liures, parce que 2 escus valēt
5 liures, ie diray qu'il me doit 11 liures, &c. Par mesme cause si quelcū me doit la tierce partie de quelque
chose, & la quarte partie de la mesme, ou d'vne qui
luy est egale, ie ne diray pas qu'il me doit deux tierces
ny leur quartes parties, mais $\frac{7}{12}$: & s'il me doit $\frac{1}{6}$ &
$\frac{1}{8}$ tous deux de quelque entier, ie diray qu'il me
doit $\frac{1}{4}\frac{1}{3}$ c'est à sçauoir. $\frac{7}{24}$ par la seconde & troisiesme proposition du septiesme, & 15ᵉ proposition du
cinquiesme. Mais $\frac{1}{8}$ & $\frac{1}{6}$ valent $\frac{1}{24}$ & $\frac{1}{24}$ il me
doit dōc tousiours $\frac{7}{24}$: & s'il me deuoit $\frac{1}{8}$ & $\frac{1}{6}$ de quelque chose, puis que $\frac{5}{8}$ valent $\frac{1}{24}$, il me doit $\frac{1}{2}\frac{1}{4}$, c'est à
sçauoir, $\frac{11}{12}$. Car par la precedente reduction ie cherche
les $\frac{5}{8}$ de 24, qui valent 5 fois 3, c'est à sçauoir, $\frac{1}{2}\frac{1}{4}$

PHRISON.

Il faut donecques auant que faire l'addition
& la soustraction, reduire les parties de diuerses denominations en vne mesme denomination. Ce qui se fait en ceste sorte. Soit, pour
exemple, qu'il faille adiouster $\frac{2}{3}$ auecques $\frac{4}{5}$,
multiplie les denominations en semble, cō-
me 3 par 5, font 15, lequel sera denominateur

commun des deux fractions. En apres multiplie le numerateur dela premiere fractiõ par le denominateur de la secõde, c'est à sçauoir, 2 pàt 5, font 10, qui sera le numerateur de la premiere fraction. Semblablemẽt multiplie le numerateur de la secõde fractiõ par le denominateur dela premiere, c'est à sçauoir, 4 par 3, font 12, numerateur de la seconde fraction. Donques ⅖ & ¹²⁄₁₅ valent autant l'vn que l'autre, & pareillement ¹⁰⁄₁₅ auec ⅘: & alors ils sont reduicts en vne mesme denomination, c'est à sçauoir ẽ quinziesmes. Et ceste reigle icy est generale & prẽdla force de la dixseptiesme du septiesme d'Euclide.

La pratique.   valent

note

FORCADEL.

Nous appellons reduire plusieurs fractions de diuerses denominations à vne mesme, trouuer le plus petit nombre qui se puisse partir par vn chacũ des denominateurs proposez, & d'iceluy en prendre la valeur d'vne chacune fractiõ proposée: car les fractiõs reduicts à vn plus grãd nombre que le plus petit, s'abbreuient tousiours au plus petit, par la 3e proposition du septiesme d'Euclide. Ie dis encores qu'il faut pren-

dre le plus petit nombre : par ce que d'autant que les
nombres sont plus petits, de tant moins sommes nous
loing de la cognoissance de ce, qui se doit faire par
iceux. Pour doncques parfaire la reduction cy dessus,
ie considere premierement, que le moindre numerateur ne mesure plus le plus grand. Parquoy il me faut
vn plus grand nombre que le plus grand : pour lequel
trouuer, ie prens deux fois le plus grand denominateur,
c'est à sçauoir 10, lequel ne se peut partir encores par
le moindre : parquoy ie prens 5 trois fois, c'est à sçauoir, autant de fois côme est le moindre denominateur,
sont 15 lequel se partira par 3 & par 5: car il est le produit de l'vn denominateur par l'autre, & duquel par
la precedête reductiô les $\frac{2}{3}$, valent $\frac{10}{15}$, parce que le $\frac{1}{3}$
est 5 semblable au denominateur de la seconde fra-
ction: & les $\frac{2}{3}$ valent 2 fois 5, le 2 numerateur de la
premiere: puis apres les $\frac{4}{5}$ de 15 valent $\frac{12}{15}$ parce que le
cinquiesme de 15 est 3, egal ou semblable au denomina-
teur de la premiere : lequel multiplié par 4. nume-
rateur de la seconde, fait $\frac{12}{15}$: $\frac{2}{3}$ doncques & $\frac{10}{15}$, sont
vne mesme quâtité, par la 17e proposition nommée,
& celle qui vient apres : parce que 2 & 3 ont esté
multipliez par 5, & $\frac{4}{5}$ sont $\frac{12}{15}$, parce que, par la
mesme & la 18e, 4 & 5 se sont multipliez par 3,
dont est venue la reigle dessus. Mais à celle fin que tu
ne trauailles sans appuy, cherche le plus petit nôbre
qui se peut partir par 3 & par 5, par la trentesixies-
me proposition du septiesme d'Euclide, & tu troue-
ras qu'il est 3 fois 5, c'est à sçauoir, 15, parce que 3 &

5 font les plus petits de leur raifon : puis paracheue le
refte, en multipliant le numerateur de l'vn par le plus
petit de l'autre denominateur, qui eft autant que prendre la valeur des fractiõs en quinziefmes, ou bien, en
multipliant vn chacun numerateur par celuy qui a
multiplié fon denominateur , pour auoir le plus petit
nombre mefuré des denominateurs.

$$\begin{array}{cccc} 10 & 12 & 10 & 12 \\ \frac{2}{3} & \frac{4}{5} & \frac{2}{3}\,\mathsf{X}\,\frac{4}{5} & \\ & 15 & 3\quad 5 & \\ & & 15 & \end{array}$$

PHRISON.

Et s'il aduient que le denominateur de l'vne
foit côtenu plufieurs fois entieremẽt en l'autre denominateur plus grand, voy combien
de fois cela fe fait : cõme $\frac{3}{4}$ auec $\frac{5}{12}$, icy 4 eft
contenu en 12, trois fois. Multiplie doncques
le numerateur du moindre denominateur,
c'eft à fçauoir, 3 par 3, font 9, lefquels mets
pour numerateur en efcriuant deffous le plus
grand denominateur. Ie dis donc $\frac{9}{12}$ valoir
autant que $\frac{3}{4}$, & auffi auoir vne mefme denomination auec $\frac{5}{12}$.

$$\begin{array}{cc} \frac{3}{4} & \frac{5}{12} \\ \text{valent} & \\ \frac{9}{12} & \frac{5}{12} \end{array} \qquad \begin{array}{cc} 9 & 5 \\ \frac{3}{4} & \frac{5}{12} \\ 1 & 3 \\ & 12 \end{array}$$

FORCADEL.

Il te faut bien prendre garde que les fractions pro-

poſees ſoient eſcrites par leur plus petits nombres: car
s'il eſtoit autrement, tu trouuerois bié, par la 36e nommee, le plus petit nóbre qui ſe partiroit par les denomi
nateurs, mais nó le plus petit de la reduction: cóme en
l'exéple deſſus, ſi $\frac{3}{4}$ eſtoiét propoſez auec $\frac{5}{7}$, bié que
les $\frac{3}{4}$ de 24 facent $\frac{18}{24}$, & que 24, par ladite 36e, ſoit
le plus petit party par 4 & 24 : $\frac{10}{24}$, & $\frac{10}{24}$ (par la 3e
propoſition du ſeptiéme, & 15e propoſition du cinquie-
me) ſont $\frac{9}{12}$ & $\frac{5}{12}$.

PHRISON.

Et de rechef, ſi l'vn ne contient pas l'autre
pluſieurs fois entieremét, mais tous deux ſont
contenus en quelque autre tiers nombre: có-
me $\frac{5}{12}$, & $\frac{7}{18}$, icy 12 & 18, ne ſe contiennent
pas l'vn l'autre entierement, mais l'vn & l'au-
tre eſt contenu en 36 : alors voy combien de
fois le premier denominateur eſt contenu au
tiers 36, & multiplie le numerateur de celle
fraction par le quotient, ceſt à ſçauoir, 5 par 3,
font 15 numerateur de la premiere fraction.
Par ſemblable raiſon, voy combien de fois
l'autre des denominateurs eſt cótenu au tiers,
c'eſt à ſçauoir, 18 en 36: & multiplie le numerateur de l'autre fraction 7, par le quotient,
c'eſt à ſçauoir, 2, il en vient 14, l'autre numerateur, en gardant le tiers nombre 36, pour
denominateur commun : & par ce moyen
& $\frac{7}{18}$, feront $\frac{15}{36}$ & $\frac{14}{36}$.

$$15 \qquad\qquad 14$$

$$\tfrac{5}{2} \qquad 7\tfrac{}{} \qquad\qquad \tfrac{5}{2} \qquad 7\tfrac{}{}$$

valent

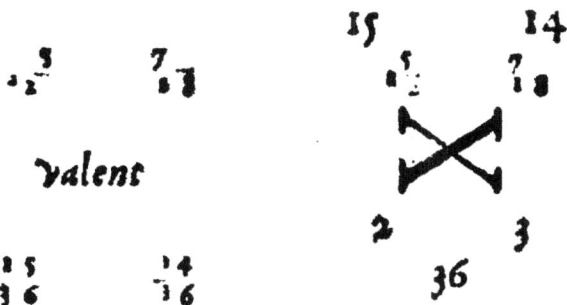

$$2 \qquad\qquad 3$$

$$36$$

$$\tfrac{15}{36} \qquad \tfrac{14}{36} \qquad\qquad 36$$

En l'exemple precedent, par ce que 18 ne contient pas 12 entierement, ie double 18, & trouue 36, lequel contient 12 & 18 entierement : & par-ce qu'il contient 12 trois fois, c'est à dire, que sa douziesme partie est 3, ie multiplie 5 par 3, font 15 : & par-ce aussi que la dixhuictiesme partie de 36 est 2, pour $1\tfrac{7}{8}$ ie prés 7 fois deux, qui font 14. & par ainsi $\tfrac{15}{36}$ & $\tfrac{14}{36}$ valét ce, que valét $\tfrac{5}{2}$ & $1\tfrac{7}{8}$. Et pour me mieux asseurer a-uec la raison, ie diuise 12 & 18 par leur mesure 6, il en viet 2 pour l'vn, & 3 pour l'autre, qui sont les racines de la raison de 12 à 18: par la trêtecinquiesme pro-positiō du septiesme, & par la seiziesme du cinquiesme, la raison de 12 à 2, sera comme de 18 à 3: & par ainsi, 3 fois 12, ou deux fois 18, font 36, par la dix-neufiesme du septiesme : & trois fois cinq, & deux fois sept, font 15 & 14, &c.

Ie diray en passant, que si par ceste reduction on me demande, si $\tfrac{2}{3}$ & $\tfrac{4}{9}$ sont egaux, alors comme s'ils estoient escrits par leurs plus petits nombres, & com-me aussi si les denominateurs n'auoiët pas de commu-ne mesure, ie prens trois fois 6, c'est à sçauoir, 18, pour denominateur : & 2 fois 6, & 4 fois trois, c'est à

ſçauoir, 12, & 12, pour numerateurs. Et par-ce que
12 & 12 ſont egaux, ie côclus que ²⁄₃ & ⁴⁄₆ ſont auſſi
egaux: car par la ſeptieſme propoſition du cinquieſme, la raiſon de 12 à 18 eſt telle, que de 12 à 18: & telle
eſt de 2 à 3. De 2 à 3 doncques eſt telle, que de 12 à 18,
par la vnzieſme propoſition du meſmes. Mais de 4
à 6, la raiſon eſt telle, qu'eſt de 12 à 18: par la meſme vnzieſme propoſitiõ, de 2 à 3 la raiſõ eſt telle que
de 4 à 6. Or eſt il ainſi, que l'egalité des raiſõs cauſe
l'egalité des noms: & par ainſi ²⁄₃ valent autant, que
⁴⁄₆. Mais qui me demanderoit laquelle fraction vaut
plus, de ⁵⁄₇ ou de ⁵⁄₈ alors voyez par ceſte reductiõ, qɇ
l'vne vaut ³²⁄₆, & l'autre ⁵⁶⁄₈, ie dirois que ⁵⁄₈ valent
plus que ⁴⁄₇: car par la huictieſme propoſitiõ du cinquiéme, la raiſon de 35 à 56 eſt plus grande, que de 32 à
56: & la raiſon de 5 à 8 eſt telle, que de 35, à
56: par la trezieſme propoſition dudict cinquieſme, la raiſon de 5 à 8 eſt plus grande, que de 32 à 56:
mais la raiſon de 4 à 7 eſt telle, qu'eſt de 32 à 56:
par la meſme trezieſme propoſition, la raiſon de 5
à 8 ſera plus grande que de 4 à 7: & l'inegalité
des raiſons cauſe l'inegalité des noms, la plus grande
le plus grand, & la moindre le moindre. Doncques
⁵⁄₈ valent plus, que ⁴⁄₇, &c. I'eſcriray encore vne reduction de trois fractions par l'exemple ſuyuant,
à celle fin de ſecourir entierement à l'exercice des
eſtudians. On me propoſe ⁵⁄₆, ³⁄₈, ⁴⁄₅, pour les reduire à
vne meſme denomination: & pour ce faire ie me propoſe, tous les deux denominateurs propoſez eſtre pre-

miers entre eux, & au troisiesme. Parquoy ie multiplie le premier par le second, c'est à sçauoir, 6 par 8:
font 48, qui se partira par 6 & par 8, & par la
vingt-sixiesme proposition du septiesme, sera premier
à 9. Doncques 48 fois 9, c'est à sçauoir, 432, sera le
denominateur commun de la reduction: car il se partira par 6, par 8, & par 9. Puis apres par-ce que la
sixiesme partie de 432, est 72, à cause des $\frac{5}{6}$, ie prens
5 fois 72, qui valent 360: la huictiesme partie de
432 est 54, & pour les $\frac{3}{8}$, ie prens 3 fois 54, c'est à
sçauoir, 162: & puis que la neufiesme partie de
432 est 48, & que i'en demande $\frac{4}{9}$, ie prens 4 fois
48, qui font 192: & par ainsi i'auray $\frac{360}{432}$,
$\frac{162}{432}$ & $\frac{192}{432}$. Et par-ce que tous ces nombres se divi-
sent par 6, par la troisiesme proposition du septiesme,
i'auray (ayant faites les divisions, ou l'abbreviation à
vn mesme nom) $\frac{60}{72}$, $\frac{27}{72}$, & $\frac{32}{72}$. Maintenant ie m'aduise, que les deux premiers denominateurs, 6 & 8 se
peuuent partir par 2, & font 3 & 4: parquoy ie prens
24 de 4 fois 6, ou de 3 fois 8, lequel ie pose estre premier au troisiéme denominateur 9: & ie multiplie 24
par 9 font 216, pour le nombre mesuré de 6, 8, & 9: duquel ie prens le $\frac{5}{6}$, qui est 36, & pour les 5, 180: l'octaue, est 27: & les 3, 81: le $\frac{1}{9}$ est 24: & les 4, valent 96.
I'ay doncques $\frac{180}{216}$, $\frac{81}{216}$ & $\frac{96}{216}$: puis par la troisiéme proposition nommée, ie trouue $\frac{60}{72}$, $\frac{27}{72}$, $\frac{32}{72}$.

$$\begin{array}{cccccc} 360 & 162 & 192 & 180 & 81 & 96 \\ \frac{1}{6} & \frac{3}{8} & \frac{2}{5} & \frac{5}{6} & \frac{3}{8} & \frac{4}{9} \\ & 48 & 9 & 3 & 4 & \\ & & & 24 & 9 & \end{array}$$

$$\begin{array}{cc} 432 & 216 \\ \hline 72 & 36 \\ \hline 54 & 27 \\ \hline 48 & 24 \\ \hline \frac{60}{72} \quad \frac{27}{72} \quad \frac{32}{72} & \frac{60}{72} \quad \frac{27}{72} \quad \frac{32}{72} \end{array}$$

Ie voy encores, que le premier & dernier denominateurs se peuuent partir par 3, & qu'il en vient 2 pour l'vn, & 3 pour l'autre: parquoy 2 fois 9, ou 3 fois 6, c'est à sçauoir 18, sera le nombre mesuré entieremēt de 6, & 9: & parce que ie fains la mesure de 8 & 18, m'estre incogneuë, ie multiplie 18 par 8, il en vient 144, qui sera mesuré de 6, de 8, & de 9: dont le sexte, est 24: & les 5, 120: l'octaue, est 18: & les trois, 54: le neufiesme, est 16: & les 4 valent 16. Et par ainsi i'auray $\frac{120}{144}, \frac{54}{144},$ & $\frac{16}{144}$, qui sont tousiours (par ladite troisiesme du sepiiesme) $\frac{60}{72}, \frac{27}{72}, \frac{32}{72}$. Mais ie m'aduise, que le nombre mesuré de 6 & 8, est 24: il me reste doncques à trouuer le nombre, qui se diuise par 24 & par 9, dont les tiers sont 8 & trois: & par ainsi 3 fois 24, ou 8 fois 9 qui sont 72, sera le plus petit nombre mesuré des trois denominateurs, dont les $\frac{1}{6}$ valent 60: les $\frac{3}{8}$, 27: & les $\frac{2}{5}$, valent 32: pour tousiours auoir $\frac{60}{72}, \frac{27}{72}, \frac{32}{72}$.

120   54   64   60   27   32

$\frac{5}{6}$ $\frac{3}{8}$ $\frac{4}{9}$ $\frac{5}{6}$ ✕ $\frac{3}{8}$ $\frac{4}{9}$

3   4

2

18   3

144

24

18

16

$\frac{60}{72}$ $\frac{27}{72}$ $\frac{32}{72}$

24 ✕ 9

8   3

72

12

9

8

Ie voy d'auantage que 8 & 9 eſtans meſurez de l'vnité tant ſeulement, & multipliez, ſont 72, qui ſe partira par 2, par-ce qu'il ſe diuiſe par 8 : il ſe partira auſſi par 3, parce qu'il ſe diuiſe par 9 : & par ainſi il ſe partira par 2 fois 3, c'eſt à ſçauoir, par 6. I'en prendray donc les $\frac{5}{6}$, les $\frac{3}{8}$ & les $\frac{4}{9}$, pour touſiours en auoir $\frac{60}{72}$, $\frac{27}{72}$ & $\frac{32}{72}$, &c.

60   27   32   60   27   32

$\frac{5}{6}$ $\frac{3}{8}$ $\frac{4}{9}$ $\frac{5}{6}$ $\frac{3}{8}$ $\frac{4}{9}$

72 *qui ſe diuiſe par 2, & par 3.* 72 *il ſe diuiſe par 6*

12   12, *cinq fois.*

9   9, *trois fois.*

8   8, *quatre fois.*

ADDITION DE
Fractions.

PHRISON.

SI les denominateurs sont dissemblables,
reduis les fractiõs en vne mesme denomination : puis apres adiouste les numerateurs
en vne somme, en escriuant dessous le deno-
minateur commun:comme, $\frac{2}{7}$ & $\frac{3}{7}$ sont $\frac{5}{7}$:en-
cores $\frac{3}{4}$ & $\frac{5}{12}$ sont $\frac{14}{12}$.

FORCADEL.

Par le premier exemple il faut entendre, que par la
reduction de deux fractions, &c. faite ou à faire, on
ayt $\frac{2}{7}$ & $\frac{3}{7}$, estant faite, ils sont $\frac{5}{7}$, tout ainsi que 2 &
3 liures sont cinq liures:estant à faire, si la partie, &
l'autre sont, l'vne $\frac{2}{7}$, & l'autre $\frac{3}{7}$, elles feront $\frac{5}{7}$: &
par le second exẽple, la reduction estãt faite, on a pour
l'vne $\frac{2}{2}$, & pour l'autre les mesmes $\frac{1}{2}$, qui font $\frac{14}{12}$,
à sçauoir, $\frac{7}{6}$, qui valẽt 1 $\frac{1}{6}$:ou bien, en partẽt 14 par
12, il en vient 1 $\frac{1}{6}$. Et d'auantage, si le quart enclox
en $\frac{5}{12}$, est adiousté aux autres 3. ils feront 1 $\frac{1}{6}$ en tout.
De là s'ensuyt, que si le numerateur des deux parties
proposees est l'vnité, les denominateurs adioustez &
multipliez, fõt ce qu'on cherche:ou brẽ, les plus petits
de leur raison adioustez ensemble, & le nombre cõ-
mun: comme $\frac{1}{3}$ & $\frac{1}{2}$ font $\frac{5}{6}$ & $\frac{1}{4}$ adiousté à $\frac{1}{4}$, font
$\frac{1}{12}$ &c.

PHRISON.

Et s'il y a plusieurs fractions, adioustes en
premierement deux, puis adiouste la tierce à
la somme:comme $\frac{1}{3}$ & $\frac{3}{4}$ auec $\frac{2}{5}$ premieremẽt
$\frac{2}{3}$ auec $\frac{3}{4}$ font $\frac{17}{12}$:adiouste auec iceux $\frac{2}{5}$, ils fõt

$\frac{133}{60}$, c'est à sçauoir, 2 entiers & $\frac{13}{60}$.

FORCADEL.

Quand $\frac{2}{3}$ sont adioustez auec $\frac{3}{4}$, ils font $\frac{5}{12}$ & vn entier : ausquels $\frac{5}{12}$ il faut adiouster $\frac{4}{5}$, & feront en tout 2 $\frac{13}{60}$.

17 37

8 9 48 25

$\frac{2}{3}$ $\frac{3}{4}$ $\frac{4}{5}$ $\frac{5}{12}$ (2 $\frac{13}{60}$

12 60

Mais puis que $\frac{2}{3}$, $\frac{3}{4}$, & $\frac{4}{5}$ reduicts ensemble font 40, 45, & 48 soixantiesmes, ils feront adioustez ensemble $\frac{133}{60}$, c'est à sçauoir, 2 $\frac{13}{60}$: ou bien, puis que de trois entiers il s'en faut $\frac{1}{3}$ $\frac{1}{4}$ & $\frac{1}{5}$, qui sõt 20, 15, & 12 soixantiesmes, c'est à sçauoir, $\frac{47}{60}$, si de trois entiers se soustrait vn entier, & d'iceluy $\frac{47}{60}$, il restera 2 $\frac{13}{60}$.

$\frac{2}{3}$ $\frac{3}{4}$ $\frac{4}{5}$

3 60

47 20 —— 40

15 —— 45

12 —— 48

$\frac{133}{60}$ (2 $\frac{13}{60}$

Les parties de quelque nombre parfait qui soit, adioustees ensemble, sõt vn entier: cõme $\frac{1}{2}$, $\frac{1}{3}$ & $\frac{1}{6}$: $\frac{1}{2}$, $\frac{1}{4}$, $\frac{1}{7}$, $\frac{1}{14}$, & $\frac{1}{28}$. Et de là ils sont dits parfaits: car les parties de quelque nombre imparfait, qui soit, adioustees ensemble, sont ou plus ou moins d'vn: & de là sont ils dit imparfaits, abondans, quand leurs parties sont plus d'vn: comme 12, duquel les parties sont $\frac{1}{2}$, $\frac{1}{3}$,

$\frac{1}{4},\frac{1}{6},\frac{1}{12}$: & diminutifs, quand leurſdites parties ſont moins d'vn: comme 8, duquel les parties ſont $\frac{1}{2},\frac{1}{4},\frac{1}{8}$: & de là s'enſuyt, que tout nombre premier eſt diminutif. Ie ne mets pas aucun exemple d'adiouſter pluſieurs entiers & pluſieurs fractions enſemble, à cauſe de leur facilité.

SOVSTRACTION.

PHRISON.

TOut ainſi qu'en addition, fais que les denominateurs ſoient egaux: puis oſte le plus petit numerateur du plus grand, & eſcris ſous la reſte le meſme denominateur. Comme $\frac{2}{7}$ leuez de $\frac{6}{7}$ reſte $\frac{4}{7}$: Auſſi $\frac{7}{8}$ ſouſtrais de $\frac{1}{2}$, reſte $\frac{1}{16}$.

FORCADEL.

Car $\frac{11}{12}$ & $\frac{7}{8}$ eſtans reduicts enſemble, font $\frac{15}{16}$ & $\frac{14}{16}$, dont 14 leué de 15 reſte 1 qui eſt $\frac{1}{16}$, pource que tout ainſi que 14 eſcus ſouſtraicts de 15 eſcus, reſte 1 eſcu, auſſi $\frac{14}{16}$ leuez de $\frac{15}{16}$ reſte $\frac{1}{16}$. Pour auſſi de $\frac{2}{3}$ en ſouſtraire $\frac{1}{7}$ faut premierement reduire $\frac{2}{3}$ & $\frac{1}{7}$ enſemble ſont $\frac{14}{15}$ & $\frac{3}{15}$, mais pource que 15 ne ſe peut leuer de 14, faut prendre l'entier qui vaut $\frac{35}{35}$ pource que la reduction eſt faicte en 3 5es, leſquels auec $\frac{14}{15}$ font $\frac{49}{45}$, deſquels ayant ſouſtraict 15, reſte $\frac{34}{15}$. Ou bien preuoyant que $\frac{3}{7}$ ne ſe peuuent leuer de $\frac{2}{3}$ faut mettre 1 $\frac{2}{3}$ en cinquieſmes, font $\frac{7}{3}$, leſquels reduicts auec $\frac{2}{7}$, font $\frac{49}{15}$ & $\frac{14}{15}$: dont ſouſtraiat 14 de 49 reſte $\frac{34}{15}$.

$$34 \qquad\qquad 34$$

$$14 \qquad 15 \qquad 49 \qquad 15$$

$$1 \quad \tfrac{2}{5} \qquad \tfrac{5}{7} \qquad \tfrac{7}{5} \qquad \tfrac{3}{7}$$

$$35 \qquad\qquad 35$$

LA MANIERE DE SOVS-
traire les entiers des fractions.

PHRISON.

TV osteras les fractions des entiers, si premierement tu mets en parties l'vnité de
l'entier. Comme $\frac{1}{7}$ leuez de 9 entiers, restent
8 $\frac{6}{7}$. Car vn entier vaut $\frac{7}{7}$: puis s'en leue $\frac{1}{7}$, restent $\frac{6}{7}$ auec 8 entiers.

FORCADEL.

Quand aussi de 18, l'on aura soustraict 7 $\frac{1}{4}$ restera 1 0 $\frac{1}{4}$, pource que leuant 7 de 18, reste 1 1, dont
faut soustraire $\frac{1}{4}$ desquels l'entier en faict 4: restera donc 1 0 $\frac{1}{4}$, ou bien de 18 ayant leué 8, restera 10,
& pource que 8 excede 7 $\frac{1}{4}$, de $\frac{8}{4}$ restera 10 $\frac{1}{4}$.

MVLTIPLICATION.

PHRISON.

MVltiplie le numerateur par le numerateur : & semblablement multiplie les
denominateurs ensemble, ce qui prouiendra
de la multiplicatió des numerateurs, sera nu
merateur, & l'autre prouenant de la multiplication des denominateurs, sera denomina-
teur. Comme, multipliant $\frac{1}{7}$ par $\frac{1}{4}$,

en prouiendront $\frac{11}{28}$. Que s'il te plaist multiplier les fractions par les entiers, multiplie les entiers par le numerateur de la fraction mettant dessous la mesme denominateur: Comme $\frac{5}{12}$, multipliez par 20 produisent $\frac{100}{12}$, c'est à dire 8 $\frac{4}{12}$, ou $\frac{1}{3}$.

$$\begin{array}{ccc} & 100 & \\ \frac{5}{12} & \frac{20}{1} & 24 \Big\{ \\ & 12 & 100 \Big\{ 8 \quad \frac{4}{12} \quad \frac{1}{3} \\ & & xx \Big\{ \end{array}$$

FORCADEL.

Quand donccques deux fractions plus petites qu'vn entier, se multiplieront ensemble, ce qui en sera fait sera plus petit qu'vne chacune d'icelles. Comme $\frac{2}{5}$ multipliez par $\frac{3}{4}$ produiront $\frac{6}{20}$, c'est à dire, $\frac{3}{10}$ qui sont plus petits que $\frac{2}{5}$. Et aussi que $\frac{3}{4}$, premierement que $\frac{3}{10}$ soient plus petits que $\frac{2}{5}$. Il est certain que $\frac{2}{5}$ multipliez par 1, c'est à dire par $\frac{4}{4}$, il en sera produit $\frac{2}{5}$, parquoy $\frac{2}{5}$ estans multipliez par $\frac{3}{4}$ produiront moins de $\frac{2}{5}$, semblablement $\frac{3}{4}$ multipliez par $\frac{2}{5}$, produiront moins de $\frac{3}{4}$.

DIVISION.
PHRISON.

MVltiplie le numerateur du nombre diuidende par le denominateur du diuiseur, & en prouiendra le numerateur: au contraire multiplie le denominateur du diuidende par le numerateur du diuiseur, & en sortira le denominateur. Comme il faut
diuiser

diuiser $\frac{2}{3}$ par $\frac{4}{5}$, multiplie 2 par 5 font 10. Semblablement multiplie 3 par 4, produisent 12. Ce sont doncques $\frac{10}{12}$ ou $\frac{5}{6}$.

Si les denominateurs sont egaux, diuise le numerateur du diuidende par l'autre numerateur. Comme diuisant $\frac{7}{12}$ par $\frac{1}{12}$, produiras 9.

Si les numerateurs sont egaux, lors mets le denominateur du diuiseur dessus le denominateur du diuidende. Comme $\frac{3}{4}$ diuisez par $\frac{3}{2}$ font $\frac{2}{4}$, c'est à dire $\frac{1}{2}$. Au contraire $\frac{3}{2}$ diuisez par $\frac{3}{4}$ font $\frac{4}{2}$ ou 2.

Si l'vn des numerateurs contient plusieurs fois l'autre, multiplie le plus petit numerateur par le quotient : le produict sera numerateur, si le plus petit numerateur est du diuiseur : s'il est du diuidende, sera denominateur : l'autre nombre qui parfera les fractiõs, sera le denominateur du plus grand numerateur. Comme par exemple, il faut diuiser $\frac{5}{9}$ par $\frac{13}{3}$: pource que 3 est contenu en 12 quatre fois, multiplie 5 par 4, font 20, denominateur, & 13 numerateur, & en prouiendront $\frac{13}{20}$. Au contraire si tu diuises $\frac{13}{3}$ par $\frac{5}{9}$, en sortent $\frac{20}{13}$.

$$\begin{array}{cccc} \frac{1}{9}{}_{5} & \frac{4}{12}{}_{13} & \frac{4}{12}{}_{13} & \frac{1}{15} \\ & {}_{20}^{13} & & {}_{13}^{20} \end{array}$$

FORCADEL.

Suyuans les manieres de faire de l'Autheur de
H

l'Arithmetique demonstree au second liure , i'en-
seigneray que la diuision d' vne fraction par vn autre
se fera en multipliant le numerateur de la diuidende
par le denominateur de la diuisante, gardant le produict pour numerateur & en multipliant les deux
autres nõbres, ensemble mettant le produict pour denominateur. Car puis que diuiser vne fraction par
vn'autre n'est autre chose sinon trouuer vne fraction
laquelle multipliée par la diuisante produise la diui-
dẽde, lonpourra partir le numerateur de la diuiden de
par l'autre numerateur, & il en viẽdra le numerateur
de quotient, & les deux autres nõbres estans parti d:
mesme sorte en viendra le denominateur du quotient.
Comme $\frac{16}{27}$ diuises par $\frac{2}{3}$, en viendra $\frac{8}{9}$ pource que 16
estant parti par.23 en vient 8, & 27 parti par 3, en
viẽt 9 qui font $\frac{8}{9}$: mais, pource qu'il n'aduient pas tousiours que le numerateur du diuidende soit mesuré
du numerateur du partiteur, ny le denõinateur du diu.
dende du denominateur du diuisuer, puis que l'antece
dent & consequent de la fractiõ diuisente multiplies
ensenble font 6 par la 16 propositiõ du 7e liure apres
auoir multiplié l'antecedent & le consequent du
quotient par 6, en seront produicts 48 & 54, qui fõt
$\frac{48}{54}$, qui valent autant comme $\frac{8}{9}$ par la 17 proposition
du 7 liure. Or de la fraction $\frac{2}{3}\frac{8}{9}$ le 48 , ne faict non
plus que font l'antecedent de la diuidende & le con-
sequent de la diuisante multiplies ensenble par la 19
propositiõ du 7e liure. car comme 6 est à 3, ainsi est 16
à 8. dont 3 fois 16 font autant comme 6 fois 8. Sem-

blablement le 54 faict autant comme faict le consequent de la diuidende multiplié par l'antecedens de la
diuifante.car comme 6 eſt à 2, ainſi eſt 27 à 9:dont 2
fois 27 font autant comme 6 fois 9. cequ'il failloit
demonſtrer.

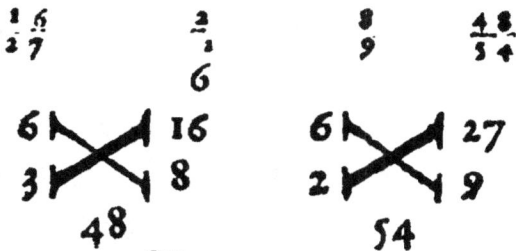

$$\frac{1}{2}\frac{6}{7} \qquad \frac{2}{1} \qquad \frac{8}{9} \qquad \frac{4\,8}{5\,4}$$

$$6$$

6 ⊠ 16   6 ⊠ 27
3   8   2   9

48   54

PHRISON.

Lon peut trouuer beaucoup de telles ab-
breuiatiõs, mais ces choſes ſuffirõt pour ceux
qui apprennent. Que ſi tu veux diuiſer ou les
entiers par les fractions, ou au contraire les
fractions par les entiers, en eſcriuant l'vnité
ſous les entiers, opere tant en multipliãt quen
diuiſant comme ſi c'eſtoient fractions.Cõme
diuiſant 7 par $\frac{3}{4}$, en vient $\frac{2}{3}$ $\frac{8}{1}$,ceſt àdire 9 $\frac{1}{3}$. Au
contraire duiſant $\frac{3}{4}$ par 7, en ſortira $\frac{3}{2\,4}$. Si les
entiers ſe rencõtrent auec des fractiõs, tu re-
duiras premierement iceux en vne fractiõ par
les reigles des reductions.

FORCADEL.

Car $\frac{7}{4}$ diuiſes par $\frac{3}{4}$ en vient $\frac{7}{3}$ $\frac{3}{3}$,& pource que 7 eſt
quatruple à $\frac{7}{4}$, il en viẽdra 4 fois $\frac{7}{3}$ qui fõt $\frac{2\,8}{3}$ ou 9 $\frac{1}{3}$:
auſſi $\frac{7}{1}$ diuiſés par $\frac{3}{4}$ fõt 9 $\frac{1}{3}$. Sẽblablemẽt $\frac{3}{4}$ diuiſes par
7 fõt $\frac{3}{2\,8}$,pourceque 3 diuiſé par 7,en vient $\frac{3}{7}$,& pour-
ce que $\frac{3}{4}$,eſt le $\frac{1}{4}$ de 3,il en viẽdra le $\frac{1}{4}$ de $\frac{3}{7}$,qui fõt $\frac{3}{2\,8}$,auſſi

diuiſer $\frac{3}{4}$ par 7 eſt prendre le $\frac{1}{7}$ de $\frac{3}{4}$ qui font $\frac{3}{28}$, au
tant comme $\frac{3}{4}$ diuiſes par $\frac{7}{1}$, &c.

LA REIGLE DES TRIOS
es fractions.

PHRISON.

Aiant mis trois nombres côme nous auons
enſeigne vn peu au parauant qu'aions parlé
des fractiôs: afin que tu en tires le quatrieſme
nombre incogneu, multiplic le troiſieſme par
par le ſecond : & diuiſe le produit par le premier, il en ſortira le nombre cherché & incogneu, aiant obſeruc toutes les choſes que
nous auons dict là deuoir eſtre obſeruces.

FORCADEL.

L'on veut auſſi multiplier le denominateur de ce qui
eſt au premier lieu de la reigle de trois, & les deux numerateurs, de deux autres lieux enſemble, & diuiſer
ce qui en ſera produict par le prouenu du numerateur
du premier lieu, & des denominateurs des deux autres
lieux eſtans auſſi multiplies enſemble, & il en viendra le nombre cherché.

PHRISON.

Exéple $\frac{2}{3}$ d'aulne ſe vendét $\frac{3}{5}$ d'eſcu, côbien
achetteray-ie $\frac{5}{6}$ d'aulne. Multiplic $\frac{3}{5}$ par $\frac{5}{6}$,
produiſét $\frac{10}{18}$ ou $\frac{5}{9}$, diuiſe iceux par $\frac{3}{4}$, & en
ſortét $\frac{20}{27}$. Et nous auons enſeigné ſi deuãt de
trouuer combien icelles valent en vn cha-
cun genre.

$$\frac{4}{1} \qquad \frac{2}{1} \qquad \frac{2}{6}$$

$$\frac{40}{54} \qquad \frac{10}{18}$$

$$\frac{20}{27} \qquad \frac{1}{9} \qquad \frac{1}{4}$$

$$\frac{20}{27}$$

FORCADEL.

Aussi 4, 2, & 5, estans mutiplies ensemble font 40, & 3, 3, & 6, multiplies ensemble produisent 54, puis 40 diuisé par 54, en vient $\frac{40}{54}$ ou $\frac{20}{27}$.

PHRISON.

Si en quelque lieu y a des nombres entiers seulz, mettant sous iceux l'vnite, l'operation sera semblable à celle qui se faict par fractions. Côme $\frac{10}{1}$ aulnes s'achetent $\frac{12}{1}$ escus, côbien $\frac{3}{4}$ d'aulne. Multiplie $\frac{12}{1}$ par $\frac{3}{4}$ font $\frac{36}{4}$ ou $\frac{9}{1}$, que tu diuiseras par 10, & en viendra $\frac{9}{10}$ d'escu.

FORCADEL.

Pareillement 1, 12, & 3 multiplies ensemble font 36, & 10, 1 & 4 multiplies ensemble font 40 : puis 36 partis par 40 font $\frac{36}{40}$: ou $\frac{9}{10}$ ou bien 12 fois $\frac{3}{4}$ ou les $\frac{3}{4}$ de 12 font 9, lequel diuisé par 10, en vient $\frac{9}{10}$.

PHRISON.

Si se rencontrent de fractions auec des entiers, reduis les en vne fraction par les reigles des reductions.

FORCADEL.

Quand quelcun achepte 4 aulnes $\frac{2}{3}$, pour 10 liures $\frac{2}{3}$, il achepte $\frac{14}{3}$ d'aulne pour $\frac{32}{6}$ d'vne liure &c.

H iiij

PHRISON.

Mais ſi pluſieurs choſes ſe rencontrent en
vn lieu, comme ſi en vn an trois mois & trois
ſemaines, ie deſpens 200 eſcus, côbien en deſ-
pendray-ie en 7 mois. Lors reduits toutes ces
choſes à la plus petite de toutes, comme en ce
lieu cy en ſemaines, prenant 52 ſemaines pour
l'an, & 12 ſemaines pour 3 mois, auſquelles ad
iouſte 3 feront 67 ſemaines. Par vne ſemblable
ble raiſon fais de 7 mois, 28 ſemaines, & paracheue la reſte ſelon que la reigle le cômande.

FORCADEL.

Quand auſſi auec 2 liures 5 ſols 8 deniers ſe ga-
gnent 13 ſols, & faut ſçauoir combien gagneront 14
liures 5 ſols, pource que 2 liures 5 ſols 8 deniers, ſont
137 troiſieſmes de ſols, & que 14 liures 5 ſols en font
855, faut dire quãt 137 donnent 13, combiẽ 855, &c.

LA REIGLE DE TROIS
renuerſee.

PHRISON.

EN tous les exemples precedens & en au-
:res infinis, eſt touſiours celle raiſon du
quatrieſme nombre au troiſieſme, qu'eſt du
ſecond au premier. Et par ainſi, d'autant que
le troiſieſme ſera le plus grand, d'autant auſſi
le quatrieſme.

FORCADEL.

Ceſt à dire, que d'autant que le troiſieſme ſera plus
grand ou plus petit que le premier, d'autant auſſi le

quatriéme sera plus grãd ou plus petit que le second, & si le troisiesme est egal au premier, le quatriesme sera egal au second par la 14e proposition du cinquiéme liure.

PHRISON.

Mais en d'aucuns exemples, la raison est du tout contraire : tellement que d'autant que le troisiesme sera plus grand, d'autât le quatries-me se trouuera plus petit.

FORCADEL.

C'est à dire, que d'autant que le troisiesme sera plus grand ou plus petit que le premier, d'autant le quatriesme se trouuera plus petit ou plus grand que le second.

PHRISON.

Comme si le muyd de bled se vend 5 escus, lors le pain d'vn stufer pese 4 liures : l'on demande de combien diminuera le pris du mesme pain, quand la mesme mesure de blé vaudra 3 escus tant seulemenc. Semblablement quelcun a achepté 2 0 aulnes de drap, ayant 2 aulnes de largeur : lon demande s'il veut faire des sayes, ou des tapisseries, combien luy faut prendre d'aulnes d'vn autre drap, ayant trois aulnes de largeur. Tu vois manifestement au premier exemple, que d'autant que le bled se vend moins, d'autant plus se diminue le pris du pain. Et semblablement en l'autre, d'autât que l'autre genre de drap sera plus large, d'au-

L'ARITHMETIQVE

tant s'en faut-il prendre moins.

FORCADEL.

Nous prendrons que quand le muyd de bled vaut
5 escus, l'on a le pain pesant 4 liures pour vn sols, pour
sçauoir combiẽ aura l'on d'onces de pain pour vn sols,
quãd le muyd de bled vaudra 3 escus, ce que nous trouuerons si nous disons quand 5 donnent 4, combien 3,
& multiplions euersement les deux premiers nõbres
ensemble, c'est à sçauoir 5 par 4 font 20. & diuisons
20 par 3, il en vient 6 liures $\frac{2}{3}$ pour vn sols, ce qui se
demonstre ainsi tout. ainsi que 5 escus contiennent 3
escus 1 $\frac{2}{3}$ de sou, aussi au temps auquel le muyd de blé
vaut 3 escus, l'on a 1 muyd $\frac{2}{3}$ de blé au regard du tẽps
auquel vaut 5 escus, & si vn muyd reuient à 1 $\frac{2}{3}$ de
muyd, il est bien raisonnable que 4 liures de pain reuiennent à 1 $\frac{2}{3}$ de fois 4. Or la raison de 3 à 5 c'est la
raison de 1 à 1 $\frac{2}{3}$, d'où s'ensuyura que comme 3 est à 5,
ainsi sera 4 liures de pain au nombre desiré par la 11.
proposition du 5 liure. Il faut donc dire, quand 3 donnent 5, combien 4, ou quand 3 donnent 4, combien 5,
& en viendra 6 liures $\frac{2}{3}$, qui est autãt comme disant,
quand 5 donnent 4, combien 3, icy euersement, mais
en l'autre directement. Et pour satisfaire à ce qui est
dit de la diminution du pris du pain, faut dire quand 6
liures $\frac{2}{3}$ de pain se vendent vn sols qui est 12 deniers,
combien 4 liures, & en viendra 7 deniers $\frac{1}{5}$, lesquels
soustrais de 12, reste 4 deniers $\frac{4}{5}$ pour la diminution
du pris du pain.

Pour le second exemple, faut dire, quand 2 de lar-
geur donnent 2 0 de longueur, combien 3 de largeur:
mais faut multiplier les deux premiers ensemble, font
40, lequel party par le dernier, c'est à sçauoir par 3,
en vient 13 ⅓ d'aulne. Car icy sont presentez deux
parallelogrammes rectangles ou berlongs egaux, dont
les deux costez de l'vn sont 2 & 20, & par ainsi cô-
tient 2 fois 20 qui font 40, & autant contient l'au-
tre qui luy est egal, l'vn des costez duquel est 3: par-
quoy diuisant 40 par 3, en viendra 13 ⅓.

Semblablement par iceux deu berlongs egaux, y
aura quatre quantitez proportionelles par la 14e ou
16e proposition du 6 liure, dont les trois premiers se-
ront representees par ces trois nombres 3. 2, & 20,
ou 3, 20, & 2. parquoy multipliât 20 par 2, font 40,
lequel diuisé par 3. en vient 13 ⅓. Si doncque, en cest
endroit, nous disons quand 2 donnent 20, combien 3,
faut multiplier les deux premiers nombres ensemble,
c'est à sçauoir, 2 0 par 2, font 40, lequel faut partir
par le troisiesme, c'est à sçauoir, par 3, & en vient 13
aulnes ⅓.

PHRISON.

Cestui-cy est semblable, vne certaine cô-
paignie de 3000 hommes assiegee, a de viures
pour 7 mois: toutefois il n'y a aucune esperá-
ce que le siege soit leué deuât vn an. Ie demáde doncques côbien de soldats faudra que le
Colonnel casse, à fin que les viures suffisent à
la reste iusques au bout de l'an, & combien en

retiendra auec foy : car auffi icy d'autant que
le temps fera plus long, à d'autant plus petit
nombre de foldats fuffiront les viures.

Tout ainfi doncques qu'en iceux & aux
femblables eft vne raifon euerfe, auffi la maniere d'operer eft contraire. Multiplie donc
le premier par le fecond, & diuife le produiðt
par le troifiefme. Comme au troifiefme exemple, multiplie 7 mois par 3 0 0 0, produifent 2 1 0 0 0, lefquels diuifé par 1 2 mois, c'eft
à dire, vn an : il en fortiront 1 7 5 0 foldats,
aufquels fuffiront iceux viures iufques à la fin
d'vn an. Les autres chofes font faciles.

FORCADEL.

*Nous prendrons que les viures qui fuffifent pour
nourrir 3000 hommes vn mois, foient eftimez à 6 mil
efcus, il eft certain que les viures qui leur fuffiront
pour eftre nourrns vn an, fe monteront 72 mil efcus,
car 12 fois 6 mil, font 72 mil, & en 7 mois ils deffen-
dront 7 fois 6 mil efcus qui font 42 mil efcus, tellement que 72 mil à 42 mil, aurõt la raifon de 1 2 mois
à 7 mois par la 18ᵉ propofition du 7ᵉ liure. Or fi nous
difons quãd 7 2 mil donnent 3000 hommes, combien
42 mil, nous trouuerons 1750, c'eft à dire, que quand
72 mil efcus fuffirõt pour la deffenfe d'vn an à 3000
hommes, 4 2 mil efcus fuffiront pour la deffenfe d'vn*

an à 1750 hommes, & 3000 hommes à 1750
hommes auront la raison de 72 mil à 42 mil,
lesquels ont la raison de 12 mois à 7 mois, comme
nous venons de dire, parquoy la raison de 12 mois à
7 mois, sera comme 3000 hommes à 1750 hommes
par la vnziesme proposition du cinquiesme liure,
& en soustraiãt 7 de 12, resteſ. & 1750 soustraiĕt de
3000, reste 1250: il s'ensuyura donc que la raison de
12 mois à 5 mois, sera comme 3000 hommes à 1250
hommes. Quand doncques lon nous donne en nostre
exemple les viures 3000 soldats pour 7 mois, lon
nous dõne 42 mil escus, lesquels suffisent pour vn an
à 1750 soldats, & que lõ nous demãde cõbien le Colõ-
nel doit casser de soldats à celle fin que les mesmes viures suffisent à ceux qu'il retiendra pour vn an. Pour
sçauoir premierement combien il en doit retenir, faut
considerer que tous les 3000 en vn an dessendroient
72 mil escus, lesquels comparez à 42 mil escus, obser-
uent la raison de 12 mois à 7 mois, il faut donc dire,
quand 12 donnent 3000 cõbien 7, & en multipliant
3000 par 7, produisent 21000, lequel diuisé par 12,
en vient 1750 soldats, ausquels suffiront lesdits viures qui suffisoient à 3000 soldats pour 7 mois, &
1750 soldats qu'il doit retenir, soustrais de 3000 soldats, restent 1250 soldats qu'il doit casser, lesquels se
trouueront: aussi si l'on dict quand 12 donnent 3000,
combien 5, qui est la difference de 12 mois à 7 mois,
& apres auoir paracheué la reigle de trois, en
viendra 1250 soldats que le dict Colonnel doibt

caſſer. Il faut donc multiplier les deux premiers nombres ainſi qu'ils ſont propoſez enſemble, & partir ce
qui en prouiendra par le dernier nombre, & l'on aura
les ſoldats qu'il doit retenir, leſquels ſouſtrais de tous
ceux qu'il a, reſtera ceux qu'il doit caſſer.

$$7 \longrightarrow 3000 \longrightarrow 12$$
$$7$$
$$21000$$
$$1750$$
$$1250$$

La troisiesme partie

PHRISON.

DE ceste seule reigle (laquelle peut estre appellee Doree) plusieurs diuerses reigles aussi, ou manieres d'operer en sortent, comme les rameaux d'vn tronc : à fin qu'elle aye lieu, presque en toutes questions, & que toutes les reigles s'appuyent sur icelle, comme sur vn fondement ou basse : l'vne desquelles est la reigle double, laquelle tu pourras entendre par vn tel exemple. Pour 20 liures de telle marchandise que voudras amenees par la distance de 30 miliaires, te faut payer 4 escus : combien pour 50 liures amenees 60 miliaires. Si tu obserues icy diligemment quels nombres se respondent l'vn à lautre, de nom & d'effaict : & quels sont les premiers, quel est le milieu, & constitues deux operations selon la reigle des proportions, tu satisferas facilement à la question. Et tousiours le nombre produict de la premiere operation, sera le milieu en la der-

niere queſtion. Comme 20 liures donnent
quatre eſcus, combien 50 liures : font 10 eſcus. De rechef, dis 30 miliaires donnent 10
eſcus, combien 40 miliaires font 13 eſcus .

$$20 \longrightarrow 4 \longrightarrow 50$$
$$30 \longrightarrow 10 \longrightarrow 40$$
$$13 \quad \tfrac{1}{3}$$

FORCADEL.

Il nous faut premierement prendre en ceſt endroit
que quand il y a trois nombres, la raiſon du premier
au troiſieſme ſe dit eſtre compoſee de la raiſon du pre-
mier au ſecond, & de celle du ſecond au troiſieſme:
car la quantité de celle du premier au ſecond,ſe pour-
ra repreſenter par la fraction, ayant le premier pour
antecedent, & le ſecond pour conſequent, & la
quantité de la raiſon du ſecond au troiſieſme, ſe
pourra repreſenter par la fraction qui aura le ſe-
cond pour antecedent, & le troiſieſme pour conſe-
quent, & icelles deux quantitez multipliees enſem-
ble,produiront vne quantité ou raiſon de laquelle les
termes ſeront produicts du premier & du dernier
nombre multipliez par le ſecond nombre,& par ain-
ſi la quantité ou raiſon produicte ſera celle du pre-
mier nõbre au troiſieſme par la dix-ſeptieſme propo-
ſition du ſeptieſme : parquoy la raiſon ou quantité
produicte, ſe dira eſtre compoſee deſdictes deux rai-
ſons,par la derniere propoſition du ſixieſme liure.

Exemple, de ces trois nombres 2 4. 8. 2. la raiſon de
24 à 2 ſe dict eſtre compoſee des raiſons de 24 à 8,
& de 8 à 2, car la quantité de l'vne ſe peut repreſenter par $\frac{24}{8}$ & de l'autre par $\frac{8}{2}$, & icelles deux
quantitez multipliees enſemble, produiſent $\frac{192}{16}$,
dont la raiſon de 192 à 16, eſt celle de 24 à 2.
Cela ſe peut auſſi demonſtrer ſelon Vitellio, à la
treiziesme propoſition du premier liure, en ceſte maniere : Soit diuiſé le premier nombre par le ſecond,
le ſecond par le troiſiesme, & le premier par le troiſiesme, il eſt certain que la raiſon du ſecond au troiſiesme ſera comme le quotient du premier, diuiſé
par le troiſiesme au quotient diuiſé par le ſecond,
par la dix neufiesme propoſition du ſeptiesme liure,
& par ainſi, le dernier quotient contiendra autant
de fois le premier, que le ſecond nombre contient le
troiſiesme . Or le ſecond nombre contient autant
de fois le troiſiesme, qu'il y a d'vnitez au ſecond
quotient : ſ'enſuyura donc que le premier quotient,
eſtant multiplié par le ſecond, produira le troiſieſme quotient, d'où ſ'enſuyt que la raiſon du premier nombre au troiſiesme ſe dict eſtre compoſee des
deux autres raiſons entre-moyennes par ladicte derniere deffinition du ſixiesme liure.

Ie diray encores, que l'Autheur de l'Arithmetique demonſtree, faict auſſi multiplier enſemble les deux premiers quotiens, & lors la
raiſon du produict au premier quotient ſera

semblablement comme le second nombre au troisiesme
par la 17ᵉ proposition du 7ᵉ liure, parquoy ledict produict sera egal au troisiesme quotient par la 9ᵉ proposition du 5ᵉ liure.

24   8   2

                                    192
        32   2⁴⁄₈   ⁸⁄₂

    3   4   16

        12

De cecy est manifeste, que s'il y a tant de nombres
qu'on voudra, la raison du premier au dernier sera
composee de toutes les raisons entremoyennes.

Apres donc auoir consideré ce que nous venons de
demonstrer, & qu'en la premiere reigle de trois de la
question proposee la raison de 4 escus à 10 escus est
comme de 20 liures à 50 liures, & en la seconde reigle de trois, la raison de 10 escus à 13 escus ⅓ est comme 30 miliaires à 40 miliaires, puis que la raison de
4 escus à 13 escus ⅓ se dit estre composee des deux raisons entremoyēnes, dont l'vne est icelle de ²⁰⁄₅₀, & l'autre celle de ³⁰⁄₄₀, d'auantage, que multipliant ces deux
raisons ensemble, c'est à sçauoir les antecedens ensemble & les consequens ensemble, font la raison de 600
à 2000, par la 5ᵉ proposition du 8ᵉ liure: Il est certain
que la raison de 4 escus à 13 escus ⅓ sera còme 600
à 2000, dont faudra dire quand 600 donnent 4, cò-
bien 2000, & en viendra 13 escus ⅓. D'où est manifeste, qu'ayant mis les cinq nombres proposez en leurs
propres lieux, lon pourra multiplier les trois derniers
                                                nombres

nombres enfemble, & apres auoir party ce qui en prouiendra par le produict des deux autres eftans auffi
multipliez enfemble, en viendra le nombre defiré.
Nous pourrions auffi dire, quand 20 liures donnent
30 miliaires, combien 5 liures, & apres auoir multiplié 20 par 30, produifent 600, lequel diuifé par
50, en vient $\frac{600}{50}$ de lieu que l'on amenera 50 liures
pour 4 efcus: il faut donc dire, fi $\frac{600}{50}$ donnent $\frac{4}{1}$ d'efcu,
combien $\frac{40}{1}$, & toufiours l'on multipliera les trois derniers nombres enfemble, & partira l'on ce qui en fera
produict, par ce qui fera fait des deux premiers multipliez enfemble. Et pource que $\frac{600}{50}$ font 12, l'on peut
auffi dire quand 12 donnent 4, combien 40, & en viết
13 efcus $\frac{1}{3}$. D'où eft manifefte, que telles fortes de reigles & les fuyuātes femblables, fe peuuết faire ou par
deux reigles de trois directes, ou par vne reigle de trois
reciproque ou euerfe, & vne reigle de trois directe, ou
bien fe peuuent faire tout à la fois, comme nous auons
fait, & comme nous verrons aux autres fortes, mais
diuerfement.

PHRISON.

Auffi 25 efcus en 4 ans ont gaigné 8 efcus,
combien gaigneront 100 efcus en 10 ans. Dis,
25 efcus donnent 8, combien 100, font 32. Dis
de rechef, 4 ans donnent 32, combien 10, font
80 efcus.

FORCADEL.

Les trois derniers nombres 8, 100, & 10 multipliez enfemble, produifent 8000, lequel diuifé par 4

I

fois 25, ceſt à ſçauoir par 100 en vient 80.

PHRISON.

Encores, 6 eſcus gagnent 8 eſcus en 10 ans,
en combien d'ans 3 eſcus gaigneront 12 eſcus.
Note diligemment en ceſt endroit, la premiere operatiõ debuoir eſtre faicte par la reigle
de trois, euerſe, ou réuerſée. Car d'autant que
le ſort ſera plus petit, d'autant ſera beſoing de
plus long temps pour auoir egal profit. Dy
doncques, 6 eſcus donnent 10 ans, combien 3
eſcº: multiplie le premier par celuy du milieu,
&c. ſôt 20. Dy derechef, 8 eſcus 'e gaignent en
20 ans, en combien d'ans ſe gagnerôt 12 : font
30 Prens garde icy que ne te confondes en
l'appelation des eſcus, comme il ſoit ainſi que
quelque fois ſignifient le ſort, & quelque fois
le gain. Car il faut que le meſme ſoit ſignifié
au premier & troiſieſme lieu de la reigle, cõme nous auons enſeigné au parauant.

FORCADEL.

Quand 6 eſcus en 10 ans gaignent 8 eſcus, pour ſçauoir en combien d'ans 3 eſcus gaigneront 12 eſcus.
Nous pourrõs dire que quãd 6 eſcus gaignent 8 eſcus,
que 3 eſcus à vn meſme têps gaignerõt $\frac{4}{1}$ d'eſcu, puis
apres quãd $\frac{2}{6}$ d'eſcu dõnẽt 10 d'ãs, cõbiẽ $\frac{1}{1}$ d'eſcu? &
en multipliãt 6, 10, & 12 qui ſõt les deux premiers,
& le dernier, uſembles produiront 720, le quel diuiſé
par 24 produict des deux autres multiplies en ſemble
en vient 30. Auſſi par la reigle de trois reciproque

la raiſon de 10 ans à 20 ans eſt comme 3 à 6. & de 20
ans à 30 ans comme 8 à 12: dont la raiſon de 10 ans à
30 ans ſera compoſée des raiſons $\frac{3}{6}$ & $\frac{8}{12}$, & par
ainſi la raiſõ de 10 à 30 ſera côme 24 à 72: quãd donc
24 dõnẽt 10, il eſt certain que 72 dõnera 30 ans, d'ou
eſt maniſ. que en telz exenples qu'eſt ceſtui cy a-
pres auoir agence les cinq nonbres, comme nous venons de faire, & multiplié les deux premiers &
le dernier enſenble, ſy lon diuiſe ce qui en ſera produict par le nombre ſaict de la multiplication des
deux autres l'vn par l'autre, il en viendra le nombre
deſiré.

PHRISON.

7 Cheuaux mengent 12 meſures d'auoyne
en 20 iours, combien en mengeront 14 cheuaux en 15 iours. Dy, 7 cheuaux mengent 12
meſures, combien 14, font 24. Derechef 20
iours mengent 24 combien 15, en vient 18
meſures.

FORCADEL.

Quant 7 cheuaux metent 20 iours côbien 14. ſont
10 iours: puis ſi 10 iours donnent 12 meſures, combien
15 iours, il en vient 18 meſures.

PHRISON.

Ceſtui eſt ſemblable, 10 moiſſonneurs moiſ-
ſonent 15 arpés au temps de 7 iours, en cõbi-
bié de iours 16 moiſſõneurs moiſſõnerõt 20 ar
pés. Mais il faut que derechef icy la premiere
operatiõ ſoit faicte par la reigle de trois euerſe,

pource que d'autant qu'il y aura plus de moiffonneurs, d'autant fera befoing de moins de
temps. Dy doneques, 10 moiffonneurs ont befoing du temps de 7 iours, combien 16 moiffonneurs? multiplie 10 par 7 font 70, diuife par
16, font 4 iours $\frac{3}{8}$. Dy de rechef, 15 arpens fe
moiffonnent en 4 iours $\frac{3}{8}$, en combien 20 arpens? Opere par la reigle, & trouueras 5 iours
$\frac{5}{6}$, c'eft à dire, 5 iours, 20 heures: voy la fuyuante operation.

premiere   10———7———16
operation.   10
                     ————
                      70   3'6 ⎧
                               7ϕ ⎬ 4 $\frac{6}{16}$ $\frac{3}{8}$
                               16 ⎩

feconde   15———4 $\frac{3}{8}$———20
operation.   35
    24   ————
     5   8
   ———
   120   700 diuidende à $\frac{15}{8}$
20 heures.   ————
                       8

                    700 c'eft à dire 5 $\frac{5}{6}$
                   ——————
                     120

FORCADEL.

Quand 10 moiffonneurs font 15 arpens, 16 moiffonneurs en feront 24, & fi 24 arpens fe font en 7
iours, en combien 20 arpens, il en vient 5 $\frac{5}{6}$.

LA REIGLE DE COMPAGNIE,
ou (comme lon dit) de societé.

QVatre marchands se font acconpagnez
enfemble, & ont gagné 3 0 0 0 efcus: le
premier defquels auoit feulement apporté 30
efcus: le fecõd, 50: le troifiefme, 60: le quatriefme, 100. On demande, cõbien doit auoir de
gain chacũ d'eux pour son argent mis en sort.
Il y a peu de difference, ou rien, entre cefte reigle & la reigle de trois. Collige donc, & mets
en vne somme tout l'argẽt qu'ils ont tous apporté, par le moyen d'addicion: c'eft à fçauoir,
30, 50, 60, & 100 efcus: il en vient 240 efcus.
Dy dõc ainfi: 240 efcus, ont gagné 3000 efcus:
combien en gagneront 30? puis opere felon
que la reigle t'enfeigne: par ainfi tu trouueras
pour le gain du premier 375 efcus. Et pour
trouuer le gain du fecond, dy ainfi: 240 efcus
en gagnent 3000: combien 50 efcus en gagnerõt ils? Et par ainfi pour tous tu drefferas vne
reigle de trois, de forte que toufiours le premier nõbre, qui eft le diuifeur, foit la fõme to.
tale de l'argent de tous: le nombre du milieu,
foit le gain entier: au troifiefme lieu mettant
le fort du profit d'vn chacũ d'eux. Le premier
donc aura de profit pour son argẽt, 375 efcus:
le fecõd, 625: le troifiefme, 750: & le quatriefme emportera de gaing, 1250 efcus: lefquelles
fommes mifes enfemble, font 3000 efcus. La

raiſon de ceſte reigle de compagnie, eſt prinſe
de la douzieſme du ſeptieſme liure d'Euclide.
L'operation en eſt telle.

240	3000		30		375
Diuiſeur.			50	font	625
			60		750
			100		1250

240   3000

FORCADEL.

*Mais puis que 3 eſt le ⅛ de 24, le gain du premier
ſera la huictieſme partie de 3000 eſcus, c'eſt à ſçauoir, du gain, qui ſon: 375: & le gain du troiſiéme ſera la quarte partie du gain de tous, c'eſt à ſçauoir 750
eſcus: ou bien, puis qu'il a mis le double du premier, il
aura auſſi le double du gain du premier, qui ſont les
meſmes 750 eſcus: car par deux antecedens & le cõ-
ſequent de l'vn on trouue le conſequent de l'autre, faiſant en la reigle de trois de l'antecedent duqu'el on cognoiſt le conſequent, le premier nombre: le ſecond ſoit
le conſequent cogneu: & le troiſieſme, l'autre antecedent. Et cela ſe transforme ainſi, par la vnzieſme propoſition dudiċt cinquieſme. Et par l'vne &
l'autre, façon de faire, le ſecond ayant 625 eſcus, il
en appartient au quatrieſme le double d'autant, c'eſt
à ſçauoir, 1250. Et ainſi la raiſon des antecedens
& conſequens, ou des conſequens & antecedens, e-
ſtant vne meſmes auec celle de leurs deux ſommes,
c'eſt à ſçauoir, $\frac{2}{5}$, ou 12 ½: en apres que tous les gains*

adiouſtez, enſemble, ſont tout le gain : cela monſtre
qu'vn chacun a iuſtement ce, qui luy appartient.

PHRISON.

Il y a ſemblable raiſon en la perte, comme
au gain. Comme, ſi vne nauire eſtoit rompue,
& les marchandiſes eſtoient iettees en la mer:
tous ceux qui ont commencé la compagnie,
ſortent egalemēt la perte, ſelon le diuers pris
ces marchandiſes d'vn chacun. Comme, ſi la
marchandiſe du premier valoit 300 eſcus : du
ſecond, 400 : du troiſieſme, 500 : & il eſt ietté
des marchandiſes pour 100 eſcus : le premier
perdra 25 : le ſecond, 33 ⅓ : le troiſieſme, 41 ⅔ : &
celuy, duquel les marchādiſes ont eſté iettees,
reprendra l'argent de la perte des autres.

FORCADEL.

ſi les marchandiſes iettees ſont du premier, par-
ce qui ſa perte eſt le ¼ de 100 eſcus, c'eſt à ſçauoir, 25
eſcus & que la difference de 100 à 25 eſt, 75 eſcus, i
les doit reprendre des deux autres, par la 19 propol-
ſition du cinquiéme, & vnzieſme propoſitiō du ſeptié-
med Euclide. Si du ſecōd, ſa perte eſt le ⅓ de 100 eſcus,
c'eſt à ſçauoir, 33 ⅓ : dont la diſtance à 100, eſt le
double, c'eſt à ſçauoir, 66 ⅔, qu'il doit reprendre des
deux autres Et ſi toute la perte eſt ſur le troiſieſme, il
doit perdre tant ſeulement les ⅔ du premier, plus que
le premier : ou le ⅓ du ſecond, plus que le ſecond : en
bien, les ⅝ de 100, ou ⅓ de 25 ; qui ſont 41 ⅔ : dont

I iiij

l doit tant feulement reprendre des autres, 58 ¦, par lefdites propofitions. Si les marchandifes perdues font des deux, ou de tous trois, celuy qui a plus perdu qu'il ne doit, doit eftre recompenfé de l'vn des autres, ou des deux, &c.   PHRISON.

Cefte queftion icy eft d'vne mefme forte. Trois ont acheté 1000 liures de canelle, pour 300 efcus: le premier en prend 200 liures: le fecond, 350 liures: le troifiefme, 450 liures: combien payera vn chacun? Car fi tu dis, 1000 liures valent 300 efcus, combien 200 liures? encores combien 350? & tiercement côbien 450? Et ces trois operatiôs de la reigle de trois parfaites, le premier payera 60 efcus : le fecond, 105: le troifiefme, 135.

FORCADEL.

Il eft certain, que le premier doit le ¦, & par ce il payera le ¦ de 300, c'eft à fçauoir, 60 : & le fecond doit la moitié du premier, & le ¦, qui eft la moitié, & la moitié de la moitié plus que le premier: il payera doncq es 105 efcus, qui viennent de 60, 30, & 15 a adioufter enfemble. Puis apres le troifiefme doit 10 d'auantage, par-ce que la difference de luy au fecond eft 10. Il doit doncques 2 fois 15, le 15 eftant venu pour 5, c'eft à fçauoir, 30 efcus plus que le fecond, qui ¦ 135 efcus: ou bien, le troifiefme doit autant que le double du premier adioufté auec le quart du premier, qui eft 15, pour toufiours deuoir 135 efcus. Dont f'enfuyt la façon de faire.

$$20\phi \text{———} 60$$
$$35\phi \text{———} 105$$
$$45\phi \text{———} 135$$
$$100\phi \text{———} 300$$

60 doubles pour le troisiesme.
30 auec 15.

$$15$$
$$105$$
$$30$$
$$15$$
$$135$$

Du diuers espace de temps en compagnie.

PHRISON.

Trois marchands, ayans commencé la cõpagnie, ont gagné 2345 escus: mais le premier
fait feruir son argent, sçauoir est, 40 escus, iufques au bout de 14 mois: le second 50, au bout
de 8 mois: le troisiesme a apporté 85 escus,
pour six mois: on demande, combien viendra
a chacun, tant pour la raison de son argent,
qu'auffi du temps. Cefte reigle icy auffi eft
briefuement reduicte à la reigle de trois, en
celle forte: Le milieu, ainfi que deuant, fera le
gain: le troisiesme, l'argent d'vn chacun multiplié par fon temps. Car il faut que la proportion du gain foit compofée de la proportion
de l'argent & du temps. Parquoy l'argēt d'vn
chacun d'iceux par chacun fon téps, garderõt
par les produits, l'vne & l'autre raifon, sçauoir

eſt, de l'argent & du temps, comme il appert
en a cinquieſme du huictieſme d'Euclide.
Poſons doncques, pour le premier, 560: pour
le ſecond, 400: pour le troiſieſme, 510: ayant
premierement par addition aſſemblé la ſomme de ces trois, ainſi comme 1470. Fais maintenant ſelon la reigle de cõpagnie, le premier
aura 893 $\frac{1}{1}$, ou $\frac{7}{1}$: pour le ſecond, 638 $\frac{2}{1}$: le
troiſieſme, 813 $\frac{12}{1}$, ou $\frac{4}{7}$. Regarde touteſfois
que le temps d'vn chacun ſoit d'vne meſme
denomination, & ſemblablement l'argent.
S'enſuit la maniere de faire.

40		14		560
50	en	8	font	400
85		6		510
				1470

1470		2345.		560?		893 $\frac{7}{2}$
1470	donnent	2345.	cõbien	400?	font	638 $\frac{1}{2}$
1470		2345		510?		813 $\frac{12}{2}$
				1470. ſõme 2345.		

3		335.		8?	
21	donnent	335.	combien	40?	fõt les meſ-
7		335.		17?	(mes,
		2345			
		1695			
		813 $\frac{4}{7}$			

Pour bien entendre la propre cauſe, pourquoy ia

l'argent d'vn chacū se multiplie par son tēps : il fate
en premier lieu estre aduerty qu'il ne se fait aucune cō-
pagnie, sans quelque espace de temps, lequel est egal ou
inegal. Quand il est egal, c'est à dire, que l'argent de
l'vn a seruy autant comme l'argent de l'autre : alors
(comme nous auons veu) vn chacun prend le gain,
ou porte la perte proportionnellement selon son argēt.
Et quand le temps est inegal, c'est à dire, que l'argent
de l'vn à seruy plus, ou moins, que l'argent de l'autre :
alors vn chacun prend le gain, ou pert, selon la raison
de l'argent & du temps. Car si mon argēt a tousiours
seruy, & le vostre nō : la raison veut, que ie gagne plus
que vous, & que vous ne gagniez pas tant que moy,
car autremēt, tout trauail cesseroit. A celle fin doncques que nous puissions mieux entendre, commēt tout
cela se faict, il nous faut proposer vn exemple fort fa-
milier, tel que le suyuant : Il y a trois compagnons qui
ont gagné 63 escus : le premier, auoit mis 10 escus,
pour 4 mois, c'est à dire, qui ont seruy 4 mois : le
second, 12 escus, pour 9 mois : & le troisiesme à mis
7 escus, pour 8 mois : on demande le gain d'vn chacun.
Premierement, ie regarde que 63 escus, qui est la
chose qui se doit diuiser, demeurent tousiours en leur
entier, pour estre diuisez : & que les nombres ou antecedens, ou conséquens, par lesquels se doit faire la diuision, doiuent estre faits des autres proposez, par cō-
position de multiplication de l'vn par l'autre, & non
par addition : car 10 escus, & 4 mois, ne font ny 14
escus, ny 14 mois : tout ainsi que 3 & $\frac{1}{4}$ ne se peuuent

adiouster enſemble, quãd l'vne eſt d'vn cheual & l'au
tre d'vn beuf, quelque reduction qu'on face en $\frac{4}{12}$ &
$\frac{3}{}$, Mais 10 eſcus, pour vn mois, fõt biẽ rour 4 mois,
4 fois 10 eſcus, c'eſt à ſçauoir, 40 eſcus, &c. Ie reuiẽ
dray dõcques de l'egalité à l'inegalité: puis à l'egalité:
& me propoſeray le premier auoir mis 10 eſcus pour
vn mois: & le ſecond, 12 eſcus pour vn mois : & le
3e 7 eſcus, pour vn mois: & q̃, ſi ainſi eſtoit, les nõbres
par leſquels ſe doit faire la diuiſion, ſeroient les meſmes 10 eſcus, 12 eſcus, & 7 eſcus. Mais l'argent du
premier a ſeruy 4 fois autant de temps, comme ie me
ſuis propoſé: & par ainſi, ſon argent doit eſtre eſtimé
4 fois autant, c'eſt à ſçauoir, 40 eſcus : car 40 eſcus
en vn mois, gagnent autant que 10 eſcus en 4 mois.
J'argent du ſecond a ſeruy 6 fois autant de temps, il
ſera donc aussi eſtimé 6 fois 12, c'eſt à ſçauoir, 72 eſcus qui gagnent en vn mois autant, que 12 eſcus en 6
mois. Et puis que l'argent du troiſieſme a ſeruy 8 fois
autant il ſera aussi eſtimé 56 eſcus leſquels aussi gagnent
autant, que 7 eſcus en 8 mois. Voyla comment l'argẽt
d'vn chacun ſe multiplie par ſon temps, pour auoir les
diuiſeurs ſelon la raiſon ce qui ſe peut demõſtrer aussi
ainſi: Le plus grand temps eſt de celuy, qui a touſiours
ſeruy, c'eſt à ſçauoir, ic) 8 mois : parquoy ſon argent
doit eſtre compté tout entier: car 7 eſcus en 8 mois, gagneront autant que 7 eſcus en 8 mois Et l'argent des
autres doit eſtre compté ſelon les raiſons du plus grãd
temps aux autres, diſant pour le premier, que, ſi ſon
argent euſt ſeruy 8 mois, on euſt compté pour ſon ar-

gent 10 escus, ayant mis autant, & que pour 4 mois
il sera compté pour 5 escus, c'est à sçauoir, la ½ de 10
escus, côme l'autre a esté compté l'entier de 7. Et comme il soit ainsi, que 4 mois sont la moitié de 8 mois:
& si pour 8 mois on eust compté 12 escus pour le second, pour 6 mois, qui sont les ¾ de 8 mois, on luy doit
compter les ¾ de 12 escus, c'est à sçauoir, 9 escus: car
en l'vn, 5 escus en 8 mois gagnent autât que 10 escus
en 4 mois: côme il soit ainsi, que la raison, qui se fait
des raisons $\frac{5}{10}$ & $\frac{9}{4}$ est egale: & par mesme cause
en l'autre, ou pour l'autre, 12 escus en 6 mois, gagnent
autant, que 9 escus en 8 mois. Les diuiseurs doncques,
selon la raison serô: 5,9. & 7: parce que la ½ de 10,
est 5: les ¾ de 12, est 9: & l'entier de 7 escus, est 7 escus. Mais lesdits nôbres 40, 72, & 56, ont vne mes-
me raison auec ceux cy: est ant trescertain, que $\frac{4}{8}$, $\frac{5}{8}$,
& $\frac{8}{8}$, valent $\frac{1}{2}$, $\frac{3}{4}$. & $\frac{4}{4}$. & que les ¾ de 10, sont $\frac{40}{8}$:
les ¾ de 12, sont $\frac{72}{8}$: & les $\frac{8}{8}$ de 7, sont $\frac{56}{8}$: ausquelles
mesmes ont vne mesme raison 40, 72. & 56, qui pro-
uiennent tousiours d'vn chacû argent par chacû son
temps: dont on a pris ladite reigle: & pourroit on dire,
pour contêter l'vne & l'autre partie, & monstrer cô-
ment se doit faire la diuision de leur gain: Trois ont
fait vne côpagnie d'vn mois, & ont gagné 63 escus,
desquels le premier a mis 40 escus: le second, 72: &
le tiers, 56. Ou bien, la compagnie a esté de 8 mois: le
premier a mis 5 escus: le second, 9 escus: & le troisiéme, 7 escus. Le premier doncques aura 15 escus: le
second, 27 escus: & du mesme gain le troisiéme aura

2 1 escus : & autant en appartient aux trois de nostre
exemple proposé, comme estant vne mesme chose, ou
faisant vn mesme effect. Ainsi se voit, que le gain de
l'vn au gain de l'autre, ont vne mesme raison, qu'est
cel'le qui se fait des raisons, dont l'vne est la raison de
l'argent de l'vn à l'argent de l'autre : & l'autre, du temps
de l'vn au temps de l'autre. Il en vient doncques deux
plans ou nõbres composez, lesquels les costez de l'vn,
sont l'argent & le temps de l'vn : & de l'autre, l'argêt
& le temps aussi de l'autre. Et d'iceux costez se faict
ladite raison du gain au gain, par la 23e du sixiesme,
& ladite 5e du huictiesme d'Euclide. Ie ne puis passer
plus outre, sans premierement te demonstrer autremêt
la cause de ladite reigle. Pose que le premier, &c. aye
gagné 2 0 escus : maintenant pour sçauoir le gain du
secõd, &c. dis, par la premiere des deux premieres reigles de ceste 3e partie, que, quand 1 0 escus en 4 mois,
ont gagné 2 0 escus, 12 escus en 9 mois, gagneront 36
escus. Alors doncques que le gain du premier est 2 0
escus, celuy du second sera 3 6 escus. Or est-il ainsi,
comme nous auons là demonstré, que la raison de 2 0
à 36, c'est à sçauoir, du gain au gain, est faite des deux
$\frac{1}{2}$, & $\frac{4}{9}$, c'est à dire, qu'elle est telle, que de 40 à 72 :
& 40 vient de l'argent du premier, multiplié par
son temps : 72, de l'argent du second, multiplié aussi
par son temps. Dont veritablement est venue ladite
reigle, comme vne autre propre cause, de laquelle on
la tient. Le temps doncques de mesme nom, multiplié
par l'argent, dõne lesdits nombres. Et de là tu te sou-

uiendras, qu'on multiplie pluſtoſt l'argent par le téps,
que prendre d'vn chacun argent la partie, ou les parties telle qu'eſt le temps d'vn chacun à tout le plus
grand temps de tous: parce qu'on a pluſtoſt multiplié
que party, d'vne part : & de l'autre, que touſiours les
parties, qu'on doit prendre de l'argent, ne ſe peuuent
pas prendre, ſans qu'il n'y entreuienne des fraćtions.

PHRISON.

Celle cy eſt ſemblable: Trois ont gagné en
commun ſort 1000 eſcus: le premier a apporté
30 eſcus, pour neuf mois: le ſecond, 70 eſcus:
le troiſiéme, 100 eſcus: quelcun demande, cōbien de téps il faut que l'argent des deux derniers ſoit en la communauté, à fin que le premier ait 500 eſcus: le ſecond, 300: le troiſiéme,
200. Or parce qu'il faut multiplier le téps par
l'argét, ainſi que nous auōs declaré en la precedente queſtion, multiplie 30 eſcus par 9, ils
font 270. Maintenāt dy: 500 eſcus, que le premier prend, valent 270: combié 300, que prēd
le ſecond? Fais ſelon la reigle, il en viēdra 162.
Il faut que l'argét du ſecōd, multiplié par ſon
téps, face autant. Si donc que tu diuiſes 162
par 70, tu trouueras le temps, c'eſt à ſçauoir,
deux mois & $\frac{1}{5}$ de mois : Semblablement le
temps du troiſieſme eſt trouué 1 mois $\frac{2}{5}$.

FORCADEL.

En ceſt exemple, par les trois gains, on propoſe trois
antecedens : & par le produit de l'argent du premier

multiplié par son temps, le premier cõsequent. Doncques par deux antecedens & le consequent cogneu, on trouuera le cõsequẽt incogneu & l'antecedent qui luy respond. Comme icy, par 500, 300 antecedés, & 270 consequent, on trouue 3 fois 54. c'est à sçauoir, 162 qui est le produict de 70, multiplié par le nombre du temps qu'on cherche. Doncques 162, diuisez par 70, c'est à sçauoir, 81 par 35, font 2 $\frac{1}{3}\frac{1}{5}$ d'vn mois: & par 500, 200 les antecedens, & 270 consequent, on rouue 108, l'autre consequent: lequel party par 100, c'est à sçauoir, 27 par 25, il en vient 1 $\frac{2}{5}$:ou 108 party par 100, fait 1 $\frac{8}{100}$. qui valent 1 $\frac{2}{25}$. Et aussi par 300, 200 antecedẽs, & 162 consequent, on trouue le mesme 108 de 2 fois 54. Mais si tu dis, que 30 escus, en 9 mois, gagnent 500 escus: en combien, 70 escus gagneront 300 escus? Tu trouueras, par la seconde des deux premieres reigles de ceste troisiesme partie $\frac{8}{1}\frac{1}{5}$ c'est à sçauoir, en 2 mois $\frac{1}{1}\frac{1}{5}$: & si 30 escus en 9 mois gagnent 500 escus, en combien de temps 100 escus gagneront 200 escus: il en viendra 1 mois $\frac{2}{25}$, de $\frac{27}{25}$, &c.

PHRISON.

Douze chanoines & 20 chapellains ont à diuiser tous les ans 3000 escus, sous telle condition, qu'vn chacun chanoine en prendra 5, toutes fois & quantes que le chapellain en prendra 4: cõbien est il deu à vn chacũ? En cecy, cõme nous auõs dit parauãt, multiplie le

nombre

nombre des perſonnes par le nombre deno-
tant combien ils doiuét auoir à chacune fois,
c'eſt à ſçauoir, 12 par 5, font 60:& 20 par 4, font
80: adiouſte les enſemble, font 140. Dis maintenant, 140 donnent 3000, cõbien 60?& com
bien 80? Tu trouueras doncques pour touſ
les Chanoines 1285 eſcus ⅟7 : & pour les Chapellains 1714 ². Et la diuiſion monſtre, combien vn chacun doit auoir.

$$12 \text{ par } 5 \atop 20 \text{ par } 4 \right\} \text{font} \left\{ {60 \atop 80} \qquad {1285 \tfrac{5}{7} \atop 1714 \tfrac{2}{7}}$$

$$140 \text{——} 3000$$

$$\overset{1}{1285\tfrac{5}{7}} \Big| \ 170\tfrac{5}{7} \quad 107\tfrac{1}{7} \quad 85\tfrac{5}{7} \qquad \overset{7\tfrac{1}{7}}{1714\tfrac{2}{7}} \Big| \ 85\tfrac{5}{7}$$

$$5 \qquad\qquad 4 \qquad\qquad 10$$

$$428\tfrac{4}{7} \qquad\qquad 10$$

FORCADEL,

Quand vn Chanoine prend 5 eſcus, il eſt certain
que 12 chanoines prendront 60 eſcus: & ſi vn Preſtre en prend 4, les 20 en prendront 80. De 140 eſcus
donc, les chanoines en prênent 60: & les chapellains,
80: par ainſi de 3000 eſcus, les chanoines en prendront 1285 5/7:& les chapellains, 1714 2/7, par la dixneufieſme propoſition du cinquieſme, & 11ᵉ propoſition du 7ᵉ. Ou bien, pour trouuer la raiſon du gain de
tous les chanoines au gain de tous les chapellains, dis
que quand 12 chanoines (auec 5 eſcus pour chanoine)
gagnent quelque choſe, 20 preſtres (auec 4 eſcus pour
preſtre) gagneront tant, que le gain des chanoines au

gain des chapellains, auront vne tell: raiſon, que 12
fois 5 à 20 fois 4. Cela fait, tu diuiſeras 1285 eſcus $\frac{1}{7}$,
par 12: il en vient 107 $\frac{1}{7}$, pour vn chacun chanoine:
parce qu'il reſte 12 ſeptieſmes à partir par 12, qui ſont
$\frac{1}{7}$. Et ſi tu diuiſes 1714 $\frac{2}{7}$, par 20, tu trouueras premie-
ment 85, & de reſte 14 $\frac{2}{7}$, qui ſont 7 $\frac{1}{7}$, à partir par
10, c'eſt à ſçauoir, 50 ſeptieſmes: dont il en vient $\frac{1}{7}$:
& les deux derniers combiens ont la raiſon de 5 à 4.

PHRISON.

Titius en ſon decez, laiſſant ſa femme groſ-
ſe, luy a delaiſſé la $\frac{1}{2}$ de ſes biens, qui valoient
3600 eſcus, ſi elle enfantoit vne fille, & la tierce partie à la fille: mais ſi elle auoit vn fils, la
mere auroit la tierce partie: & le fils, la moitié:
mais elle a eu vn fils & fille à ſon enfantemēt.
On demande quelle ſera la portion d'vn chacun, à fin que le vouloir du teſtateur ſoit fait.

FORCADEL.

Quand il veut, que ſa femme ayt la moitié des biēs,
& la fille la tierce partie: il ſe doit entendre, qu'il entend, que pour vne chacune vne moitié d'eſcu, que la
mere prendra, la fille en prendra vne tierce partie.

Pour 1 eſcu doncques que la mere prendra, la fille
en prendra $\frac{2}{3}$ parties: & à chacune fois, que la fille
prendra 2 eſcus, la mere en prendra 3, c'eſt à dire, que
(la raiſon de $\frac{1}{2}$ à $\frac{1}{3}$ eſtant telle, qu'eſt de 3 à 2) il entend
que pour chacun 3 eſcus, que la mere prendra, la fille
prēdra de la reſte 2 eſcus. Ce qui ſ'entend de la mere à
la fille, ſe doit entēdre du fils à la mere: ainſi que ie l'ay

desia mōſtré en ſon endroit. Et à celle fin que ie te deſ-
charge de ce, qui te pourroit de beaucoup empeſcher,
tu dois entendre, que le teſtateur entend, que ſes biens
ſoient diuiſez en telle ſorte, que $\frac{2}{3}$, ſoit l'antecedent de
l'vn: & $\frac{2}{3}$, l'antecedent de l'autre: & tous ſes biens, la
ſomme des conſequés. Car s'il entendoit, que l'vn ayāt
pris la moitié du tout, l'autre prendra le tiers du tout
de ce qui reſte: puis l'vn la moitié, & l'autre le tiers,
&c. la diuiſion ne ſeroit iamais faite. Et s'il donnoit à
l'vn les $\frac{3}{4}$, & à l'autre le tiers, dequoy prendroit l'vn
le tiers, ou l'autre les $\frac{3}{4}$?

PHRISON.

Premierement, voy le vouloir du teſtateur,
qui a voulu, que la fille euſt la plus petite partie, & le fils la plus grande.

FORCADEL.

Par-ce que des deux raiſons la premiere ſe refere
de la mere à la fille: & l'autre, de la mere au fils: de là
vient, que l'antecedent, qui eſt ſous le nom de la mere,
doit eſtre l'entredeux: & les autres, les extremes.

PHRISON.

Cherche donc vn nombre, qui ſe puiſſe diuiſer en telles parties, qui ſont icy propoſées,
c'eſt à ſçauoir, 2 & 3: ainſi comme 6, la moitié
d'iceluy vaut 3: & le tiers, 2. Tu vois doncques
les parties de ſes biens ſe deuoir rapporter, cōme 2 & 3, c'eſt à dire, quand la fille a 2 eſcus, il
en ſera deu 3 à la mere: & ſi la mere en a 2, il en
ſera deu 3 au fils.

Les mesmes qu'a la fille quant la mere, a la mere quant le fils : parce que la raison de la mere au fils est telle, qu'est de la fille à la mere. Et par-ce, quiconques a l'vne, il a l'autre.

PHRISON.

nota Par la reigle de trois doncques, si la fille en prend 4, il en sont deuz 6 à la mere, & 9 au fils.

FORCADEL.

Par-ce que 2 & 3 sont les plus petits de la raison d'vn & demy ou de 1⅓ : il est impossible de leur trouuer vn troisiesme proportionel, par la seizicsme proposition du neufiesme liure d'Euclide. Par ainsi donc ie prens le prochain plusieurs fois de l'vn & de l'autre, c'est à sçauoir, 4 & 6 : par-ce que ie cherche la raison de 2 à 3. Que si au cõtraire estoit, il me faudroit prẽdre le triple de l'vn & de l'autre, pour pouuoir respõdre (par la dixhuictiesme dudit neufiesme) qu'auec iceux plusieurs fois y a vn troisiesme proportionnel, lequel est 9. Ou bien, ie diray que, si, alors que la fille prend deux escus, la mere en prend trois, alors que la fille prendra le prochain plusieurs fois de deux, qui est 4 la mere en prendra le prochain plusieurs fois de 3, qui est 6. Puis par-ce que 6 est le plusieurs fois de 2, ie diray pour le fils que, quand la mere en prend 2, & le fils 3 : si la mere en prend 6, le fils en prenara 9. D'auantage, pour trouuer trois nombres, desquels la raison du premier au second est comme 2 à 3, & du second au troisiesme la mesmes : est ẽs deux & 3 les plus petits, & aussi 3 & 2,

par la quatriefme propofition du huitiefme, ie multiplieray 2 & 3 par 2, & 3 par 3. feront 4, 6, & 9.
Mais ie m'aduife, que i'ay ignoré la continuation de
la raifon: dont ie m'aduife auffi, que ie pouuois, par la
feconde propofition du mefmes huitiefme, multiplier
2 & 3 premieremét par 2, et puis par 3, c'eft à fçauoir,
par l'vn et puis par l'autre, pour toufiours auoir 4, 6, 9.

PHRISON.

Tu trouueras plus facilemét ces trois nombres icy par proportion continue fefquialtere,
de laquelle nous parlerons cy apres.

FORCADEL.

Il eft certain, fi 2 donnent 3, que 3, donneront 4 $\frac{1}{2}$,
c'eft à dire, que, fi, alors que la mere prend deux efcus,
le fils en prend 3, alors que la mere prendra 3 efcus, le
fils en prendra 4 $\frac{1}{2}$. Or eft il ainfi que, quand la mere
prend 3 efcus, la fille en doit auoir 2: alors dócques que
la fille prend 2 efcus, la mere en prend 3, & le fils 4 $\frac{1}{2}$:
lefquels 2, 3, 4 $\frac{1}{2}$, doublez, font 4, 6, 9, côme au parauant, & ont la raifon mefmes des autres, tout ainfi
que les plufieurs fois, aux fimples, par la 15e propofition, que i'ay par tant de fois nommée.

PHRISON.

Il te fuffira maintenant, qu'il faut fçauoir
affigner trois nombres, f'entrefuyuans par tel-
le raifon, comme $\frac{1}{2}$ & $\frac{1}{3}$: & tels font 4, 6, 9 : car
4 font $\frac{1}{3}$ de 12, defquels 6 font $\frac{1}{2}$. Encores 6
font $\frac{1}{3}$ de 18, defquels 9 font $\frac{1}{2}$.

K iij

Si la raison de 4 à 6 est comme 2 à 3, par la 19e du
septiesme, 3 fois 4 & 2 fois 6 feront vn mesme nombre, c'est à sçauoir, 12: duquel le ⅓ est 4, par-ce qu'il
est venu de 3 fois 4 : & la moitié, 6, par-ce qu'il est
aussi venu de 2 fois 6. Encores si la raison de 6 à 9, est
comme 2 à 3: le nombre, qui se fait de 2 fois 9, ou 3
fois 6, est 18, duquel le tiers est 6, estant venu de 3
fois 6 & la moitié est 9, estant fait de 2 fois 9, &c.

PHRISON.

Iceux trouuez, fais selon la reigle de cō-
pagnie : adiouste 4, 6, 9, ils font 19. Dis, 19
prennēt 3600, cōbien en prendra 4? cōbien 6,
& combiē, 9? Et ayāt fait vne operation pour
vn chacū, ils baillerōt à la fille 757 escus ¹⁷/₁₉:&
à la mere. 1136 escus ¹⁶/₁₉ :& au fils, 1705 escus ⅑.

FORCADEL.

Ayant cogneu ce que l'vn des trois doit auoir, &
considerant que de 2 pour en faire 3, ou de 4 pour en
faire 6 de 6, 9, on adiouste la moitié à 2, à 4, & à 6:
puis apres pour faire de 3, 2, ou de 6, 4, oubien, de 9,
6, on leue le tiers de 3, de 6, & de 9, par la continuelle addition de la moitié, on cognoist les parties des
deux autres, par la 15e & 12 propositions du cinquiesme, & douziesme du septiesme: ou par la continuelle
soustraction de la tierce partie par la 15e & 19e propositions du cinquiesme & vnziesme proposition dudit septiesme : ou bien par les vnes & par les autres

on cognoiſt les parties des deux autres, par l'addition
de la moitié, & fouſtraction de la tierce partie. Et ne
fois pas eſtonné à prendre la moitié de 1 $\frac{1}{3}\frac{7}{9}$, veu qu'ils
font $\frac{1}{3}\frac{6}{9}$, dont la moitié eſt $\frac{1}{3}\frac{8}{9}$, le tiers de 1, $\frac{1}{1}\frac{1}{9}$, c'eſt
à ſçauoir, de $\frac{2}{3}\frac{4}{9}$, ſont $\frac{8}{9}$: encores de 2 $\frac{1}{3}\frac{6}{9}$, qui valent
$\frac{1}{3}\frac{4}{9}$, la tierce partie eſt $\frac{1}{3}\frac{8}{9}$ &c.

PHRISON.

On a laiſſé 7851 eſcus à trois lignées par te-
ſtament, ou par quelque autre façon que tu
voudras, & par telle condition que la premie-
re prendra $\frac{1}{2}$: l'autre, $\frac{1}{3}$, & la troiſieſme, $\frac{1}{4}$.

FORCADEL.

Il ſe doit entendre, que la premiere aura pour an-
tecedent la moitié du tout : l'autre, le tiers : & la
troiſieſme, le quart du tout : qui ont vne meſme raiſon
auec $\frac{1}{2}$, $\frac{1}{3}$, $\frac{1}{4}$: auſquelles parties ont vne meſme raiſó 6,
4, 3. Et tout cela ſe fait par la 15e & 11e propoſitions
du cinquieſme. Et par ainſi 6, 4, 3, ſeront aux lieux
des antecedens : puis 13, qui eſt leur ſomme, ſera au
lieu de la ſomme des principaux antecedens, par la
12e propoſition dudit cinquieſme. Car il eſt touſiours
beſoing de trois nombres en ces ëdroicts, c'eſt à ſçauoir
deux antecedens & vn conſequent, ou deux tous auec
l'vne des parties. PHRISON.

Celle icy eſt ſéblable à la precedëte. Pour les
parties dócques certaines il te faut eſtablir de
parties certaines de quelque nombre, qui ſe
puiſe diuiſer en ceſte ſorte, c'eſt à ſçauoir, en 2,
3, & 4. Et quand tu ne peux quelque fois trou-

K iiij

tier celuy nombre, multiplie entr'eux, ceux
que tu veux estre diuiseurs: côme, 2 par 3, font
6: iceux par 4, font 24: c'est le nôbre que nous
cherchons.

FORCADEL.

Car 24, estant nombré de 6, qui est nombré de 2 &
de 3, se partira par 2, par 3, & par 4 : & qui plus est,
le plusieurs fois du tiers de 24, se partira par 2, & par
4: le plusieurs fois de la moitié, par 3. & par 4: & le
plusieurs fois du sixiesme, par 2 & par 3, &c.

PHRISON.

Mais si de ton esprit tu en peux trouuer vn
tel, ou plus grand, ou plus petit, il n'y a point
d'interest: ainsi comme en nostre exéple proposé, 12 se peut diuiser par 2, 3, & 4. Diuise dôcques & mets pour la premiere lignee, 6, com-
me $\frac{1}{2}$: pour la seconde, 4 c'est à sçauoir, $\frac{1}{3}$ pour
la troisiéme, 3, qui sont $\frac{1}{4}$ de 12. Et auec ces par
ties icy 6, 4, 3, poursuis par la reigle de compagnie, comme dessus. Le diuiseur sera 13: & la
premiere portion, 3623 $\frac{7}{13}$: la seconde, 2415 $\frac{2}{13}$:
la tierce, 1811 $\frac{10}{13}$.

FORCADEL.

Ayant la premiere portion, la moitié est la troisies-
me: & de ceste le tiers plus, ou de l'autre le tiers moins,
est la seconde, &c.

PHRISON.

Quatre ont basty des maisons pour 3000 es-
cus: le premier en baille $\frac{1}{2}$ auec 6 escus: le se-

ʠond, ⸶ auec 1 2 eſcus: le troiſieſme, 8 eſcus
moins que ⸶ : le quatrieſme, ⸶ auec 2 0 eſcus.
Combien payent vn chacun?

FORCADEL.

Combien que i'aye deſia eſcrit ceſte cauſe en mes li-
ures d'Arithmetique, ie ne laiſſeray pas toute fois de
dire, que ceſte queſtion ſe doit entendre propoſee ainſi:
Quatre ont baſty des maiſons, là où ils penſoient tant
ſeulement deſtenare vne certaine ſomme qui eſt enclo-
ſe en 3000 eſcus: de laquelle & de 8 eſcus plus, le pre-
mier en baille la moitié, pour ſon antecedēt: le ſecond,
le tiers: le troiſieſme, ²/₄, il s'en faut leſdits 8 eſcus : &
le quatrieſme, le quart. Mais on leur dit que ledit ba-
ſtiment couſte 38 eſcus d'auātage, deſquels, pour n'in-
terrompre la bonne affection, du troiſieſme, le premier
eſt content d'en bailler 6 eſcus: 12: & le quatrieſme,
20 eſcus. Le reſte eſt facile, &c.

PHRISON.

En tels exéples, premierement oſte de la ſó-
me à diuiſer ce, qui eſt outre les portions eſta-
blies, & ce, qui deffaut, adiouſte le: comme,
pour le premier, oſte 6: pour le ſecond, 12: &
pour le quatrieſme, 20 : la ſomme de ceux-cy
vaut 3 8 eſcus : mais adiouſte 8, pour le tiers,
Oſte doncqnes 38 de 3000, reſtent 29 62: auſquels de rechef adiouſte 8, font 2970.

FORCADEL.

Le nombre enclos auec 8 & 38, font 3308 : duquel
qui en leue 38, il reſte 2670: ou bien, 38 moins 8, font

30, lesquels souſtraits de 3000, il reſte 2970, à diui-
ſer ſelon les antecedens, $\frac{1}{2}$, $\frac{1}{3}$, $\frac{2}{3}$, $\frac{3}{4}$.

PHRISON.

Diuiſe ceſte ſomme par la reigle de compagnie, ainſi que i'ay enſeigné en la precedente,
cherchât vn nombre qui ſe puiſſe diuiſer par
2, 3, & 4, c'eſt à ſçauoir, 12, en mettant, pour le
premier, 6: pour le ſecond, 4: pour le troiſieſme, 8: pour le quatrieſme, 3: leſquels adiouſtez
enſemble, font 21: ceſtuy ſera le diuiſeur, & le
premier nombre: le milieu, 2970: le troiſiéme,
6, 4, 8, 3. Tu trouueras en ceſte ſorte, pour le
premier, 848 $\frac{4}{7}$: pour le ſecond, 565 $\frac{5}{7}$: pour le
troiſieſme, 1131 $\frac{3}{7}$: pour le quatrieſme, 424 $\frac{2}{7}$.
Mais maintenant adiouſte au premier ſes 6,
font 854 $\frac{4}{7}$: encores au ſecõd, 12, font 577 $\frac{5}{7}$: &
oſte au troiſieſme, 8 eſcus, reſtent 1123 $\frac{3}{7}$: adiou
ſte 20, au quatrieſme, il en viét 444 $\frac{2}{7}$. la ſomme d'iceux fait 3 0 0 0 eſcus, qui eſtoit la ſomme à diuiſer.

6	848 $\frac{4}{7}$ auec 6 ———	854 $\frac{4}{7}$
4	565 $\frac{5}{7}$ auec 12 ———	577 $\frac{5}{7}$
8	font 1131 $\frac{3}{7}$ leue 8 ———	1123 $\frac{3}{7}$
3	424 $\frac{2}{7}$ auec 20 ———	444 $\frac{2}{7}$
21 ——2970		3000

pour le quatriéme 424 $\frac{2}{7}$ par 2, pour le premier
$$141 \frac{3}{7}$$
pour le ſecond, 565 $\frac{5}{7}$ par 2, pour le troiſieſme.

Il y en a aucuns toutesfois, qui procedent

Icy autrement, en oſtant & adiouſtant, non pas à la ſomme qu'il faut diuiſer, mais aux parties propoſees d'vn chacun. Mais ie pourrois icy demonſtrer telle raiſon eſtre fauſſe, ſinon qu'il ſeroit trop long : comme facilemét il appert, en poſant d'autres nombres, ou plus grands, ou plus petits, pour vn chacun.

FORCADEL.

La premiere choſe, qui monſtreroit leur raiſon eſtre fauſſe en ceſt exéple, eſt, que le troiſieſme ne payeroit rien : parquoy en vain ſe feroit il mis en ieu.

La ſeconde eſt, que, ſ ils prennent des nombres plus grands que douze, à celle fin que le troiſieſme ſoit en ieu, comme 36 & 24, il en viendroit, pour l'vn, 24, 24, 16, 29 : & pour l'autre, 18, 20, 8, 26 : ſelon la raiſon deſquels qui diuiſe 3000 eſcus, il trouue d'vne part d' vn, & de l'autre d'autre : parce que les raiſons de 24 à 18, de 24 à 20, & de 29 à 26, ſont plus petites, que la raiſon de 36 à 24, par la 4ᵉ propoſition du premier liure de Vitellion : & la raiſon de 16 à 8 eſt plus grãde, que de 36 à 24, par la propoſition cy apres : de laquelle nous ferons la demonſtration, pour nous en ayder tant icy, qu'en la reigle de faux.

Si de deux lignes inegales, deſquelles la raiſon eſt cogneuë, on leue deux lignes egales : la raiſon des reſtes, ſera plus grande, que des tous.

Des lignes a.b, & c.d, ſoient couppees les lignes e.b, & f.d, par la troiſieſme propoſition du premier liure d'Euclide.

Puis à la ligne e. b, ſoit trouuee la ligne f. g, en la raiſon de a. b, à c. d, par la 12ᵉ propoſitiō du ſixieſme, & troiſiemᵉ prepoſition du premier.

Par la dixneuſieſme propoſition du 5ᵉ, la raiſon de a. e, à c. g, ſera telle que de a. b, à c. d: par la 8ᵉ propoſition du cinquiénne, la raiſon, de a. e, à c. f, eſt plus grãde, que de a. e, à c. g: plus grande doncques, que de a. b, à c. d, par la treizieſme propoſition du cinquieſme.

$$a \rule{6cm}{0.4pt} \overset{e}{} b$$

$$c \rule{3cm}{0.4pt} d$$

$$f \quad g$$

La troiſieſme choſe eſt, que, s'ils diſent, que les parties, les plus, & les moins, ſe doiuent prendre ſur le nombre meſmes à diuiſer: il s'enſuyuroit, que du nombre moindre à 12, le 3 auroit moins que rien, de 12 rien: & des autres, tous en auroient maintenant d'vn, maintenant d'autre, comme il eſt dit.

PHRISON.

Trois ont à partir 450 eſcus, en ſorte que le premier prêne $\frac{1}{2}$ & $\frac{1}{3}$: le ſecōd, $\frac{1}{3}$ & $\frac{1}{4}$: le troiſieſme, $\frac{1}{4}$ & $\frac{1}{5}$: combien prendront ils chacun?

FORCADEL.

$\frac{1}{2}$ & $\frac{1}{3}$ font $\frac{5}{6}$, de 2 & 3, & 2 fois 3: $\frac{1}{3}$ & $\frac{1}{4}$ font $\frac{7}{12}$, de 3 & 4, 3 fois 4: $\frac{1}{4}$ & $\frac{1}{5}$, font $\frac{9}{20}$, de 4 & 5, & de 4 fois 5.

PHRISON.

Premieremēt adiouſte les parties d'vn cha-

eun, c'est à sçauoir, $\frac{1}{2}$ & $\frac{1}{3}$ font $\frac{5}{6}$, pour le premier : pour le second, $\frac{7}{12}$: pour le troisiesme,
$\frac{2}{10}$. Cherche maintenant vn nombre, qui se
diuise par 6, 12, & 20, c'est à sçauoir, 60 : les $\frac{5}{6}$
de cestuy cy sont 50 : ce que tu cognoistras, en
diuisant iceluy nombre inuété, c'est à sçauoir,
60, par le denominateur, & multipliãt le pro-
duit par le numerateur, $\frac{7}{12}$ valét 35, $\frac{9}{20}$ valét 27.
Procede auec iceux, par la reigle de cõpagnie :
le premier, aura 200 $\frac{10}{56}$: le second 140 $\frac{11}{56}$: le
troisiesme 108, $\frac{27}{56}$.

60

$$
\begin{array}{llll}
& & & \not{50} \quad 25 \\
\frac{1}{2} \& \frac{1}{3} & \frac{1}{6} & 50\text{---}200 & \not{56} \quad 28 \\
\frac{1}{3} \& \frac{1}{4} \text{ font } & \frac{7}{12} \text{ font } 35\text{---}140 & \not{3}\not{5} \quad 5 & 112|2 \\
& & & \not{56} \quad 8 \quad 56| \\
\frac{1}{4} \& \frac{1}{5} & \frac{9}{20} & 27\text{---}108 & \frac{27}{56} \\
\end{array}
$$

112---450..

11250

13500

2250

15750

13500

1350

12150

11250|200$\frac{10}{56}$ 223   2227|

56   7875|140$\frac{1}{2}$ 6478|108$\frac{27}{56}$

566   5456|

8

Vn chacun pourra feindre plusieurs exemples à la similitude de ceux-cy, & souldre les
doutes, tels que sont ceux, qui appartiennent
à la reigle d'alligation (ainsi qu'ils l'appellent)
laquelle nous expliquerous par aucuns briefs
exemples.

LA REIGLE D'ALLIGATION.

VN tauernier a de quatre sortes de vin:
la mesure du 1, vaut 7 gros: du second, 9
gros: du 3e. 10 gros: & le pris du 4e, est 12 gros.
Il veut mesler de ces quatre sortes 300 mesures, par tel si, qu'vne chacune vaudra 11 gros.
Il demáde, combié il doit prédre d'vn chacú.
A finque tu puisses entendre ceste chose plus
facillement, fains premierement deux sortes
devin deuoir estre meslées ensemble à vn pris
constitué. Que si l'vn des deux genres surmó-
te de valeur le pris constitué, d'autát que l'autre est au dessous, alors en prenant autant de
l'vn que de l'autre, ils feront le pris constitué.

FORCADEL.

De tous les trois nombres inegaux, celuy du milieu
estant moindre que l'vn, & plus grand que l'autre, ou
bien, il est la moitié des deux autres, ou plus, ou moins.
Quand il est la moitié, alors ils sont en progressió continuelle Arithmetique: par ce que (cóme nous auons
veu apres la diuision) les differences sont egales.
Parquoy en prenant vne fois l'vn, vne fois l'autre
extreme, on a deux fois le moyen: 2 fois l'vn, & 2 fois

l'autre, on a 4 fois le moyen, tousiours le double des fois qu'on prend les deux extremes. Les differeces dôc-ques, estans egales, monstrent que les extremes prins chacun par autant de fois, & les produicts adioustez ensemble, font autant de fois le milieu, qu'est le double de l'vne: comme de 4,7,10, la difference de l'vn à l'au-tre est 3: qui monstre, qu'autant quatre auec autât dix, c'est à sçauoir, 1 fois 4, & 1 fois 10, font 2 fois 7: 5 fois 4, & 5 fois 10, font 10 fois 7: doncques 3 fois 4, & 3 fois 10, feront 6 fois 7. Voila comment par vn plus grand & vn plus petit adioustez ensemble, on trouue l'egal à tous les deux: & comme 3 fois 4, c'est à sça-uoir, 3 quatres, & 3 fois 10, c'est à sçauoir, 3 dix, sone aloyez à leur droit milieu, 6 fois 7, c'est à sçauoir, 6 septs: qui vaut autant comme disant, que de deux plâs estans continuez sur vne mesme ligne droicte decimes inegales, se fait vn plâ sur la mesme base & de moyê-ne cime, qui leur est egal & enclos par tout côme les autres.

PHRISON.

Mais si le pris d'vn vin surmonte deux fois autant le pris constitué, d'autant que l'autre est surmonté: alors il faudroit mesler deux me-sures du moindre vin auec vne mesure du plus cher, à fin que l'excez recompense ce qui def-faut. E de là vient, que, selon la proportion de l'excez ou du deffaut, il faut mesler diuerses mesures de vins, & permutablemét, ainsi que la raison maintenant proposee l'enseigne.

Quand le nombre du milieu est plus grand que la
moitié des deux autres, alors la distance de luy au plus
grand, est plus petite, que la distãce du plus petit à luy:
car si la difference du plus grand au moyen estoit egale à l'autre, le plus grand auec le plus petit seroient le
double du moyen. Estant donc plus petite, ils seroient
moins q̃ le double de la differẽce des differẽces. Et par
ainsi, de 4,9,12:3 fois 4, & 3 fois 12, seront plus petits, que 6 fois 9, de 6, c'est à sçauoir, de la difference
des differences multipliée par la difference des deux
plus grands. Et parce qu'icelle difference des differences multipliée par le plus grand, fait autant de moyẽs,
& ledit 6, à 3 fois 12 qui adiouste 2 fois 12, font 5 fois
12, le produict de la differẽce des plus petits par le plus
grand: ausquels qui adiouste 3 fois 4, le produict de la
differẽce des plus grãds par le plus petit, font 6 fois 9,
& 2 fois 9, c'est à sçauoir, 8 fois 9, par la premiere du
secõd d'Euclide, ce sont autãt de fois 9, qui est le moyẽ
que monstrent les differẽces des plus petits & des plus
grands adioustées ensemble, pour auoir ledit rectangle ou plan enclos par tout, fait des autres plans, qui
faisoient vn plan difforme.

Quand le nombre du milieu est moindre, que la
moitié des deux autres, alors la distance du moyen au
plus grand est plus grande, que la difference de luy au
plus petit: car si elle estoit egale, les deux ensemble seroient le double: & estant plus grande, ils seront plus
que le double de la difference des differences : comme,

de 4,

le 4,7, 12,1 fois 4, & vne fois 12 excedera 2 fois 7
de 2: d'où vient, que 2 fois 4, & 2 fois 12, excederont
4 fois 7, de 4: & 3 fois 4, auec 3 fois 12, excederont 6
fois 7, de 6, c'est à sçauoir, du produict de la difference
des differences, multipliee par le nombre, qui multiplie
les deux extremes: laquelle multipliant le plus petit 4,
à cause qu'elle a multiplié la distace d'iceluy au moyē,
fait 2 fois 4, c'est à sçauoir, 8: qui adioustez à 6, ferōt
2 fois 7, c'est à sçauoir, 14, autant de fois le moyē, par
ladite premiere proposition du second. A 3 fois 4 dōcques qui adiouste 2 fois 4, il a cinq fois 4, qui est le
produict de la difference des plus grands par le moindre: lesquels adioustez auec 3 fois 12, c'est à sçauoir, la
difference des plus petits par le plus grand, font huict
fois sept, autant de milieux, que monstrent les differē-
ces des plus petits & des plus grands adioustez ensemble, pour tousiours auoir ledit rectangle, dont la cime
est la moyenne. Dont s'ensuit la demonstration.

Sur la partie b.c, de la ligne a.b, fais le rectangle
d e.f, duquel la cime soit g, pour la plus grande.

Et sur l'autre partie a.c, fais le rectangle h, duquel la cime soit i, pour la plus petite.

Encores par la cime g, fais le rectangle i.k, & e-
stends la cime iusques à l, tirant le diametre k. l, qui
trouue la moyenne cime m, par laquelle tu feras passer
la ligne n.m.o.

Icelle fait le plan n.i, egal à g.o, par la quarante-
troisiesme proposition du premier: & par la premiere
cōmune sentence du mesmes, n.b, estāt sous la moyēne

L

cime, est egal à h, auec d. e. f.

Cela fait, voy les deux triangles semblables k.n.m,
& m.i.l, par la premiere diffinition, & quatriesme
proposition du sixiesme, ou par la vingt-vniesme proposition du mesmes, en considerãt le triangle k.p.l, qui
font la raison de k.n, à m.i, telle, comme de a.c, à c.b.
Dõcques cc, qui se fait par a.c, & par c.b, se fait aussi
par k.n, & par m.i, differéces alternes ou permutees:
car k.n, tenant le lieu de a.c, qui est la base de la plus
petite cime, est la difference, de la plus grãde à la moy-
tié : & m.i, tenant le lieu de c. b, qui est la base de la
plus grande cime, est la difference de la moyenne à
la plus petite.

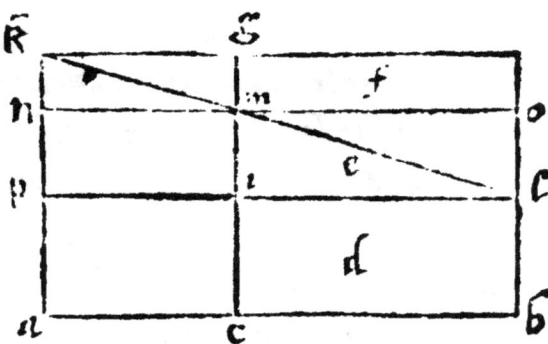

Ie diray doncques de ces trois nombres 4, 7, 10,
que pour aloyer les deux au moyen, il faut prendre 3
de l'vn, & 3 de l'autre: car en prenant trois dix, on
prend trois septs, & 3 trois : lesquels adioustez auec 3
quatres, font 3 septs, qui, auec les autres trois, font six
septs.

3 fois 10		4 3———12
3 fois 7	& 3 fois 3	7
3 fois 7	3 fois 4	10 3———30
6 fois 7	3 fois 7	6　　42

Et par ces trois nombres 4, 9, 12, ie pourray dire,
que celuy, qui prend cinq douzes & 3 quatres, il en
fait 8 neufs: car 5 douzes valent 5 neufs: & 5 trois,
qui valent 3 cinqs, par la seiziesme proposition du septiesme: ausquels qui adiouste 3 quatres, font 3 neufs,
qui adioustez à 5 fois 9, font 8 fois 9.

| 4 3———12 5 fois 12 |
| 9　　　5 fois 9, & 5 fois 3, doncques 3 fois 5 |
| 12 5———60　3 fois 9　　　3 fois 4 |
| 8———72　8 fois 9.　　　3 fois 9 |

Encores par ces trois nombres 4, 7, 12, si on prend
3 fois 12, & 5 fois 4, on trouve 8 septs : car 3 douzes
valent 3 septs & 3 cinqs, & par ainsi 5 trois: lesquels
adioustez auec 5 quatres, font 5 septs: qui adioustez a-
uec 3 septs font 8 septs. Tout cela se fait par la premiere proposition du second, premiere & douziesme
du cinquiesme, & douziesme du septiesme, &c.

| 4 5———20 3 fois 12 |
| 7　　　3 fois 7 & 3 fois 5, doncques 5 fois 3 |
| 12 3———36 5 fois 7　　　5 fois 4 |
| 8　　5 6 8 fois 7.　　　5 fois 7 |

Il reste maintenant à demonstrer l'alligatio de plus
que deux nombres inegaux à vn autre, lequel soit
plus petit qu'vn des nombres qu'on veut aloyer, &

plus grand qu'vn autre desdits nombres : c'est à dire,
que le nombre à quoy on veut aloyer, soit milieu ou
moyen comme dessus, entre deux des nombres proposez : comme si l'alligation de 4,7,12 à 9, est proposée,
premierement de 4 & 12 à 9, il faut prendre trois
quatres & 5 douzes qui font 8 neufs : puis apres, par-
ce que 12 est tousiours le plus grand, de 7 & 12 à
9, l'alligation se fait par 3 sept, & 2 douzes, qui font 5
fois 9. Or est il ainsi, que 5 fois 9, & 8 fois 9, par la
premiere & douzieme du cinquiesme, & douziesme,
propsitions du septiesme sōt 13 fois 9 ou bien ils sōt les
mesmes : par la premiere du sixiesme & seiziesme propositions, du cinquiesme, en trāsformant les plans en
lignes : dōques 3 quatres, 3 sept, & cinq douzes auec 2
douzes, qui font 7 douzes, feront 13 fois 9, &c. dont
s'ensuit.

$$
\begin{array}{ccccc}
& 4, 3 & 3 \text{ à } 4 & & 3 \text{ à } 4 \\
9 & 7, 3 & & 3 \text{ à } 7 & 3 \text{ à } 7 \\
& 12, 5, 2, & 5 \text{ à } 12 & 2 \text{ à } 12 & 7 \text{ à } 12 \\
& & 8 \text{ à } 9 \text{ auec } 5 \text{ à } 9 & & 13 \text{ à } 9 \\
& & 13 \text{ à } 9 & &
\end{array}
$$

PHRISON.

Et de là telle reigle en est tirée. Mets par ordre le pris des vins, ainsi que tu vois en l'exéple, en cōmençāt des plus petits au plus grāds
& escris deuāt iceux le pris du vī meslé, lequel
nous appellons en ce lieu icy le milieu, cōbien
que vrayement il ne soit pas le milieu.

Quand deux quantitez se regardent à vne, icelle
se nomme la moyenne.

PHRISON.

En apres confere vn chacun moindre pris
& le plus grand au milieu, en forte que tu ef-
criues l'xcés du milieu au moindre, au cofté
du plus grád:& l'excés du plus grád au moyé
à cofté du plus petit. Comme en noftre exemple, parce qu'il y a tát feulemét vn pris plus
grand, tu eferiras au cofté d'iceluy tous les
excésqui font du moyen à tous les plus petits:
& à vn chacú des moindresles mefmes excés,
ceft à fçauoir, du plus grand au moyen. Lefquelles chofes faictes, adioufte tous les excés
en vne fomme, tout ainfi qu'en la reigle de fo
cieté:&ce nombre là fera le premier de la reigle,& diuifeur: le moyen, le nombre des me-
fures qui doiuent eftre meflées :& les troifiefmes, feront les differences d'vn chacum, ainfi
qu'elles font eferites. Et f'il y a plufieurs differences à vn mefme nóbre, qu'elles foient adiouftées, ainfi comme en la figure qui fenfuit.

L iij

Differences.

7.	I	I———————30
9.	I	I———·——30
Moyen.11. 10.	I	I————30
12.	4, 2, 1 7	7————2'0

La fôme 10 dônent 300.

FORCADEL.

Ainſi que nous auons veu, les differences ont les
raiſôs des baſes. Si dôcqnes elles ſôt egales à la quan-
tité des baſes donnée, elles meſmes ſerant le nom-
bre des meſures, qui doiuent eſtre meſiées: ſi non, elles
ſeront les antecedens : & lenombre des meſures,
qu'on demande, ſera la ſomme des conſequens.

PHRISON.

Combien faudra il prendre de vin, du quel
la meſure vaut 8 gros, & combien de celuy
qui vaut 11 gros, à fin qu'vne meſure vaille 9
gros? fais ſelon la reigle.

8.	2	$\frac{2}{3}$
9 differences		
11	1	$\frac{1}{3}$

la ſomme 3 dônent 1 combien 2 &
combien 1

Quelcun veut acheter, auec 200 eſcus, 400
liures de diuerſes ſortes d'eſpicerie, c'eſt à ſçauoir, d'amendes, de figues, de gingembre,
poiure, noix muſcades, & ſaffran.

La queſtion eſt, combien il prendra de liures d'vne chacune ſorte, à fin que pour 200

escus, il en ayt 400 liures. Premierement il faut chercher le pris d'vne liure, pour le nombre du milieu, en ceste sorte : dy, 400 liures valét 200 escus ou carolins : combien 1 liure? il en vient ½ escu carolin, ou dix stufers, tels que les 20 font vn escu carolin, en la mode de la monnoye de Braban.

FORCADEL.

Il se doit premierement donner en la proposition les pris des liures particulieres, qu'il entend estre six carolins pour vne liure de figues: 7 carolins, pour la liure des amendes: 9 pour la liure de gingembre: vnze carolins, pour la liure de poiure : 12 carolins, pour la liure de noix : & 16 carolins, pour vne liure de saffran.

PHRISON.

Puis apres escris le pris de chacune, les ayant tous reduicts à vne mesme monnoye.

FORCADEL.

Cela veut dire, que depuis qu'vne chacune liure, l'vne portant l'autre, doit conster 10 carolins, il faut reduire les pris des liures particulieremét en carolins, &c.

PHRISON.

En apres soit faite vne colligation du plus grand & du plus petit pris, &c. comme nous auons enseigné en la precedente question.

	6 figues	1,6	7	$87\frac{1}{3}$
	7 amandes	6,2	8	100
10	9 gingembre	2.	2	25
	11 poiure	4.	4	50
	12 noix	1,3	4	50
	16 faffran	4,3	7	$87\frac{1}{2}$

le pris de 1 liure. les differences. la fomme 32 donnent 400, combien 7, &c.

Mais ie veux que perfône ne doute, que ce-fte mefme queftió peut eftre expliquee aucu-nesfois en diuerfes manieres, quand diuerfe-ment nous aloyôs les plus petits auec les plus grás au milieu, cóme en la precedéte queftió.

	6.1,2,6.	6.1
	7.1,2.6.	7.2
le moyé	9. 1,2,6. la fô. 51. ou aîfi, 10	9.6 la fô. 17
10	11,4 3.1	11.4
	12.4,3,1	12.3
	16.4,3,1	16.1
		l'excez

Encores	6.6	6.2
	7.2	7.1
	9.1	9.6
10	11. 1 la fôme 17. ou ainfi, 10	11.3 &c.
	12.3	12.4
	16.4	16. 1
	les differences.	les difforéces.

FORCADEL.

La premiere de ces quatre sortes est la plus composee, parce qu'vnchacun plus petit s'aloye auec tous les plus grands, au moyen: & aussi, vnchacun plus grand auec tous les plus petits. Des autres trois, celle dessous se fait plus facilement, parce que tous les deux extremes s'aloyent au moyen.

PHRISON.

Et aussi il y a presques infinies semblables manieres. Ce pendant tu auras en memoire, qu'vn chacú nombre soit aloyé vne fois pour le moins, combien que toutesfois il puisse estre plusieurs fois accóparé à plusieurs : mais ie laisse telles manieres de faire à l'esprit de ceux qui apprénent. Ce que nous auons proposé aux choses liquides & espiceries, le mesme aduient en meslant les metaux. Et aussi il n'y a aucune diuersité d'operation: cóme si vn orfeure a 100 liures d'argét, desquelles vne liure vaille 17 escus : & vne autre masse, de laquelle vne liure vaille 24 escus. Il doute combien d'argét de l'autre masse il doit adiouster à la premiere, àfin qu'vne liure vaille 22 escus.

	24	5	250
Premieremét aloye 22		l'excez	
	17	2	100
		7	350
		5?	5/7
La somme 7 donnent 1: combien			fait
	2?		2/7

Dis maintenant par la reigle trescogneuë
2 liures du premier argent, ont bosoing de 5
liures du second : combien en desirent 100 liures? fait 250.

FORCADEL.

Par les differences 5, & 2, en la premiere figure il
faut entendre qu'auec 2 liures à 17 escus, il faut mef-
ler 5 liures à 24 escus, pour auoir 7 liures à 22 escus:
ou bien, que s'il n'auoit que deux liures à 17 escus, il
luy faudroit prendre cinq liures à 24 escus: mais il en
a 100: doncques il peut aussi dire, que si deux reuien-
nent à 100, ou si au lieu de 2 est 100, qui sera, ou qui
reuiendra au lieu de 5? Cela se fait par les deux ante-
cedens, & vn consequent, & aussi se peut faire par
tous les antecedens, le petit antecedent, & le conse-
quent: disant que, si deux font 7, 100 seront 350: du-
quel qui leue 100, il reste 250. En la seconde figure, il
faut entendre que, s'il vouloit tant seulement auoir
vne liure meslee pour $\frac{5}{7}$ de liure, qu'il prendra du plus
grand, il luy faut prendre $\frac{2}{7}$ de liure du plus petit. Et
de cela vient que, tout ainsi que 5 sont le double auec
la moitié de 2, à cause que 2 en sont les $\frac{2}{5}$, & que de
deux pour en faire 5, il faut prendre encores deux &
la moitié de 2: aussi le nombre qu'on cherche, est le dou-
ble auec la moitié de 100, c'est à sçauoir, 250.

La preuue.

PHRISON.

La preuue de ceste reigle est: Si tu multiplies
le nombre colligé d'vne chacune chose par le

pris d'icelle mesme chose, & adioustes la somme, il en viendra la somme de l'argét premierement constituee.

FORCADEL.

Cela veut dire, que 350 liures, à 22 escus, valent
7700 escus: encores 250 liures, à 24 escus, valent
6000 escus: & 100 liures, à 17 escus, valent 1700
escus. Doncques ils font le faits 7700 escus: qui monstre que l'alligation est bien faite.

250 à 24	6000
100 à 17	1700
350 à 22	7700
350	
7700.	

Mais ie m'aduise qu'en cest endroit ie puis donner
quelque soulagement à vne partie, c'est à sçauoir, à
ceux, qui suyuent l'estude des Mathematiques: en asseurant l'autre (qui sont ceux, qui suyuent l'estat des
monnoyes, & la trafficque des alligations) que de ceste partie i'en pourrois escrire & demonstrer plusieurs
liures, tant sur les essaiz, fins d'or, d'argent, du billon
doré, que sur les aloyages & deneraux, autant briefuement & facilement, qu'il est possible. Ce que ie re-
serue au temps de quelque bonne occasion. Si nostre orfeure doncques (& ce sera pour ceste cy) disoit qu'il a
100 marcs d'or à 17 karats, qu'il veut aloyer à 22 karats, & demande combien il doit prédre d'or auec lesdits 100 marcs : quand ie dis d'or, il se doit entendre à 24 karats: car tout ainsi que pour le mot de billó

i'entens non fin, & pour le mot d'argent ie l'entẽs à 12
deniers d'aloy, c'est à sçauoir, à vn sols de fin: aussi pour,
d'or à, i'entẽs d'or nõ fin: & pour, d'or, ie l'entẽs à 24 ka
rats, qu'on peut dire vne liure. Alors en faisant
comme de ssus on trouue qu'il doit prendre 250 marcs
d'or auec le dits 100 marcs: & ainsi, il aura 350
marcs d'or à 22 karats: dont la façon d'en faire l'espreuue d'autre sorte, se verra cy apres. Et par ce qu'il
dit, qu'il a 100 liures d'argent, il faut entendre qu'il
ayt 100 marcs de billon à 8 den. d'aloy & qu'il veut
sçauoir cõbien il prẽdra d'argẽt auec iceux, pour auoir
le billõ qu'il aura, à 11 den. car pourautãt de marcs il
aura autant de liures. Alors les differences estant 1
& 2 ½, monstrent, que pour vn marc de billon à 8 deniers ½, il doit prẽdre 2 marcs ½ d'argẽt. Pour 2 dõques
il en doit prendre 5. & pour 100, 250. Et qu'il soit
ainsi, 350 marcs à 11 deniers valent 3850 deniers:
250 sols (que i'entens sols de de fin) val nt 3000 deniers: & 100 fais 8 ½, font 850: lesquels auec 3000
deniers, font lesdits 3850 deniers, de sols de fin, ou
de fin. Tu peux dire encores, que 350 marcs de billon, à 11 deniers, poisent, ou tiennent, (ainsi que tu
le voudras dire) 320 marcs 6 onces 16 deniers d'argent, & tiennent 320 sols 10 deniers, c'est à dire, les
⅔ ⅟ de 350 marcs, ou de 350 sols de fin, c'est à sçauoir,
le tout, il s'en faut le douziesme: puis apres, que 100
marcs de billon, à 8 deniers ½, poisent, ou tiennent
les ½ ⅟₄ de 100 marcs d'argent, ou de 100 sols, qui est,
autant qu'en prendre la moitié, le tiers de la moitié,

le quart du tiers de la moitié, & adiouster ces parties là enfemble:ou bien, le tiers, puis autant, & le
fixiefme du tiers,& adiouster ces parties là enfemble,
qui font 70 marcs 6 onces 16 deniers d'argent : &
tiennent 70 fols 10 deniers: lefquels adiouftez auec
250 marcs d'argent, ceux-là,& ceux-cy, auecques
250 fols, ils font lefdits 320 marcs 6 onces 16
deniers, ou 320 fols 10 deniers. La mefme effreuue fe
peut faire à l'or : car 350 marcs d'or, à 22 karats,
poifent 320 marcs 6 onces 16 deniers, & tiennent
320 liures 20 karats: ou 320 marcs 20 karats:&
100 marcs d'or, à 17 karats, poifent 70 marcs
6 onces 16 deniers , & tiennent 70 liures 20
karats: lefquels adiouftez auec 250 marcs d'or, ceux
là, & auec 250 liures,ceux cy, font lefdits nombres
320 marcs 6 onces 16 deniers, & 320 liures 20
karats.

Venant maintenant au foulagement de celle partie,
à la quelle ie dois,conme ie veux, tout mon eftude : il
cõuiĕtent ĕdre,que par la cognoiff ce d'vnor & d'vn
autre(& le féblable fe doit entendre d'vn& d'vn autre argent) on peut auoir la cognoiffance de la 3e &
4e diffinitions du cinquiefme liure d'Euclide, en cefte
maniere. La premiere des deux,c'eft à fçauoir,la troifiefme dit: La comparaifon de deux grandeurs de mefme genre l'vne à l'autre,felon la quantité,fe nomme
raifon.

Cõme fi on me demãde quelle raifon il y a d'vn hõme à vn hõme,de ceftui cy,qui vaut,ou a vaillãt 100

fois cent efcus, à ceſtuy là, qui a vaillant, ou vaut 25
cens efcus: il ſont de meſme genre, mais de quantité
les biẽs de l'vn côtiennent 4 foisles biẽs de l'autre. Par
quoy ie pourray dire, q̃ la raiſon de l'vn à l'autre, eſt
de 4 fois autant, ou bien quatruple. Sẽblablement, à
qui me demandera la raiſon d'vn marc d'or, à vn
marc d'or à 18 karats:ils ſont d'vn meſme genre:&
de quantité, l'vn eſt 4 deux onces, & l'autre 3 deux
onces, c'eſt à dire qu'vn marc d'or fait 8 onces, ou poiſe
autant, ou il fait 4 quarts d'or, & l'autre marc vaut
les $\frac{3}{4}$ d'vn marc d'or, ou poiſe 6 onces d'or : dont la
raiſon de l'vn à l'autre eſt 1 $\frac{2}{3}$ d'autant, que nous diſons ſeſquitierce.

Il s'enſuit la demonſtration.

Le marc d'or eſt la ligne droiĉte a. b.

Le marc d'or à 18 karats eſt la ligne droiĉte c, d, ega-
le à a. b, dont les $\frac{3}{4}$ eſt la ligne ou partie c.e. à laquelle
a.b. & c. d, ont vne meſme raiſon, par la ſeptieſme
propoſition du cinquieſme.

En a. b ſoit prinſe la partie a. f, egale à c. e, par la
troiſieſme propoſition du premier.

Ainſi a.b. à a f, c'eſt à ſçauoir, à c. d, eſt comme c. d,
à c. e, de laquelle la denomination eſt $\frac{1}{3}$, ou 1 $\frac{2}{3}$, &
auſſi de l'autre.

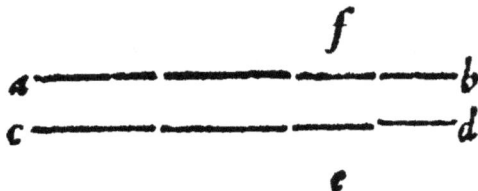

$$a \overline{\qquad\qquad\overset{f}{}\qquad\qquad} b$$
$$c \overline{\qquad\qquad\qquad\qquad} d$$
$$e$$

Ainſi d'vn marc d'or à 12 karats, à vn marc d'or à

18 karats, la raison seroit telle, qu'est de 2 à 3 : car si
de trois lignes, d'esquelles les extremes soient les deux
sortes d'or, & l'autre 1 marc d'or, on prend sur la moyenne les parties de l'or qui y est enclos, l'vne en prend
la moitié, c'est à sçauoir ¼ : & l'autre ⅖ : qui sont pour
l'vne 2 parties, alors que pour l'autre 3, &c.

La quatriesme diffinition.

Les grandeurs, qui se disent auoir raison l'vne à
l'autre, sont celles, qui, estans multipliées, se surmontent l'vne l'autre.

Vn chacun me dira volontiers, ou bien le m'accordera, que si deux metaux sont aloyez ensemble, d'autant moins qu'il y aura de l'vn, d'autant plus se trans-
formera il à l'autre : telement que d'autant plus qu'il
sera enueloppé de l'autre, d'autant sera il plus difficile
de l'en retirer.

Puis apres que, tout ainsi qu'vn angle est dit plus
petit, que le plus petit, quand la diuision cesse, comme se voit par la seiziesme proposition du troisiesme,
de l'angle contingent : aussi vn or est estimé plus petit,
que le plus petit or, quand estant mesté auec quelque
autre metal, n'est non plus estimé que ledit metal,
par-ce qu'en l'en voulant departir, la despense est plus
grande, que la valeur d'iceluy Et semblablement vn
argent est estimé plus petit que le plus petit, quand la
despense, au depart, est plus grande, que luy.

Si maintenant on me demande, quelle raison il y a d'vn
marc d'or (& ce qui se dit de l'or, se doit aussi entendre de
l'argent) à vn marc d'or, à la 4608e partie d'vn karat :

alors ne confiderant pas la feparation, ie pourray dire
par cefte diffinition, qu'il n'en y a point, tant pour la
force de l'enueloppement, que auſſi parce qu'vn marc
d'or à la 4608e partie d'vn karat, eſtant multiplié par
tãt de fois qu'on voudra, ne ſçauroit exceder vn marc
d'or: par-ce que l'or eſt ſi petit, qu'il ne ſe doit plus ap-
peller or, ainſi enueloppé, iaçoit que potentialement il
le ſoit: mais argent doré, ou billon doré, ou bien cuyure
doré, ou plomb, ſelon le metal qui l'enueloppe: dõt ſ'enſuyt la demonſtration.

Le marc d'or, eſt a.b.

Le marc d'or à ladite partie, eſt c.d, egale à a.b: &
l'or d'iceluy, c.e.

La deſpenſe du depart plus grande que c.e, eſt c.f.

Si maintenant c.e, ſe multiplie iuſques à ce qu'elle
excede a.b, c'eſt à ſçauoir, c.d, faiſant la quantité c.
g: & ſi par autant de fois c.f ſe multiplie, faiſant c.h:
il eſt certain, que c.h excedera c.g.

De c.h & c.g qui leue c.d, il reſtera (par la cinquiéme commune ſentence du premier) d.h plus grande,
que d.g.

Et de là leuez d.g. de g.h, par la 3e propoſition
du premier, ou par la diffinition du cercle, il reſte i.h,
dont a.b eſt plus grand, que c.d: car ſi la deſſenſe eſtoit
egale à l'or enueloppé, a.b, & c.d, ſeroient egaux: &
par ainſi le pluſieurs fois de l'vn n'excederoit pas l'autre: & eſtant plus grande, encores moins.

a———b

a ————————————— b
c ——————— ——————— ——— h
    e   f   d   g   i

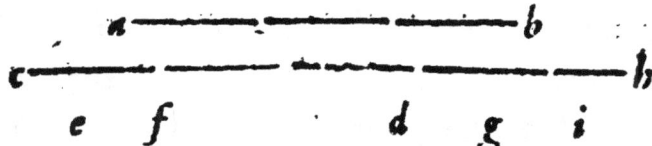

Il nous faut maintenant reuenir à l'angle contingent, qui eſt plus petit, que le plus petit angle de droites lignes : non pas côme le plus petit or, du plus petit:
car il pourroit eſtre quelque partie cogneue de quelque
angle de droites lignes : mais par-ce que l'angle, qui ſe
fait par la plus petite inclination, qui eſt faite de deux
lignes droites, le comprend. Et cela nous monſtre, que
l'angle contingent eſt quelque choſe (ſi nous appellons
vn tout, ce qui comprend quelque choſe, au regard de
ladite choſe : comme nous diſons l'eſphere eſtre vn tout,
au regard de la piece, qui ſe fait, quãd vn cone la couppe, ayant la cime au centre de l'eſphere, comprinſe dedãs le cone, & faite de la ſuperficie du cone, & de l'e-
ſphere : ainſi que l'a deſcrit Archimede au premier liure de l'eſphere, & du cylindre) toutesfois il n'a point
de raiſon à l'angle de droites lignes : parce que non ſeulement multiplié il ne peut exceder vn angle de droites lignes, mais il ne luy ſçauroit eſtre egal. Ce qui ſe
demonſtre ainſi.

L'angle contingent, ſoit a.b.

Et l'angle de droites lignes, b.c.

Le double de l'angle contingent, ſoit a.d, dõt la moitié eſt a.b : & la moitié de b.c, ſoit b.e, par la huiĉtieſme propoſition du premier.

Côme il ſoit ainſi, que (par la 16e propoſitiõ du 3e) a.
b, ſoit plus petit, que b.c : a.d, ſera plus petit que b.c.

M

Encores foit prins le double de a.d, qui foit a.f, dót
la quarte partie eſt a. b: & ſoit diuiſé l'angle b.e, par
le milieu, au poinct g, par ladite huictieſme propoſitió.

Ainſi b.g ſera (par ladite ſeiziefme propoſition) plus
grand, que a b:b.e, que a.d: & b.c, que a.f. Ou bien, a.
d, la moitié de a.f, eſt plus petite, que b.e: & par ainſi a.
f, plus petite que b.c. Car ſi la moitié d'vn tout eſt plus
petite, que la moitié d'vn autre: l'autre ſera plus grãd.
Et de là vient, que l'angle contingent multiplié ne
ſçauroit eſtre egal à vn angle de droictes lignes. Et
parce, par ceſte diffinition, ils n'ont point de raiſon:
tout ainſi qu'vn or au plus petit du plus petit, par comparaiſon, mais à plus forte raiſon.

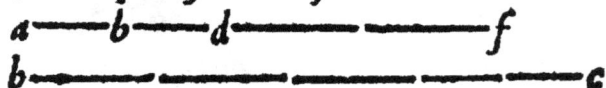

a———b———d—————————f

b————————————————c

g   e

DE LA REIGLE DE FAVX.
PHRISON.

ON a accouſtumé d'eſcrire pluſrs & di
uerſes reigles & queſtions: leſquelles ſi
ie voulois toutes pourſuiure, noſtre labeur
viendroit facilement en vn grand volume.
Mais ce n'a pas eſté noſtre entrepriſe, qui nous
efforceroit pluſtoſt à amaſſer toutes choſes en
vn chapitre, & les reduire en vn methode.
Tout ainſi que iuſques icy nous auons deduit
pluſieurs & diuerſes queſtions, à vne reigle de
proportiõs, auſquelles pluſieurs ſont ſemblables, & peuuét eſtre excogitees de iour en iour:

ryle

côme de diuifions, de la raifon du gain & perte, de ceux qui font loüez pour argēt, & autres
femblables innōbrables: defquels aucun n'eft
tant difficile, qu'il ne puiffe eftre expliqué faci
lement par celuy, qui entend ce que nous a-
uons dit iufques à prefent. Toutesfois côme
ainfi foit qu'il y a plufieurs exéples, & queftiōs,
lefquels ne peuuét pas cômodement eftre reduits à la reigle des proportions: il m'a femblé
bon d'adioufter vne certaine reigle vniuerfel-
le, comme vne facree ancre, par laquelle tous
les autres doutes, poffibles à noftre entreprife, peuuent eftre expliquez, & auffi beaucoup
de queftiōs des chofes precedétes: côbien que
ie fçache bié, que cela peut eftre fait plus certainemét, & beaucoup plus facilement par la
reigle, laquelle ils appellét Algebre, de laquelle à peine ay ie veu, entre tous les arts de Ma-
thematique, aucune chofe plus noble ny plus
elegante. Mais parce que les autres ont beaucoup dit d'icelle, & que paraduéture (Dieu aydant) nous en parlerons, par methode, par ce
que cefte chofe requiert vn traité particulier,
nous nous en tairōs pour le prefent. La reigle,
que pour maintenát nous enfeignōs, eft appel
lee, de faux, non pas qu'elle enfeigne le faux,
mais d'eflire le vray du faux: & fe fait en cefte
maniere. Ayant propofé quelcóque queftion,
pour eftre declaree par icelle, fains le nōbre,

que tu defires fçauoir, comme à toy defia cogneu, en mettant au lieu de luy quelque autre
nombre: & procede en apres auec iceluy, felon la raifon de l'exéple, en inferent vn nombre de l'autre, iufques à ce que tu fois paruc-
nu à aucun nombre certain & parauant cogneu, baillé en la queftion propofée : lequel fi
tu as peu droictement tirer du nombre pofé
ou faint, iceluy mefme, que tu as premierement faint, eft la vraye fin que tu cherchois.

Côme, trois ont chacun vne certaine fomme d'argent, mais les fommes d'vn chacun
fôt incogneuës,& de deux à deux, cogneuës:
car ie fçay, que les efcus du premier, auec les
efcus du fecôd, valent 50: du fecond, auec les
efcus du tiers, 7 0: du troifiefme, auec les efcus du premier, valent 60 : on demande la fôme d'vn chacun. Fains donc, que la fomme du
premier vaille 20 efcus: & puis dôcques qu'a-
uec le fecond il a 50, il en demeure au fecond
30, & au troifiefme 40: par-ce qu'iceux valét
7 0, auec les efcus du fecond. Maintenant fi
4 0 du troifiefme font adiouftez auec 20 du
premier, il en vient 60 efcus, en la forte que
l'exéple l'a voulu.   FORCADEL.

*Adioufte 50,70,60,ils font 180 dont la moitié eft
90,pour tous trois:duquel leue la fôme des deux, il
te reftera la fomme de l'autre,ainfi que ie l'ay môftré
aux liures de mon Arithmetique. &c.*

La premiere propofition donques a efté
vraye, & ne faut plus faire autre chofe. Mais
fi tu ne paruiens iuftement au nôbre cogneu,
ains tu excedes en quelque chofe, ou tu y def-
faux, voy l'excés ou la diftäce,& la note auec
l'hipotefe faux, & auec le tiltre plus, f'il excede : ou moins, f'il deffaut. En apres fains
toy vn autre nombre plus gräd, ou plus petit
que celuy, qui auoit efté pofé par auät:& procede femblablement auec iceluy, côme auec
le premier, iufques à ce que tu fois paruenu
au nôbre cogneu: lequel fi tu ne peux attain-
dre, voy de rechef la differéce, & la note auec
fon hipothefe, & le figne plus, ou moins. En a-
pres multiplie le premier hipothefe par la fe-
côde differéce: femblablement ſecôd hipothefe par la premiere difference, & garde les
deux produicts. Et de là confidere les fignes
plus,& moins. Que fi tous deux font femblables, c'eſt à ſcauoir, ou plus, ou moins: ofte des
produicts le moindre du plus grand, & auffi
ofte la moindre difference de la plus grande,
& par le refte diuife le refte des produicts: le
quotiét môftrera le nôbre cherché. Mais fi les
finges font diſſemblables, l'vn plus, & l'autre
moiss adioufté ces deux produicts, & fébla-
blement les differences: & par la fômed'icel-
lesdiuife la fomme des produicts: le quotient

M iij

m onftrera le nombre cherché.

Deux ont vne fomme d'efcus, qui m'eſt incogneuë. le premier dit: Si tu me baillois vn
des tiens, nous auriõs tous deux egale portiõ.
L'autre reſpõd: Si tu m'en baillois vn des ñés,
i'aurois le double de la fomme qui te re-
ſteroit: on cherche la fomme d'vn chaçun.
Fains que le premier en ayt trois: ſ'il en prend
doncques 1 du fecond, il en aura quatre, & en
demeurera autât à l'autre. Et par-ce qu'il ſen-
tend qu'il luy en donné vn, rends le luy. Par
cela donc premierement il en auoit cinq.
Maintenant il dit au premier: Si tu m'en don-
nes vn, i'auray le double de ce, qui te demeurera. Adiouſte dõc 1 à cinq, font 6, & il en reſte tant feulement 2 au premier. Tu vois donques, que ſi eſt pas le double de deux, mais
le triple: la ſuppoſition dõcques a eſté faulſe.
Et pour ce que le double de deux, eſt tât feulemét quatre, & i'ay trouué 6: ie dis que la difference eſt deux, auec le figne plus: parce que
nous auons d'autât excedé la verité de la choſe. Faignons doncques que le premier en euſt
fix, il en a pris vn de l'autre, ſõt dõc fept, il en
demeure autât à l'autre: mais par ce qu'il ſé-
tend luy en auoir donné vn, il en auoit au cõmencement huiĉt. Maintenât il en demande
vn au premier, & ainſi il en auroit neuf, &
n'en demeureroit feulemét que 5 au premier.

De rechef, neuf n'eſt pas le double de cinq,
comme la queſtiõ a volu, mais il ſ'en faut l'v-
nité, comme ainſi ſoit que le double de cinq,
eſt dix. I'eſcris donques l'autre poſition, c'eſt
à ſçauoir, ſix, auec ſa difference vn,& auec le
ſigne moins. Maintenant par la derniere reigle,ie multiplie trois par vn,font trois:enco-
res ſix par deux,font douze:la ſomme d'iceux
vaut quinze:& la ſomme des differences vaut
trois. Ie diuiſe doncques quinze par trois,
il en vient cinq : & autant en auoit le premier. Adiouſte luy vn, font ſix, leſquels
demeurent à l'autre apres la donation d'vn.Il
en auoit donc au commencement ſept: auſquels ſi le premier en adiouſte vn, il en garde-
ra ſeulemét quatre,& l'autre en aura huiĉt, le
double du reſte du premier, ainſi que la queſtion l'a voulu. Les autres propoſent ceſte
queſtion icy d'vn mulet & d'vn aſne , qui
portoient certaines meſures de vin.

Les hipotheſes. Les differences·

$$3 \text{———} 2 \qquad 12$$
$$6 \text{———} 1 \qquad 3$$
$$\overline{}$$
$$3 \qquad\quad 15$$
$$5$$

FORCADEL.

*Pour venir à la propre cauſe & vraye cognoiſ-
ſance de ceſte reigle de faux, il faut en premier lieu*

M iiij

ſçauoir, que de deux quātitez egales, diuiſees en deux
pieces inegales, la plus grāde de l'vne, excede d'autant
la plus petite de l'autre, que la plus grande de l'autre,
excede la plus petite de l'vne: car ſi a.b, & c d, ſont e-
gales, & l'vne diuiſee au poinct e, l'autre au pcinct g,
en deux pieces inegales : ſi de f. d, ſe leue e. b, par f. g:
& de a.e, c f, par e. h, par la premiere commune ſentence du premier, h. b, & c.g, ſont egales: & par la
troiſiéme, a h, à g.d, ſont auſſi egales. L'vne, eſt l'vne
differenc:: & l'autre, eſt l'autre.

a———————————b   c———————————d

     h   e   f   g

Il nous faut en apres commencer par des exemples
fort familiers, comme ſont ceux, deſquels on ſçait
deſia ce qu'on cherche, les nous propoſant ainſi: Ie ſçay
bien, que le nombre, lequel multiplié par 4, faict 12,
eſt 3: toutesfou il me plaiſt de l'ignorer, & de me de-
mander quel il eſt: prenant au lieu d'iceluy. 9, par la
ligne a.b, diuiſee au poinct c en 5, & e 4, lequel multiplié par le 4 propoſé, fait 36, de la ligne b.d, diuiſee au poinct e, en 24, & 12, parce q̄ ie veux auoir tāt
ſeulement 12. Cela fait, ie prens encores pour le nombre que ie cherche, l'vne des parties de a b, c'eſt à ſçauoir, 5, par la ligne b.f, ſe repoſant ſur la ligne a.
b.d, a droits angles, & le multiplie par le 4 propoſé,
fait 20: pour lequel produict, ie prens la diſtance b. g,
diuiſee au poinct h, en huict & 12: parce que (comme ie viens de dire) ie veux auoir tant ſeulement
douze: les diſtāces g. h, & e.d, ſeront vne chacune 12

& les reƈtangles b.i, & b.ƙ, seront egaux, parce q̃ la
raiſ ƈe b, d, à bg eſt cõme a.b.àb.f, par la premiere du
ſixi ſme, quinzieſme du cinquieſme, & dixſeptieſme
du 7ᵉ: & b, d à b.ɑ, cõme b.g à b.f, par la ſeizieſme du
cinquieſme. Dõt ſ'eſuit l'egalité, par la quatorzieſme
& ſeizieſme du ſixieſme. Maintenant ie diuiſ
vne chacune de ces pieces en deux parties inegales par
les lignes e.l, & m.h: par la precedẽte demõſtratiõ, m.g
excedera o.l, d'autãt que l.b, excedera a.h. Que l.b ſoit
plus grand, que a.h, il ſe proue ainſi: Nous auons
dit, par la demonſtratiõ que nous en auons faite cy deuant, que la raiſon de vint quatre à 8 eſt plus grande,
que de neuf à cinq. c'eſt à ſçauoir, de b.e à b. h, que de
a.b à b.f. Doncques b.e par b.f, eſt plus grand que b.
h par b a: car pour les faire egaux, il faudroit augmenter l.ɑ. Encores ſoit diuiſée m.h, au point n,
comme a. b au poinƈt c. Cela doncques, dequoy m.g
excede l.d, eſt n.g, c'eſt à ſçauoir, 48: car i.n, eſt egal
à e.ƙ (par la premiere du ſixieſme) à cauſe des baſes &
cimes egales. & 48 ſe fait du nombre, qu'on veut a-
uoir ɪ2, & de 4. qui eſt la difference des deux nombres faits. Puis à cauſe de 4 on a la difference des
differences, c'eſt à ſçauoir, 16, qui reſte, quand de 24
l'vne, on en leue 8, qui eſt l'autre. Si dõc 48, qui vīet
de 4 fois ɪ2 (en propoſãt, quãd 16 viennẽt de 4 de cõbien ɪ2?) ſe diuiſe par ɪ6, il en vient 3 pour le nombre
cherché. La differẽce dõcques de e.f, à a.h, eſtãt la meſ
mes, 9, & ſ eſtãs les hipotheſes 24 & 8 les differẽces,
16 la differẽce des differences, ou des excés des nõbres

qu'on trouue par les hipotheses, au nombre qu'on veut
auoir: s̃ e estant fait de l'vn hipothese par l'autre excés : & a.ij, de l'autre hipothese par l'vn excés: de là
vient, que le plus & plus se soustraict tant des produicts, que des excés, & la reste des produicts se diuise par la reste des excés. On peut aussi dire, que, si
16 viennent de 4: 8 & 24, les deux excés viendront
de 2 & 6. De 5 & 9 doncques qui leue 2 & 6, il
trouue par l'vn & par l'autre, 3. Et par ceste reigle, qui nous donne la soustraction du plus & plus,
nous en pouuons tirer, que le moins & moins aussi se
soustraict: & c'est pour la premiere reigle. Doncques
le plus & le moins s'adiouste pour la seconde, suyuant
le train de la soustraction des signes plus & moins,
ainsi que ie l'ay monstré au premier liure de mon
Arithmetique.

Encores par ceste figure ou demōstration, nous pouuons dire, que de quatre nombres proposez, desquels
la raison du premier au second est plus grande, que du
troisiesme ou quatriesme(cōme sont icy 24,8,9,5)ce-
luy, qui multiplie le premier par le quatriesme, c'est à
sçauoir, 24 par 5, il a 120: & les deux autres, multipliez l'vn par l'autre, sont 72, lequel soustraict de
120, il reste 48. Puis apres, la difference de 9 à 5, du
troisiesme au quatriesme, est 4 : par lequel qui partist
48, il trouue 12. Maintenant si on adiouste 12 à 24,
& à 8, il aura 36, & 20, qui ont la mesme raison
de 9 à 5.

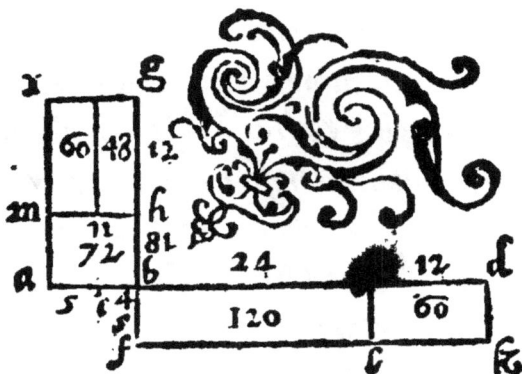

Venons maintenant à la seconde demonstration, à
celle fin de ne rien oublier à demonstrer selõ nostre possible : car telle sera pour tousiours nostre entreprise,
auec l'ayde de Dieu. Ie cognoy & sçay fort bien, que
le nõbre, lequel multiplié par 6 fait 60, est dix. Mais
on me demãde par ceste reigle, quel il est, tout ainsi q̃
s'il m'estoit incogneu. Ie prẽd dõcq̃s au lieu d'iceluy,
8, par la ligne a, b, diuisee au poinct c en 5 & en 3 : par
ce que si cestuy ne l'est, ie me delibere de prendre pour le
second essay 3, bien que ie sçache qu'il est plus grand,
que 3, puis qu'il est plus de 8. Ie multiplie donc 8
par 6, il en vient 48 : lequel ie prens par la distance b.
d, comme il soit ainsi que ie cherche 60, & non 48. Cela fait, ie prens la distance b.e, egale à b.c, c'est à sçauoir, 3, & le multiplie par 6, ils font 18, lesquels ie note par b. f, le tout directement & orthogonellement.
Et puis qu'il est ainsi, que la raison de b. d à b f, est cõme b.a à b.e, c'est à sçauoir, de 48 à 18 comme de 8 à
3 : car si autrement estoit, autrement il y faudroit pro-

ceder, comme nous l'enseignerons cy apres, & comme facilement le peuuent comprendre ceux, qui sont versez en l'Algebre, comme d'vne chose tiree de là: ie parfais les rectangles b.g & h.b, qui se trouuët egaux, & ne me donnent aucune chose pour leur difference. Parquoy puis qu'aux lieux de 48 & 18 ie cherche 60, i'estens b.d & b.f iusques à 60, c'est à sçauoir, à b.i, & b.k, & parfais les rectangles k.a, & b.m, lesquels sont inegaux, par la premiere du sixiesme, comme ayans leurs bases inegales, & les cimes i, & k egales. Encores ie diuise les rectangles k.a, par la ligne c. ainsi, a.est la difference de h.k à d.m, comme il soit ainsi que c.k & b.m soient . . . . ux: & parce il restera la difference egale, par ce qui se prend ou peut entendre par la 5e commune sentence du premier: laquelle se faict de a.c par b.i, c'est à sçauoir, de la difference des deux nombres faints multipliee par le nombre qu'on cherche: & la difference de 42 & 12, c'est à sçauoir, des deffauts, est 30, comme celle de 48 à 18. Cela faict doncques autant comme qui demanderoit, quand 30 viennent de 5, de combien viendront 60? & on trouue 10: mais le mesmes 60 se trouue par la difference de l.f à d.m, desquels l'vn se faict par l'vn nombre faint multiplié par l'autre deffaut, & l'autre de l'autre par l'vn. De là doncques est venuë la similitude & mesme façon de faire par les nombres faints & les deffauts, côme des surplus. On peut aussi dire, si 30 (qui est la difference des deffauts, & par ainsi des autres) viennent de 5, difference des faints, de

combien vie:dront 12, deffaut du plus grand nombre
fainct? Il faict 2, lequel adiousté à 8, fait 10. Aussi
si 30 viennent de 5, de combien 4 2? il en vient 7, lequel adiousté à 3, fait 10: car il faut adiouster ce qu'on
trouue à l'vn & à l'autre, tout ainsi qu'on les leuoit
en la precedente, &c.

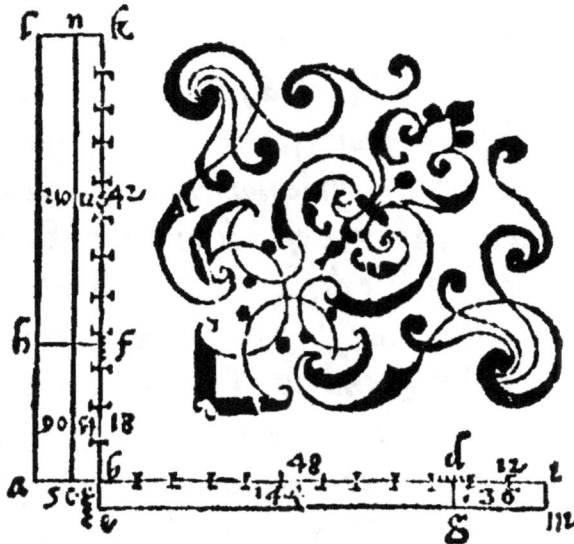

Par les deux precedentes nous nous conduirons facilement à la troisiesme demonstration, en ceste sorte:
De rechef ie sçay, que le nombre, lequel, multiplié
par 6, fait 60, est 10: mais il me plaist de le chercher,
tout ainsi que s'il m'estoit incogneu. Ie faindray dõcques qu'il soit 14, par la ligne a.b, diuisee au poinct c
en 5 & en 9: & multiplie 14 par 6, fait 84. Et par-
ce que ie ne veux q̃ 60, ie prens pour 84, la ligne b.d, di
uisee au poinct e, en 60 & en 24. Cela fait, ie me fais
le nõbre de 9, par la ligne b. f, egale à c.b, & multiplie 9 par 6, fait 54: et parce q̃ ie veux 60, ie prẽs pour

la ligne b.g, 54, & pour g.h, le surplus iusques à 60,
ou la difference de 60 à 54, qui est 6. Cela fait, ie parfais les rectangles i.b, & b.k, & tire les lignes g.m,
& e.l, le tout comme i'ay dit, directement & orthogonellement. Ainsi le rectangle a.g, sera egal à b.k:
il excedera doncques f.e, de l.d, & par ainsi si la ligne
c.n, est tiree, elle fait c.h, egal à f.e. Donc le rectangle
a.g, l'excedera de l.d, & tout le rectangle a.h, excedera f.e, de l.d, & m.h, c'est à sçauoir, de a.n, lequel se
fait de a.c, c'est à sçauoir, 5, qui est la difference des nõbres fains, par 60, qui est le nombre qu'on veut, & la
difference de b.d, à b.g, c'est à sçauoir, de 84 à 54 est
30, qui se fait de g.h le deffaut, & de e.d le surplus, adioustez ensemble : car s'il y a trois nombres, desquels
le milieu soit plus grand que l'vn, & plus petit que
l'autre, la differēce des extremes se trouue par les deux
autres. Tout cela veut dire, que, si 30 de surplus viē-
nent de 5 difference des deux nombres fains, de combien viendront 60 qu'on veut? 24 & 6 sont les plus
& moins, qui adioustez ensemble font 30. Le rectangle l.d se fait du surplus, multiplié par l'autre nombre
faint : & m.h se fait du deffaut, multiplié par l'vn nõbre faint : lesquels produicts adioustez ensemble, font
a.n : & diuisez, par 30, font 10, qui est le nõbre cherché. On peut aussi dire, que, si 30 des plus & moins
vient de 5, 24 viendra de 4 : lequel leué de 14, à cause
qu'il est le plus, il reste 10 : & si 30 viennent de 5, 6
viendra de 1, lequel adiousté à 9, parce qu'il est moindre, il fait 10.

Tu prendras encores les trois bases a.b.c.d, sur lesquelles fais les rectangles des cimes mesmes a.b, b.c, & c.d, ayant pour leurs bases 3,5, 9, & pour eux 12,20, 36: maintenant si l'vne des bases est incogneuë, prens la difference des deux autres rectangles pour le premier nombre, l'autre rectangle pour le second, & la difference des autres bases pour le tiers: cela te donnera, ce que ╌╌╌ches. Comme, si 5 est incogneu, prens 24, 6, 20 ╌╌ 24, 20.6: & te dóneront 5, &c.

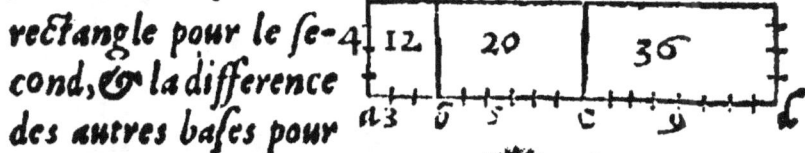

PHRISON.

Quelcun regardant à la bourse d'vn autre, luy a dict: Tu me sembles auoir en cela 100 escus. L'autre luy respond, Il n'y en a pas 100: mais s'ils estoient augmentez de la moitié & de la quarte partie & de l'autre partie & 1 d'auantage, alors il y en auroit 100. Fains doncques qu'il y en euft 12, adioufte la moitié, c'eft à fçauoir, 6. & la tierce partie 4, & la quarte partie 3,& 1 par deffus, font tant feulemét 26, qui font diftans de 100 par 74. Efcris donc 12 auec fa difference 74, & le figne moins. De rechef, pofe qu'il y ait 24 efcus, aufquels adioufte la moitié 12, la tierce partie 8, & la quarte partie 6, & 1, font 51, lefquels font diftás à 100 par 49.

Note donc 24 auec fa difference 49, & le figne moins. A'lors multiplie 24 par 74, il en vient 1776 : encores 12 par 49, il en vient 588. Et par-ce que les fignes font femblables, ofte 588 de 1776, reftent 1188 : femblablemét ofte 49 de 74, reftent 25, le diuifeur de l'operatió. Diuife donc 1188 par 25, il en vient 47 $\frac{13}{25}$. Il auoit autát d'efcus: defquels la moitié 23 $\frac{19}{25}$, la tierce partie 15 $\frac{21}{25}$, la quarte partie 11 $\frac{23}{25}$, lefquels tous enfemble font 99: aufquels fi tu ad ioufes 1, feron⬛

Hipotheles.		Differences.
12 —|—74		1776
24 —— 49		588
	25	1188
47		$\frac{13}{25}$

FORCADEL.

Puis que lefdites parties, adiouftees auec le tout, font 99, à caufe que le tout elles & 1 font 100, foit
pris

pris 12 pour le tout, & le plus grand des antecedens
& les parties les autres : il font enfemble 25, & on
a, pour la fomme des confequens, 99, & les confequens feront comme deffus.

PHRISON.

Il faut ce pendant icy noter, qu'il faut mettre les nombres commodes à la queſtion : côme, par ce que ie deuois adiouſter vne moitié
$\frac{2}{3}$, $\frac{1}{4}$, d'vn mefme nombre, il falloit pofer vn
nombre, qui fe peuſt diuifer par 2, 3, & 4 : &
en ceſte forte tu euiteras des trefgrandes dif-
ficultez & quaſi labirinthes des fractiones ou
minutes.

FORCADEL.

Les nombres familiers feruent pour inſtruire, &
rendre la chofe plus facile : mais les autres feruent
pour aſſubiettir PHRISON.

Quelcun a deux vaiſſeaux d'argent, auec vn
couuercle, lequel vaut 16 efcus : ſi tu l'adiou-
ſtes au premier vaiſſeau, il vaudra le quatruple de l'autre : & ſi tu l'adiouſtſs à l'autre, il
vaudra le triple du premier. Combien donc
vau t'vn chacun vaiſſeau? Pofe que le premier
vaille 4 : ie leur adiouſte 16, il en vient 20, qui
font le quatruple de l'autre : & l'autre donc
valoit 5. De rechef ie leur adiouſte 16, il en
vient 21 : lefquels doiuét eſtre le triple du premier, c'eſt à ſça uoir 12 : il furmôte dôc la cho.
fe de 9. De rechef ſi ie pofe le premier vaiſſeau

N

8, l'autre fera 6: aufquels 16 adiouftez, il en viẽt 22, lefquels font differés du triple du premier, c'eft à fçauoir, 24, par 2.

Hipothefes.		Differences.
4 —— 9		72
8 — | — 2		8
11		80

$$7\,\frac{1}{11}$$

Multiplie donc 4, par 2, il en vient 8: femblablemẽt 8 par 9, font 72 : lefquels adiouftez (par-ce que les fignes font diffemblables) feront 80. Semblablement adioufte les differẽces, lefquelles font 11 : diuife maintenant 80 par 11, font $7\frac{1}{11}$: & tant valoit le premier vaiffeau. Aufquels adioufte 16, font $23\frac{1}{11}$, duquel le $\frac{1}{4}$ vaut $5\frac{9}{11}$: & tant valoit l'autre vaiffeau.

FORCADEL.

Car $5\frac{9}{11}$, adiouftez à 16, font $21\frac{9}{11}$, qui eft le triple de $7\frac{3}{11}$. Ie diray aufſi, comme de chofe qui ne doit eſtre laiſſée, que le fecond vaut la quarte partie du premier auec la quarte partie de 16 efcus, c'eft à ſçauoir $\frac{1}{4}$ — \| — 4 efcus : aufquels qui adioufte 16 efcu, il a la quarte partie du premier, & 20 efcus d'auantage, dont la tierce partie eſt $\frac{1}{12}$ du premier & $6\frac{2}{3}$ efcus, qui valent autant que le premier. Et par ainſi, par la troiſieſme commune ſentence du premier d'Euclide, $\frac{11}{12}$ du premier valent $6\frac{2}{3}$ d'efcus, & le premier $7\frac{3}{11}$, de la raiſon de 80 à 11. Qui prend doncques le $\frac{1}{3}$ de $\frac{1}{4}$, il a $\frac{1}{12}$: lequel leué de 1, il reſte $\frac{11}{12}$: & qui ad-

rouſté à 16 le $\frac{1}{4}$, il a 20, dont le $\frac{1}{3}$ eſt 6 $\frac{2}{3}$: leſquel‹ partiz par $\frac{11}{22}$, il en vient 7 $\frac{1}{11}$.

PHRISON.

Vne ciſterne a trois tuyaux au deſſous du
fond : mais les côduits ſont inegaux:car quãd
le plus grand eſt ouuert , toute l'eau s'euacue
en vne heure : & quand le moyen eſt ouuert,
elle ſe vuyde en deux heures:& quand le plus
petit eſt ouuert, elle ſe vuyde en trois heures. La queſtion eſt , ſi ces trois troux ſont ou-
uerts , en combien d'eſpace de temps toute
l'eau ſe pourra vuyder. Fains en vne heure,
c'eſt à ſçauoir en 60 minutes , & attribue à la
ciſterne quelque meſure à ton plaiſir:cela ſoit
12 muids. Tu vois maintenant qu'en vne heure toute l'eau ſe peut vuyder par le grand per-
tuis , c'eſt à ſçauoir, 12 muids : à la raiſon du
moyen, 6, c'eſt à ſçauoir, la moitié : à raiſon du
plus petit, 4, c'eſt à ſçauoir, la tierce partie:leſ-
quels tous enſemble font 22, comme ainſi ſoit
toutesfois qu'on ayt poſé le vaiſſeau contenir
tant ſeulement 12 muids. Il y en a donc 10 d'a-
uantage. De rechef poſe demye heure , c'eſt à
ſçauoir, 30 minutes. Il ſe vuydera donc à raiſon du grand tuyau, 6:à raiſon du moyen , 3:à
raiſon du plus petit, 2:leſquels tous enſemble
font 11:il s'en deuoit vuyder 12. Il s'en deffaut
donc 1. Beſongne ſelon la reigle , tu trouueras
32 minutes de temps, & $\frac{8}{11}$ d'vne minute.

Ceſte reigle icy ſe pouuoit auſſi faire par la reigle de compagnie. Car les parties de l'eau qui ſe vuyde, ſont comme 1, $\frac{1}{2}$, $\frac{1}{3}$: cherche vn nombre, qui ſe diuiſe ainſi comme 6, & de là mets, pour le premier conduict, 6 : pour le ſecond, 3 : pour le plus petit, 2 : leſquels, adiouſtez enſemble, font 11.

FORCADEL.

Il eſt certain par la queſtion, qu'au meſme temps que le premier tuyau vuide tout le vaiſſeau, c'eſt à ſçauoir, en vne heure, en ce meſme teps le ſecond en vuide la moitié. Car ſi en 2 heures il le vuyde tout, en 1 heure il en vuydera la moitié, & ſemblablement le troiſieſme en vuydera la tierce partie. Multiplie ces trois antecedens par 6, il en vient 6, 3, 2, qui demonſtrent, qu'au meſme temps que l'vn en vuydera 6, ou le vuydera 6 fois, au meſme temps l'autre le vuydera 3 fois : & le troiſieſme, 2 fois. Mais ils ne le veulent vuyder que 1 fois : 1 eſt doncques egal à tous les conſequës, leſquels ſeront ? $\frac{1}{1}$, $\frac{3}{1\cdot3}$, $\frac{6}{1\cdot\overset{6}{1}}$.

PHRISON.

Eſtablis en apres à la ciſterne 12 muids : & dis par la reigle de compagnie, 11 diuiſent 12, que prendra 6 ? Il viëdra 6 $\frac{6}{11}$. Mais parce que le plus grand conduict conſomme en vne heu re 12 muids, en combien de temps en côſommera 6 $\frac{6}{11}$? Tu trouueras par la reigle de proportions, 32 minutes de temps, & $\frac{8}{11}$ d'vne minute.

Hipothefes.   Differences.

$$60 \text{------} | \sim 10 \qquad 300$$
$$30 \text{------} 1 \qquad 60$$
$$\qquad\qquad 1\ 1 \qquad 360$$
$$\qquad\qquad\qquad 32\ {}^{.8}_{.7}$$

FORCADEL.

On peut aufſi dire, ſi tout le vaiſſeau, c'eſt à ſçauoir 1, ſe conſomme en 2 heures, en combien $\frac{1}{7}$? Il en vient $\frac{6}{7}$: & quand tout ſe vuyde en 3 heures, $\frac{2}{7}$ ſe vuyderont en $\frac{6}{7}$ de 6 0, c'eſt à ſçauoir, 3 2 minutes $\frac{8}{7}$ de minute.

PHRISON.

Celle cy eſt ſemblable: Vn certain beuueur vuyde vne caque de vin en 20 iours: mais ſi ſa femme luy ayde, en gardant la proportion de boire, ils conſument autãt de vin, en 14 iours: en combien de iours doncques la femme ſeule vuydera tout le vaiſſeau? De rechef attribue quelque meſure au vaiſſeau, c'eſt à ſçauoir, 12, ou quelque autre nombre, comme 20 meſures: le mary doncques, en 14 iours, boit 14 meſures: la femme le reſte, c'eſt à ſçauoir, 6. Dis doncques, par la reigle de proportions, 6 meſures ſont beuës par vne femme, en 14 iours, en combien de temps 20? Ils font 46 iours $\frac{2}{3}$.

FORCADEL.

Semblablement, ſi en 20 iours il boit 12 meſures, en 14 iours il en beura 8 $\frac{2}{5}$: & la femme le reſte, c'eſt à ſçauoir, 3 $\frac{3}{5}$: & ſi 3 $\frac{3}{5}$ demandent 14 iours, 12 en de-

N iij

manderont 46$\frac{2}{3}$. *Tu peux aussi prendre l'vnité pour tout le vaisseau, &c.*

PHRISON.

Par ce moyen tu n'as point besoing de la reigle de faux, combien toutesfois que par icelle il se peut faire.

Fains doncques que la femme vuyde tout le vaisseau en 21 iours. Dis donc en 14 iours elle en beura 6 muyds : combien en 21 ? tu en colligeras 9, & par ce moyen en desfaillent 11 mesures. Secondement pose que celle mesme en beuuant cõsume ledit vaisseau en 28 iours : & par-ce qu'en 14 iours elle en boit 6, il s'en-suit qu'en 28 iours, elle en beura 12 mesures : & en ceste sorte en desfaillent 8. Or par la pre-miere reigle, multiplie 8 par 21, font 168 : enco-res 11 par 28, il en vient 308 : desquels leue 168, restent 140 : lesquels diuise par la difference des erreurs, c'est à sçauoir 3, il en viendra 46 $\frac{2}{3}$ de iour, tout ainsi que tu auois trouué au-parauant.

Vitruue raconte, au neufiesme liure, troi-siesme chapitre, comme Hierocust determiné offrir vne couronne, vouée de pur or à ses Dieux, il a mãdé cest affaire à l'orfeure, lequel (comme ont de coustume) ayant osté vne por-tion d'or, y mesla autant d'argent. Lequel lar-cin Archimede Siracusan a cogneu sans lesiõ de la couronne desia faite, en ceste maniere. Il

a fait vne maſſe de pur or, de meſme poix que
la couronne deſia faite : en apres vne autre
maſſe d'argét pur, de ſemblable poix: en apres
il a mis ces trois choſes l'vne apres l'autre en
vn chauderon réply d'eau iuſquesau ſommet:
& a receu diligemment dãs vn autre vaiſſeau,
qui eſtoit deſſous, toute l'eau, qui s'en alloit:
& par ce moyen il a cogneu la portion de l'or
& de l'argent. Mais Vitruue n'a point adiouſté la pratique. Parquoy faignons, à cauſe de
doctrine, le poix de la couronne, & des deux
maſſes chacune à part, eſtre 5 liures : & en outre, eſtre ſorty 3 liures d'eau, quand on a mis la
maſſe d'or dans le vaiſſeau : 3 liures $\frac{1}{4}$ d'eau,
quand on y a plongé la couronne:& quand la
maſſe d'argent y a eſté miſe, 4 $\frac{1}{2}$ liures. La queſtion donc eſt, quelle portion d'or & d'argent
eſtoit à la couronne. Fais par la reigle, en ceſte
ſorte : Fains 3 liures d'or: il en demeure donc
2 liures d'argent. Dis maintenãt, par la reigle
de proportions : 5 liures d'or, donnent 3 liures
d'eau:combié 3 liures d'or?fait 1 $\frac{4}{5}$ liure d'eau.
Encores, 5 liures d'argent, donnent 4 $\frac{1}{2}$ liures
d'eau:combien 2 liures d'argent?fait 1 $\frac{4}{5}$ d'eau.
Adiouſte donc l'eau de l'argent & l'eau de l'or
enſemble, c'eſt à ſçauoir, 1 $\frac{4}{5}$ auec 1 $\frac{4}{5}$, il en viẽt
3 $\frac{3}{5}$ liures d'eau. Mais il y deuoit auoir 3 $\frac{1}{4}$ liures.
Nous auons doncques excedé le but par $\frac{7}{20}$:
leſquels note auec le premier hipothese, c'eſt à

N iiij

sçauoir, 3, & le figne d'excez. Secondement
fains que l'or eftoit 2 liures : il y auoit donc 3
liures d'argent. En apres dis de rechef, 5 liures
d'or, donnent 3 liures d'eau : combien 2 liures
d'or? Ils font 1 $\frac{1}{5}$ liures. Encores, 5 liures d'argét
donnent 4 $\frac{1}{2}$ liures d'eau : combié 3 liures d'ar-
gent? Il fait 2 $\frac{7}{10}$. Adioufte 1 $\frac{1}{5}$ auec 2 $\frac{7}{10}$, il en
vient 3 $\frac{9}{10}$ liures d'eau. Il y deuoit auoir 3 $\frac{1}{4}$:
car il eft forty autant d'eau quand la couronne
y a efté mife. Nous auons donc excedé cefte
mefme chofe, par $\frac{13}{20}$. Fais donc par la reigle,
multiplie $\frac{13}{20}$ par 3, il en viét $\frac{39}{20}$ encor $\frac{7}{10}$ par 2, il
en viét $\frac{14}{10}$: lefquels fouftraicts de $\frac{39}{20}$, ils laiffent
$\frac{11}{20}$, ou $\frac{1}{4}$. Encores ofte $\frac{7}{10}$ de $\frac{13}{20}$, refter $\frac{6}{20}$, ou $\frac{3}{10}$.
Diuife donc $\frac{1}{4}$ par $\frac{3}{10}$, il en vient $\frac{10}{12}$, ou 2 $\frac{5}{6}$,
c'eft à dire, 4 $\frac{1}{6}$ liures d'or. Il y auoit donc tāt
feulement $\frac{5}{6}$ de liure d'argent.

FORCADEL.

De 39, qui en fouftrait 14, il refte 25 : & de 13, qui
leue 7, il refte 6 : par lequel qui partift 25, il trouue 4
$\frac{1}{6}$, & de là, ou par là $\frac{5}{6}$.

PHRISON.

Laquelle chofe à fin que tu l'examines, dis :
5 liures d'or donnent 3 liures d'eau : combien
4 $\frac{1}{6}$ d'or? fait 2 $\frac{1}{2}$ liures d'eau. De rechef dis : 5 li-
liures d'argét, donnent 4 $\frac{1}{2}$ liures d'eau : com-
bien $\frac{5}{6}$ d'argent? faict $\frac{3}{4}$ liure d'eau : lefquels adioufte auec 2 $\frac{1}{2}$ liures, il en viét 3 $\frac{1}{4}$ liures d'eau,
c'eft à fçauoir, autant qu'il en eft forty, quand

ðny a prolongé la couronne.

Hipotheses.		Differences.
3 ———	$-\frac{7}{10}$	14
2 ———	$-\frac{3}{10}$	39
6		25

$$4\tfrac{1}{6}$$

FORCADEL.

Par la reigle d'alligation, la difference de $4\frac{1}{2}$, à 3 $\frac{1}{4}$, est 5 : & de $3\frac{3}{4}$ à 3, est 1 : cestui cy, pour l'argent : & celuy là, pour l'or. Il y a donc le sixiesme d'argẽt, c'est à sçauoir $\frac{1}{6}$, & le reste $4\frac{1}{6}$ d'or.

PHRISON.

Il faut cependant icy noter, qu'il n'estoit point besoing à l'Archimede, ny à quelque autre, qui voudra essayer ceste chose, faire vne masse d'or ny d'argent de mesme poix auec la couronne, ou quelque autre chose, qu'il faudra examiner : mais il suffira de quelque partie notable de poix d'or ou d'argent.

FORCADEL.

Si la couronne, ou quelque autre chose poise 10 marcs, & qu'on ne trouue qu'vn marc d'or, & la moitié d'vn marc d'argent, si la couronne fait sortir 6 liures d'eau : le marc d'or, la moitié d'vne liure : les 10 marcs en feront sortir 5 liures d'eau. Et si la moitié d'vn marc d'argent, en fait sortir $\frac{3}{8}$ de liure d'eau, le marc en seroit sortir $\frac{1}{4}$, & les dix marcs, 30, c'est à sçauoir, $7\frac{1}{2}$ liures d'eaux, Ainsi les differences seroiẽt

3, pour l'or: & 2, pour l'argent. Pour 3 parties d'or, il y
auroit 2 parties d'argent, &c.

PHRISON.

On peut faire ces exemples icy, & autres in-
finiz par la reigle de faux, lesquels qui voudroit tous rememorer, ce seroit vn labeur infiny, & vn ennuy intolerable. Car elle a sous
elle toutesles questiõsdeuãt-dites,& plusieurs
autres, que nous auons laissées : comme sont
toutes celles presque qui se respondent par la
premierereigle de la choseou Algebre:&aussi
plusieurs de celles, qui se dissoluët par la secõde,tierce,& quarte d'icelle:combien quei'aye
souuenance qu'vn certain Christophe Ro-
dolphe lãnier à dit, qu'il estimpossible,qu'aucun exemple,lequel la secõde,tierce,& quarte reigle enseigne,puisse estrefait par cellecy.
Laquelle chose ainsi cõme il a dit vray, aussi
nous monstrerons,en ayãt vn peu mué nostre
reigle,qu'il est autremẽt,&qu'il y a beaucoup
de choses possibles par celle cy, qu'il a pensé
estre impossibles. Et ce,quei'en dy,n'est point
pour oster quelque chose de son industrie &
diligence,ny aussi que ie pense que ceste reigle cy doiue estre conferée auec celle qu'ils
appellent reigle de la chose :mais à fin que ie
monstre l'excelléce de ceste reigle icy, & que
nostre petit esprit n'a pas esté totalement inu-
tile en inuention,quand nous auons adiousté

les chofes, qui ne furent iamais dites d'vn autre. Toutes lefquelles n'approchent aucunement de la reigle de la chofe ancienne, tant en
certitude, que auffi en facilité. Mais par ce
qu'aux exemples, qui font enfeignez par la feconde, tierce, & quarte de la chofe ou d'Algebre, il eft neceffaire d'auoir la cognoiffance
des racines quarrées & cubiques : il m'a femblé bon, de conuertir premierement noftre
ftile à l'vfage & inuention d'icelles, & differer
noftre dependéce de la reigle de faux, iufques
à ce que les preceptes, neceffaires à cefte chofe, & à plufieurs autres queftions Geometriques & Aftrologiques, foient expliquez.

S'ENSVIT DE L'EXTRACTION DES
racines: & premierement, des quarrées.

LEs Geometres appellent vn quarré, vne
figure plaine, de laquelle les 4 coftez font
egaux entr'eux & tous les angles egalement
droiéts : & appellent l'vn des coftez le cofté.
Telle figure eft produiéte, fi quelque ligne
que foit f'aduance en largeur, iufques là ou la
longitude d'icelle mefme ligne attouche.

FORCADEL.
A droiéts angles : voy! 2 30e diffinitiõ du premier,
& premiere diffinition du fecond d'Euclide.

PHRISON.
Par féblable raifon nous difons en l'Arithme-

tique, vn nôbre quarré, lequel peut eſtre ainſi colloqué en figure quarrée, par lesvnitez,
tellement que tous les coſtez ſe trouuent en-
ſéble egaux, tels qu'ils ſont icyveuz marquez.

Quadrati numeri

FORCADEL.

Il y a vne fort grande difference entre vn quarré
Geometrique, & vn Arithmetique: car le Geometrique ſe fait, ou eſt le contenu de deux coſtez egaux:
& l'autre eſt le produict d'vn nombre prins autant
de fois qu'il y a d'vnitez en luy: comme le peuuent teſ-
moigner ceux qui font profeſſion des armes. Toutesfois la conſideration de l'vn en l'autre eſt fort proffi-
table, comme plus que neceſſaire à noſtre entrepriſe.

PHRISON.

Et appellôs vn coſté, racine quarrée. Et tel
nôbre quarré, ſe fait quãd tu côduis quelque
nôbre, que tu veux, c'eſt à dire, que tu le multiplies en largeur egale à la longueur: c'eſt à
dire, par ſoymeſmes: comme, 5 fois 5, font 25.
Nous diſons donc 25 eſtre nombre quarré,
duquel la racine eſt 5.

FORCADEL.

Il me ſemble eſtre à l'endroit, auquel (pour conten-
ter les ſtudieux) ie dois dire cecy. Comme il ſoit ainſi,

que les doutes, qui peuuent entreuenir en lisant le dixiesme liure d'Euclide, ne sont autrement demeslez,
que par la cognoissance des nombres quarrez & de
leurs racines: il est necessaire premierement de conce-
uoir ce, que desia i'ay escrit au troisieme liure de mon
Arithmetique: c'est à sçauoir, que le nombre quarré
d'vn quarré, qui se fait de distances egales continuées,
est plus petit que le nombre quarré des poincts, qui les
terminent, du double des distances plus 1 : comme, 25
est plus petit, que 36, du double de 5, auecques 1,
c'est à sçauoir, 11. Et tels nombres seront tousiours
impairs, par la diffinition des nombres impairs. Maintenant pour auoir la cognoissance des quantitez,
qui ont la raison d'vn nombre à vn nombre, ou non:
ou bien, pour trouuer les vnes & les autres: entre les
infinies sortes, par lesquelles se peuuent trouuer deux
nombres quarrez lesquels adioustez ensemble facent
vn nombre quarré, i'en escriray les deux causes qui
s'ensuyuent: dont l'vne dit, Tout nombre impair, est
le gnomon Arithmetique: lequel, adiousté auec le
quarré de la moitié d'vn moins de luy, fait le quarré
au dessus plus prochain: côme de 7, la moitié de 6, est
3, duquel le quarré est 9, auquel qui adiouste 7, fait
16. Pour donc trouuer deux nombres quarrez lesquels
adioustez ensemble facent vn nombre quarré : ie pre-
dray vn nombre impair, lequel sera quarré, ou non.
S'il est quarré, ie le prendray pour l'vn: & pour l'autre, le quarré de la moitié d'vn moins de luy. S'il
n'est pas quarré, ie prendray le quarré d'iceluy pour

l'vn, car il fera impair, par la vingtneufiefme propoſition du neufieme: & pour l'autre comme ie viens de dire le quarré de la moitié d'vn moins que ledit quarré du nombre impair non quarré, que i'ay pris: ainſi ayant vn nombre quarré impair, la racine d'iceluy, la moitié d'vn moins d'iceluy, & 1 plus que ladite moitié, feront les trois nombres, par lefquels fe peut conſtituer vn triangle orthogone: ou bien, s'il n'eſt pas quarré, luy, la moitié d'vn moins que ſon quarré, & vn plus de ladite moitié font lefdits nombres. Pour maintenant venir à la feconde cauſe, vn chacun doit eſtre premierement aduerty, que (par la quatriefme propoſition du fecond d'Euclide) le quarré d'vn tout eſt quadruple au quarré de ſa moitié: parquey 4 fois le quarré de la moitié, fait le quarré du tout: & d'auantage, que la racine du quarré de la moitié, doublée, fait le tout: encores vn tout diuiſé en deux pieces, les deux quarrez & les deux rectangles des deux pieces font egaux ou quarré du tout: ce que ie mets d'auantage, pour les plus foibles. Il faut auſſi ſçauoir, que de trois nombres progreſſionnels Arithmetiquement diſtans de l'vnité, le plus grand excede le moindre de 2: doncques le quarré du plus petit, auec quatre fois le plus petit & 4, c'eſt à ſçauoir, auec 4 fois le moyen, fera egal au quarré du plus grand: comme ſe voit par 14, 15, 16, que le quarré de 14, c'eſt à ſçauoir 196, auec 4 fois 15, qui font 60, valent 256. Si doncques le milieu eſt quarré, eſtant multiplié par 4, il fait le quarré du double de ſa racine: lequel adiouſté

auec le quarré du plus petit , ils feront le quarré du
plus grand, & du milieu, le plus petit estant 1 moins,
& le plus grand vn plus. Ie prendray vn nombre pair,
tel qu'il me plaira , comme 8, & en prendray la moitié, qui est 4, dont le quarré est 16: ce sera le milieu,
auquel qui adiouste & soustraict 1 , il a 15 & 17:
doncques 8, 15, 17, feront les trois nombres, desquels
les deux quarrez de deux, font egaux au quarré de
l'autre. Mais pourquoy nous faut il laisser les reigles
tant difficiles, sans nous en manifester la cause, là ou
demeure & se repose tout ce, qui se peut souhaiter
aux Mathematiques ? Prens vn nombre quarré,
comme 9, leues en 1, il reste 8, dont le quarré, auec 4
fois 9, c'est à sçauoir, 36, font vn nombre quarré : ou,
adiouste 1 à 9, fait 10: du quarré duquel leue 4 fois 9,
il reste vn nombre quarré : & 10, 8, & la racine de
36, c'est à sçauoir, 6, font les trois nõbres , par lesquels
se constitue vn triangle rectangle , &c.

PHRISON.

Trouuer donc la racine quarrée de quelque
nombre, est chercher vn nombre, lequel, multiplié en soy, face le nombre proposé. Il faut
donc icy premierement sçauoir les 9 racines
simples , & les quarrez d'icelles, desquelles la
cognoissance doit estre dónée & posée, nõ pas
estre cherchée. Et se posent en ceste maniere.

Les racines.	1. 2. 3. 4. 5. 6. 7. 8. 9.
Les quarrez.	1. 4. 9. 16. 25. 36. 49. 64 81.

Outre ce, que i'en ay dit au troifiefme liure de mõ
Arithmetique, ie diray, que le quarré de 5, lequel fe
diuife en 3 & 2, fe fait de 3 cinqs & de 2 cinqs, par la
fecõde proportiõ du huictiefme: car 2 trois & 2 deux,
fõt 5 deux, c'eft à dire, 2 cinqs: auffi 3 trois & 3 deux,
font 5 trois, c'eft à dire 3 cinqs: & 2 cinqs auec 3
cinqs, font 5 cinqs &c. Pour auoir doncques la racine de 25, comme s'il eftoit plus grãd, ie prendray tãt
feulement 3, dont le quarré eft 9, lequel de 25 il refte
16: & par ce qu'en 3 deux & 2 trois y a 6 deux, ie
double 3, fait 6, & diuife 16 par 6, il en vient 2,
& refte le quarré de 2: car il faut, qu'il refte s'il eft
poffible, le quarré du combien: & fi plus, plus, mais
qu'il ne foit plus qu'il ne doit eftre. 2 doncques, eftant
le combien, adioufté à 3 fait 5, pour la racine de tout
le nombre 25. Prens peine à bien entendre cefte chofe.

PHRISON.

Ayant cogneu icelles, les racines des autres
plus grands nombres font cherchées en cefte
manicre: & pour exemple foit icy propofé le
nombre 119025, duquel nous auons deliberé chercher la racine. En commençant doncques à dextre, note la premicre figure par vn
poinct, & femblablemét la tierce, en apres la
quinte, & ainfi confequemment pourfuis à
noter les figures en laiffent vne entre. deux,
comme en noftre exemple, 119025.

FORCADEL.

FORCADEL.

Cela se fait, à cause de la proprieté des quarrez des nombres articles, c'est à dire, qui se mesurent par dix: comme ie l'ay tres-bien demonstré au troisiesme liure de mon Arithmetique.

PHRISON.

Ces notes icy, outre l'vsage qu'ils ont à operer, demonstrent aussi par combien de figures il faut escrire la racine du nombre proposé.

FORCADEL.

Cela doncques doit estre l'autre conception de celuy qui cherche.

PHRISON.

Et par ce que l'extraction des racines differe peu à diuision, cõmence à senestre, & cherche la racine du dernier nõbre, qui est depuis le dernier poinct, soit qu'il soit d'vne figure, ou de deux.

FORCADEL.

Car il ne peut pas estre de trois, sinon par vne abõdance expresse de memoire. L'extraction se dit aussi peu differente à diuision, parce qu'on cherche en cõbien egal à son partiteur, c'est à dire, au nombre qui a party: ou d'vn nombre donné on trouue le partiteur egal au combien.

PHRISON.

Ou s'il n'en a poinct, prens le moindre plus prochain. Comme en nostre proposé, le nom-

Q

bre qui eſt apres le dernier poinct, vers la ſeneſtre, eſt 11, qui n'eſt point trouué en la table
des quarrez : il n'eſt dõc point quarré, mais le
moindre quarré plus prochain eſt 9, ſa racine
eſt 3. Mets icelle racine à part à dextre, encloſe
dedãs la ligne ſemicirculaire, ainſi qu'on a accouſtumé faire en diuiſion : & leue enſemble
iceluy moindre quarré, c'eſt à ſçauoir, 9, du nõbre mis depuis le dernier poinct, c'eſt à ſçauoir,
de 11: reſtent 2, leſquels eſcris ſur le nõbre propoſé, ainſi comme en diuiſion.

$$2$$
$$119025 \quad (3$$
$$9$$

Et ce, que nous auons dit maintenant, eſt le
premier en toute extraction de racine, & n'eſt
plus repeté: mais ce qui eſt dit cy apres, doit e-
ſtre repeté autãt de fois, qu'il y aura de poincts
au reſte: c'eſt à ſçauoir, double tout ce, qui eſt
cõioinct dans la ligne ſemicirculaire, mets le
double au milieu entre le prochain poinct vers
la dextre, s'il eſt d'vne ſeule figure : mais ſ'il y
en a deux, ou pluſieurs, tu mettras les autres
en apres par ordre vers ſeneſtre: comme, double 3, il en viẽt 6, leſquels mets ſous 9. En apres
ce double icy ſoit comme diuiſeur, voy combien de fois il eſt au nombre eſcrit ſur luy: eſcris ce quotiẽt apres la ligne lunaire à dextre,

comme en diuifion : & efcris le auffi apres le
diuifeur à dextre, toufiours fous le poinct. En
apres multiplic le diuifeur auec la figure adiouftée, par ce quotient maintenát trouué : &
leue le produict du nôbre efcrit au deffus , en
colloquant le refte fus les autres, ainfi comme
en diuifion. Côme, par. ce que 6 eft côtenu au
fuperieur, c'eft à fçauoir, 29, quatre fois, mets
4 apres 3, & femblablemét apres 6 fous le poinct.
En apres ie multiplic 64 par 4, il en vient 256 :
lefquels ie leue de ceux de deffus, c'eft à fçauoir de 290, reftent 34, lefquels ie colloque fus
l'autre nôbre. Et cefte chofe icy eft celle, que
les ieunes efprits ont en haine d'apprendre,
pour l'obfcure tradition enueloppée comme
vn labyrinthe, que font les autres en cefte cho
fe icy : car tout ce, qui refte apres, ne differe
point d'vne feule fyllabe à la reigle que nous
venôs de dire : qui fe doit autât de fois repeter,
qu'il y aura d'autre poinct, fous lefquels il n'y
à eu encores aucune fouftraction faite. Côme,
par-ce qu'en noftre exemple il refte encores
vn poinct, nous doublôs de rechef tout ce qui
eft en la ligne lunaire, c'eft à fçauoir, 34, il en
fort 68 : lequel double nous efcriuons entre le
poinct prochain en mettât la premiere, c'eft à
fçauoir 8, fous 2 : & l'autre 6 , en apres fous 3.
Maintenât i'enquiers côbien de fois eft 68 en
342, ou 6 en 34, c'eft à fçauoir le nombre efcrit

fur luy, en maniere de diuifion: & par-ce que
.6 eft contenu 5 fois en 34, ie mets 5 apres la
ligne lunaire vers dextre, & femblablement
apres le double fous le poinct. Ie mutiplie 685
par 5, il en vient 3 4 2 5, lefquels leuez de ceux
de deffus, refte rien. Laquelle chofe monftre,
que le nombre propofé eft vrayement quarré.
Autrement s'il feuft demeuré quelque chofe
en la derniere fouftraction, le nombre propofé euft d'autant efté different du quarré.

$$234$$
$$215925 \qquad (34$$
$$64$$
$$256$$

$$234$$
$$215925 \qquad (345$$
$$685$$
$$3425$$

$$5$$

$$254$$
$$215925 \qquad (345$$
$$668$$

FORCADEL.

*Du plus prochain quarré dudit nombre, fi le refte
eft plus petit, que le double du combiẽ adiouſté auec 1.*

PHRISON.

Il faut icy noter, fi de la multiplication du
fimple efcrit au quotient, par le double auec
la figure adiouftée, il en vient plus, qu'il n'en
pourroit eftre leué du nombre deffus, alors il
faut effacer iceluy fimple, & tant au quotient
que fous le poinct, & y en efcrire vn autre
moindre de l'vnité: & faut faire toufiours cela,
iufques à ce que le nombre, prouenant de la

multiplication, puiſſe eſtre leué du ſuperieur.
Exemple. On cherche la racine de 784: le premier ſimple ſera 2, comme la racine prochaine de 7: ſon quarré 4, eſtant leué de 7, il delaiſ-
ſe 3: en apres double 2, font 4, leſquels eſtant
mis au milieu entre les poincts, ils ſeront au
lieu du diuiſeur. Cherche donc combien de
fois eſt 4 en 38: & par-ce que tu l'y trouues 9,
eſcris 9 aux deux lieux predits: en apres multiplie, il en vient 441. Et par-ce qu'ils excedét
le ſuperieur, il faut effacer 9 de l'vn & l'autre
lieu, & remettre 8: puis multiplie, & ſouſtrais,
comme il faut.

$$
\begin{array}{llll}
38 & & 3 & \quad\quad 3 \\
784 \quad (28 & \quad 784 \quad (29 & \quad 784 \quad (28 \\
4 & \quad\quad 49 & \quad\quad 48 \\
& \quad\quad 441 & \quad\quad 384
\end{array}
$$

Secondement, il faut noter que, ſi quelque fois le diuiſeur n'eſt point au nombre
ſuperieur, on doit eſcrire o, au quotient, ainſi
comme il eſt dit en la diuiſion. Et alors de rechef il faut commencer à la reigle de l'extraction des racines, en doublant c'eſt à ſçauoir
tout le quotient, &c. Mais il faut mettre celuy
double entre les autres prochains poincts: ou,
s'il n'y a pas d'autre poinct qui enſuyue, l'operation ſera parfaite.

Exemple.   Autre exemple.

366025	605	1632	4 0
12	la racine.	8	la racine, reſtét 32.
1205			
6023			

Et à fin qu'on retienne plus fermement ceſte reigle icy, voy par quelle raiſon elle eſt cõ-
ſtruite: car tout ainſi que les nombres quarrez
prouiennét par la multiplication des racines,
auſſi ſemblablemét les racines ſont de rechef
colligées des quarrez. Et à fin que tu entendes
cecy plus facilement, partis le nombre à multiplier, en autant de parties, qu'il s'eſcrit de figures: & parfais la multiplication en ceſte ſorte. Comme, ie veux multiplier 23 en ſoy, premieremét 3 ſont multipliez par 3, puis apres 3
par 2, en apres 2 par 3, & finalement 2 par 2 : &
le nombre eſtant diuiſé, on multiplie 3 par 20,
& 3 par 3: ſemblablemét 20 par 3, & 20 par 20.
Dont nous colligeons en toute multiplicatiõ
quarrée, vne chacune partie du nombre ainſi
diuiſé, eſtre multiplié vne fois en ſoy, & deux
fois par vne chaçune des autres: laquelle choſe (ainſi comme la quarte du ſecond d'Euclide enſeigne) auſſi peut on veoir par experience. Et au contraire donc nous tirerons facilement les quarrez de chaçune partie, leſquels
obtiennent touſiours, en la collectiõ des mul-

—tiplications, les lieux impairs. En apres, par-ce
que chacun simple est multiplié deux fois par
tous les autres, pour telle cause nous doublôs
celuy simple desia trouué, & cherchons quel
est le simple, qui, estant multiplié par ce double, & en apres au prochain lieu multiplié en
soy, efface le nombre mis sur luy : & perseue-
rons en ceste maniere, iusques à ce que nous
auons autant de simples, comme il y a de lieux
impairs aux quarrez.

note La somme de ceste doctrine est, qu'il faut
trouuer premierement la racine du nombre,
qui est apres le dernier poinct vers senestre,
&c. & cela tant seulement vne fois. Secondement, il faut doubler tout ce, qui est au quotiét, & le mettre entre les poincts. Tiercemét,
il faut diuiser par le double en cherchât combien de fois il est côtenu au nôbre mis dessus.
Quartement, il faut multiplier le simple trouué par le double auec celuy mesme simple adiousté. Et finalemét, il faut soustraire, & noter
le reste sur le lieu dessus. Tu colligeras les minutes du residu, si aucû en y a, en ceste maniere: Double la racine inuentée, apres adiouste
y l'vnité: & escriras sur ce nombre icy, comme
estant denominateur, le residu.

FORCADEL.

Alors la racine sera plus petite: mais si le double tãt
seulement est pris pour denominateur, ce, qui se prend

au lieu de la racine, sera plus grand que la racine, toutesfois toutes deux de bien peu:comme ie l'ay demõstré en mon troisiesme.

PHRISON.

Autrement si tu veux colliger quelconques parties, multiplie le nom d'icelles parties en soy mesmes:& par-ce qui est produict, multiplie le nombre, duquel il faut chercher la racine:& cherche la racine de ceste somme. La racine sera le numerateur des parties. Exéple. Ie veux chercher la racine de 200 : & par-ce qu'il n'est pas nombre quarré,ie veux trouuer sa racine en minutes ou parties, c'est à dire, combien de centiesmes, ou autres parties à la racine,outre les entiers. Maintenãt dõcques, à cause de doctrine,il me plaist trouuer les cétiesmes. Multiplie donc 100 en soy, c'est à dire,par 100 : il en vient 10000 , que de rechef multiplie par 200,ils font 2000000,la racine d'iceluy est 1414 centiesmes, lesquelles peuuent estre escrites en ceste maniere $\frac{1414}{100}$. Et par-ce que le superieur est plus grand que l'inferieur,par les reigles des reductions diuise le superieur par l'inferieur,il en vient 14 & $\frac{14}{100}$, c'est à dire, $\frac{7}{50}$. Tu trouues doncques la racine de 200 estre $\frac{7}{50}$: & ce, assez parfaitement: car ny la centiesme partie certainement d'vn entier ny deffaut point.

FORCADEL.

Comme il soit ainſi, que par tout ou il y a de cin-
quantieſmes, il y a de centieſmes: ſi le nombre, du-
quel tu cherches la racine, n'eſt pas quarré, augmente
le d'vn point par deux nulles, & la racine ſeront di-
xieſmes: ſi d'vn autre point par deux autres nulles,
ſeront centieſmes:& ſi tu l'aduances de trois poinɛts
par des nulles, ſeront milieſmes, &c.

PHRISON.

Et ne te fatigue point trop auſſi en cherchant la racine: car ſi tu ne la trouues par la
premiere inquiſitiō, iamais la racine ne pourra eſtre donnée legitimemɛ́t en operant. Car
pluſieurs nōbres deffaillɛ̄t de vrayes racines,
& on appelle iceux ſourds.

La preuue.

Multiplie la racine deſia trouuée, en ſoymeſmes:& adiouſte le reſte,ſi point en y a,au
produiɛt,alors ſi la premiere ſōme,de laquelle tu as cherché la racine, reuient, tu as bien
fait:autrement,ne doute point, que tu as failly en quelque lieu.

FORCADEL.

En obſeruant la condition que i'ay dit cy deuant:tout
ainſi qu'en la diuiſion,la racine,multipliée en ſoy,fait
le nombre propoſé.

TOut ainſi que la racine quarrée, eſt dite le nombre, qui, multiplié en ſoy, conſtitue vn nombre quarré, & ce à la ſimilitude des quarrez en Geometrie ainſi que nous auõs dit: ainſi la racine cubique a pris ſon nom du cube Geometrique. Car tout ainſi que le cube eſt fait premieremét de la multiplicatiõ d'vn coſté en l'autre (car la ſuperficie eſt cõſtituée en ceſte ſorte) en apres de la multiplicatiõ d'icelle meſme ſuperficie deſia procreée par la meſme ligne du coſté, tels ǵ ſont ces corps qu'on nõme dets : tout ainſi le nombre cube eſt dit, qui prouient de la multiplication de quelque nombre en ſoy meſme, & en apres de la multiplication d'iceluy nombre par le produict.

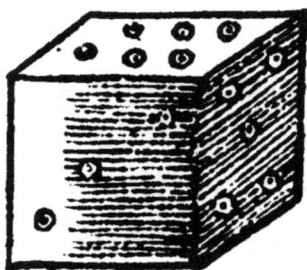

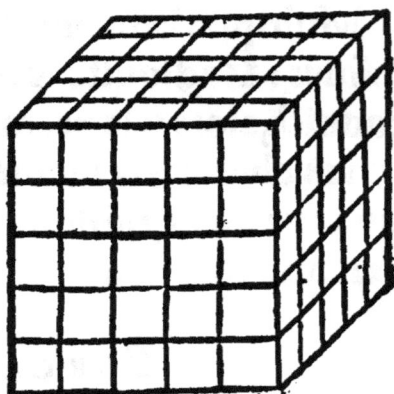

Tel premier nombre nous l'appellons racine cubique. Cõme, multiplie 6 en ſoy, c'eſt à dire, par 6, il en sortent 36: lesquels de rechef multiplie par 6, il en sortent 216. Nous disons donc 216 estre cube, & 6 sa racine cube.

FORCADEL.

Tout ainsi que, par la premiere proposition du si-
xiesme, on trouue le contenu d'vn quarré &c. aussi
par la 25e proposition de l'onziesme on trouue le con-
tenu d'vn cube, &c.

PHRISON.

Nous enseignons donc en ce lieu icy, de chercher telle racine. Tout ainsi donc qu'aux quarrez il faut cognoistre les neuf premiers quarrez, & leurs racines semblablemét icy, il conuient premierement sçauoir les neuf pre-miers nõbres cubes, & leurs racines, qui sont en telle maniere.

Les racines. 1. 2. 3. 4. 5. 6. 7. 8. 9.
Les quarrez. 1. 4. 9. 16. 25. 36. 49. 64. 81.
Les cubes. 1. 8. 27. 64. 125. 216. 343. 512. 729.

Mais à fin que la raison d'extraire les racines cubes soit plus facile, regarde vn peu la gene-ration des nombres cubes par leurs racines. Car la raison sera côtraire à extraire la racine. Si dõcques quelque nombre est multiplié en soy cubement, c'est à dire, vne fois en soymes-me, & en apres de rechef se multiplie par son produict: le nombre ainsi engédré, est appellé cube. Et iceluy mesme cube sera produict, si quelcũ separe sa racine en tant de parties qu'il

voudra, & s'il multiplie vne chacune partie
par foy cubemēt, en apres s'il multiplie de rechef le triple d'vne chacune partie par le
quarré des autres l'vn apres l'autre. Cardan à
demonftré cecy elegammēt en deux parties.
Mais il fuffit aux Arithmeticiens monftrer à
l'œil les demonftrations, pour ceux qui apprennent. Propofons donc ce nōbre icy 345,
pour eftre multiplié en foy cubement : ie le
coupperay en fes parties, c'eft à fçauoir, 300,
40,5. le multiplie vne chacune partie en foy
cubement,il font 27000000, 64000, & 125.

FORCADEL.

Il faut aufsi prendre le cube de 5, preuoyant qu'il
le faudra adioufter au cube de 340,&c.pour auoir le
cube de 345.

PHRISON.

En apres ie multiplie le quarré de 300, c'eft
à fçauoir,90000, par le triple de 40, c'eft à dire, 1 2 0, font 10800000. Semblablement ie
multiplie le quarré de 40,c'eft à fçauoir,1600,
par le triple de 300,c'eft à fçauoir,900:ils font
1440000. Puis ie prens ces deux parties pour
vne,laquelle fera340:le quarré d'icelle 115600.
Ie le multiplie par le triple du refte du nōbre,
c'eft à fçauoir par 15:ils font 1734000. Puis ie
multiplie apres le quarré de ceftuy,c'eft à fçauoir, 25,par le triple d'iceluy, c'eft à fçauoir,
1020,ils font produicts 25500. Finalemēt i'af-

semble ces trois cubes, auec les quatre autres
produicts, en vne somme, & trouue 4 1 0 6 36
25. Ie trouue celle mesme somme icy, si ie multiplie 345 en soy, & derechef par son produict:
en sorte que par voye contraire, les cubes sont
faits, & les racines sont extraictes. Car tu vois
comme en la production du cube il y a autant
de cubes particuliers, comme il y auoit de figures en la racine : & vn chacun cube obtient
son lieu distant de l'autre de deux lieux : en a-
pres le quarré d'vn chacun nombre quel qu'il
soit, commençant à senestre, est multiplié trois
fois par la precedente, & alternatiuement, le
quarré du precedent est multiplié trois fois
par les suyuans conioinctement. Il ne se faut
pas donc esmerueiller, si en l'extraction des
racines on procede par voye contraire. Cecy,
que nous venons de dire, pouuoit estre con-
firmé par demonstrations Geometriques:
mais (ainsi que nous auons dit) les inductions
faites par experience doiuent suffire aux A-
rithmeticiens, par-ce que les nombres sont
subiects aux sens.

FORCADEL.

Les pieces, telles que nous auons dit cy deuant,
desquelles se fait le quarré de quelque nombre, qui soit
diuisé en deux pieces: quand elles sont multipliées par
les pieces dudit nombre, premierement par l'vne, &
puis par l'autre, font les produicts, lesquels adioustez

ensemble font le cube dudit nombre, par la vingtcinquiesme proposition de l'vnziesme, & quatriesme du second, ou bien par la premiere du mesme second, & seconde du huictiesme (car on peut prendre tels deux nōbres qu'on voudra, pour premiers, à celle fin que la ri-
gueur de ladite seconde ne soit pas violée) comme du
quarré de 7, c'est à sçauoir, de 49, diuisé en deux
pieces, c'est à sçauoir, en 2 & en 5, les pieces sont 4,
10, 10, 25. Tout ainsi doncques que 7 fois 49 font
343, tant par l'entiere multiplication par 7, qu'aussi
par-ce que 2 fois 49, & 5 fois 49 font 7 fois 49 : aussi
les produicts desdites quatre pieces multipliées par 2
& puis par 5, qui sont 8, 20, 20, 50, 20, 50,
50, 125, adioustez ensemble, feront 343 : vn
chacun des trois vingts se fait de 2 cinqs 2 fois,
c'est à sçauoir, de 2 deux cinq fois, le quarré de
l'vne par l'autre, par l'vne & par l'autre demonstration. Doncques les 3 vingts se font de 3 cinqs
4 fois, le triple de l'vne par le quarré de l'autre.
Et semblablement les 3 cinquantes, se font de 3
deux 25 fois : 8 est le cube de l'vne, & 125 le
cube de l'autre : d'où vient qu'ayant trouué vne piece de la racine de quelque nombre proposé, on prend
le triple, & se garde, & le multiplie l'on par
la piece qu'on a pour auoir le triple du quarré d'icelle : & par iceluy produict on presage (en le faisant partiteur du reste) qu'elle pourroit estre l'autre piece : par laquelle (si elle l'est) on multiplie le
partiteur, puis le quarré d'icelle, par le triple gardé :

& à ces deux produicts on adiouste le cube d'icelle: &
toute la somme doit faire le nombre resté: dont s'en est
ensuyuie l'abbreuiation que i'ay trouuée, & escrite
en mon troisiesme. L'aduancement des figures (comme i'ay dit) vient de la force des nombres articles,
desquels la proprieté est cause en ceste reigle du couppement des figures, de trois à trois, & aux quarrez,
de quarrez (sans l'abbreuiatiō d'en prendre la racine,
& d'icelle la racine) de quatre à quatre, &c.

PHRISON.

Voulant donc chercher la racine cube de
quelque nombre plus grand que 1000 (car il
n'y a point d'art à plus petits, sinon par fractions, comme nous enseignerons, ou de la
table) note la premiere figure par vn poinct:
en apres en laissant deux figures entredeux, la
quarte:& ainsi en apres iusques à la fin, en al-
lant de dextre vers la senestre, delaissant deux
figures, note la suyuante auec vn poinct, comme tu vois icy 41063625.

FORCADEL.

Le couppement des nombres, desquels on cherche
la racine, de trois à trois figures, ne s'estend pas aux
nombres moindres que 1000, parce qu'elle prend sa
cause des cubes des nombres articles, desquels le premier est mil. Et de ce nombre proposé il nous faut premierement chercher comme la racine de 41063, &
l'estendre à 41063625, &c.

Et icy de rechef ainfi comme aux quarrez,
autant qu'il y aura de poincts, autant y aura il
de figures, qui reprefenteront la racine cube
du nombre propofé, pour les caufes ia dites.
Voy auffi qu'elle eft la racine cube du nôbre,
qui eft depuis le dernier point vers la feneftre,
ou foit qu'il foit d'vne feule figure, ou de deux,
ou bien de trois: mais fi la racine ne f'offre
promptement, cherche ce nombre en la table
entre les cubes. Que fi ainfi eft, qu'il n'y foit
trouué, regarde le moindre plus prochain, &
note la racine d'iceluy à part, côme aux quarrez. Ainfi comme en noftre exemple, cherche
41 entre les cubes. Mais parce qu'il n'eft point
entre iceux, ie prés le moindre plus prochain,
c'eft à fçauoir, 27, duquel la racine cube eft 3:
note icelle à part. En apres fouftrais ce cube
(côme 27, en noftre exemple) du nombre propofé, depuis le dernier poinct, c'eft à fçauoir,
41, refte at, 14: efcris iceux au deffus, tout ainfi
qu'il eft dit en diuifion, & aux quarrez.

<pre>
    14
4:063625   (3
    27
</pre>

Et cecy eft le premier precepte en toute extraction de racines, & n'eft plus apres repeté.
Mais la reigle, qui s'enfuit, fera autant de fois
repetée, qu'il y aura de poincts de refte. C'eft
à fçauoir,

à fçauoir, triple tout ce qui eſt au quotient : & mets le triple ſous la prochaine figure precedét le poinct vers la ſeneſtre:& ſ'il y a pluſieurs figures, ſoient miſes les autres par ordre. En apres multiplie de-rechef iceluy meſme quotient par le triple, ou triple le quarré du quotient : car tu feras vne meſme choſe. Note le produict vers la ſeneſtre, plus loing d'vn lieu que le triple n'a cómencé, & au lieu inferieur, en ſorte qu'ils ſoient deſia deux nóbres reſeruez, deſquels nous appellerons le premier, le triple : & l'autre, diuiſeur. Tu partiras par ce diuiſeur, qui eſt le triple du quarré du quotiét, le nombre eſcrit au deſſus de luy, adiouſtant toutesfois la conditió qui enſuit. Regarde diligemment combien de fois ce diuiſeur icy peut eſtre contenu au nombre mis au deſſus de luy : eſcris ce quotient à coſté du premier, vers la dextre, & de là multiplie ce ſimple ou quotient trouué par le diuiſeur : mets le produict ſous iceluy meſmes diuiſeur:incontinét multiplie en ſoy, ou (ainſi qu'on dit) quarre ce meſme ſimple ou quotient:en apres le quarré par le triple, & mets le produict ſous ce triple icy, & au lieu plus bas que n'eſt le premier produict. Finalement cube ce meſme ſimple ou quotient, c'eſt à dire, multiplie le en ſoy, & de-rechef par le produict : note ce cube icy ſous le poinct, & au plus bas lieu. Souſtrais

P

doncques ces trois produicts estás assemblez
en vne somme, toutesfois par tel ordre qu'ils
sont mis, du lieu dessus, s'ils peuuent estre
soustraicts, & escris le reste dessus: mais s'il
est moindre, il faut diminuer ce simple là du
quotient, iusques à ce qu'en sondant par multiplication & addition, il puisse estre soustrait
du superieur, le diuiseur & le triple demourás
tousiours. Comme en nostre exemple, triple
le quotient, c'est à sçauoir, 3, il en vient 9:les-
quels escris sous 6, en apres multiplie ce mesme 3 par 9, il en vient 27 : lesquels seront posez vne figure apres vers seneftre, & au lieu
plus bas. Diuise dóc 140 par 27, & tu le trouueras estre contenu 4 fois en 140. Escris donc
4, auec 3 : maintenant multiplie 4 par 27, il en
vient 108, lesquels faut mettre sous 27. Secó-
dement multiplie 4 en soy quarrément, c'est
à dire, vne fois : il en vient 16 : multiplie les
par le triple, c'est à sçauoir, 9 : il en vient
144, qu'il faut mettre sous le triple. Tiercement, multiplie 4 en soy cubement, c'est à
sçauoir, deux fois : il en vient 64 : il les faut
mettre sous le poinct. Finalement, ayant as-
semblé ces trois produicts en vne somme, ils
font 12304:lesquels leue de ceux dessus,en escriuant le reste 1759.

I

14754

*104 625   (34

| Le triple. | 9 |
| Le diuiſeur. | 27 |

108

144

| Le cube. | 64 |

La ſomme.   12304

C'eſt donc icy le ſommaire de toute l'o-
peration:car tout ce qui reſte en apres,ne differe pas d'vn ſeul point à la reigle, que nous
venons de dire. Mais toutesfois à fin que les
ſtudieux ne nous accuſent de pareſſe,nous re-
peterons l'operation de la reigle par l'exemple
propoſé. Triple donc tout le quotient, c'eſt à
ſçauoir, 34:il en ſort 102, leſquels tu mettras
en telle ſorte, q̃ la premiere ſoit ſous la figure
qui eſt la plus prochaine enſuyuant le poinct
precedẽt,&les autres par ordre. En apres multiplie de-rechef tout le quotiér, c'eſt à ſçauoir,
34,par le triple, c'eſt à ſçauoir 102, il en vient
3468: eſcris iceux ſous le triple, mais de telle
ſorte, que la premiere figure ſoit vn lieu apres
le cõmencemẽt du triple:& ce nombre icy ſera au lieu du diuiſeur. Or voy maintenant
combien il eſt cõtenu de fois au nombre deſſus:& par-ce que 3 eſt contenu tant ſeulemẽt

P ij

5 fois en 17, adiouſte 5 au quotient : en apres
multiplie 5 par 3468, qui eſt diuiſeur, il en viẽt
17340 : qu'il conuient mettre ſous le diuiſeur.
Secondement, multiplie le quarré de celuy
meſme ſimple adiouſté dernierement apres le
quotiẽt, qui eſt 25, par le triple, c'eſt à ſçauoir,
102, il en vient 2550, qu'il faut mettre ſous le
triple. Tiercement, multiplie celuy meſme 5,
dernierement mis apres le quotient, en ſoy
deux fois, c'eſt à dire cubemẽt : il en vient 125,
qu'il faut mettre ſous le poinct. Finalement,
ces trois prouenuz ou produicts aſſemblez en
vne ſomme, en tel ordre qu'ils ſont mis, font
1759625 : leſquels eſtant ſouſtraicts de ceux de
deſſus, ils delaiſſent rien. Qui monſtre, que le
nombre au cõmencement propoſé, eſt vrayement cube. Et par-ainſi tu as trouué la racine
cube d'iceluy eſtre 345.

$$
\begin{array}{l}
\quad\; 1 \\
\text{\textbf{1}4759} \\
\text{4109} \text{3}625 \qquad (345 \\
\quad 102 \\
\quad 3468 \\
\hline
\quad 17340 \\
\quad 2550 \\
\quad\; 125 \\
\hline
\quad 1759625
\end{array}
$$

Il faut auſſi icy noter, ce que nous auons dit

‘aux quarrez, que, quand par la diuision il ne
se trouue aucun quotiét, il faut escrire ciphre,
o, au quotient, & puis de-rechef commencer
à la reigle: premierement, en triplant & mettant le triple sous la figure prochaine du
poinct precedent, & les autres par ordre. Voy
l'exemple suyuant, 129554316 : la racine d'iceluy est 506, & restét 100. Encores la racine de
cestuy cy 8061234 est 200, & restent 61234. Et
par ce moyen tels nombres ne sont pas cubes,
& aussi la racine d'iceux ne pourra iamais e-
stre trouuée, qu'il n'y ait tousiours quelque
peu de deffaut, ou superflu.

FORCADEL.

Quand il reste quelque chose, tu multiplieras la ra-
cine par vn, plus d'elle, & en triplant le produict, il
t'y faut adiouster vn: & si la reste est plus petite qu'v-
ne telle somme, fais de la reste, le numerateur: & de la
somme, le denominateur de la fraction à peu pres.
Mais si la reste est egale, ou plus grande que la somme,
cela te monstre, que la racine est plus grande d'vn, ou
de plus d'vn, c'est à dire, que la racine du plus grand
cube, enclos en ton nombre proposé, est plus grande. Et
de là s'enfuit, que, si la reste est plus petite, egale, ou vn
peu plus grande que la racine, ou le combien des com-
biens : ou bien, si la reste est vn peu plus grande que le
double du produict, qui doit estre triplé en adioustant
au triple vn: la racine du plus grand cube, enclos au
nombre proposé, est bien prise, mais toutesfois que le

cube d'icelle adiousté auec la reste facent le nõbre proposé. Et cecy tu le prendras pour la preuue.

PHRISON.

nota sur la racine cubique

Toutesfois la racine cube d'iceux peut estre
cherchée assez precisement par parties ou fractions, que peu s'en faudra ou rien, n'y sera desiré : laquelle chose se fait en ceste maniere.
Multiplie le nominateur de la fraction en soy
cubement:& multiplie ce produict, par le nõbre duquel on propose trouuer la racine : &
cherche la racine cube de tout ce produict, &
icelle te monstrera autant de parties, comme
tu as voulu sçauoir que la racine contient. E-
xéple. Ie veux sçauoir combien de centiesmes
parties à la racine cube de 6 2 3, & pour ceste
cause ie multiplie 100 en soy cubement , font
1000000,ie multiplie par iceluy 623, il en sort
623000000:la racine cube d'iceluy est 854,&
reste 164136. Ie dis dõc la racine cube de 623
estre $\frac{854}{100}$, c'est à dire, 8 entiers & $\frac{54}{100}$,qui valent la moitié & $-\frac{2}{5}$. Et en ceste sorte tu peux
cherche non pas seulement les centiesmes
parties,mais aussi les miliesmes , & miliesmes
de miliesmes:& non point seulement aux entiers,mais aussi aux fractions ou minutes.

FORCADEL.

Si tu augmentes le nombre proposé, de trois lieux
par des nulles, sa racine seront dixiesmes:si d'autant

c'eſt à ſçauoir, de ſix lieux, ſeront centieſmes : milieſmes, de neuf, &c.

DES PARTIES OV MINVTES.

PHRISON.

SI tu veux trouuer la racine quarrée ou cube des parties, cherche la racine du numerateur & la racine du denominateur, leſquelles deux expliqueront la racine:comme, la ra-
cine quarrée de $\frac{16}{9}$,eſt $\frac{4}{3}$:encores la racine cube de $\frac{27}{64}$, ſont $\frac{3}{4}$.

FORCADEL.

Cela ſe fait par l'oppoſite de la multiplication d'vne
fraction par ſoy meſmes,en l'vne : & en l'autre, par
le produict de ſoy multiplié par la fraction, &c.

PHRISON.

Mais quand l'vn des deux deffaut de racine,
tu la cherches en vain en l'autre : comme $\frac{16}{27}$,
combien que la racine quarrée de 26 ſoit bail-
lée, toutesfois pour-autant que 27 n'a point
de racine quarrée, ie dis, que la fraction n'a
point de racine.Au contraire,combien que 27
ait la racine cube, toutesfois ie dis, que la fraction n'a point de racine cube, par-ce que 16
n'a point de racine cube.Par ce moyē $\frac{16}{27}$ n'ont
point ny racine quarrée ny racine cube.

FORCADEL.

Qui ſe puiſſe exprimer, ... auſsi $\frac{12}{5}$, $\frac{11}{15}$, &c.
$\frac{18}{27}$ n'ont point de racine quarrée,ny auſsi $\frac{25}{9}$,de raci-
ne cube, &c.

Toutesfois la racine peut estre cherchée
en ses semblables icy aux plus petites particules, qui ne deffaudront de rien au sens, par la
reigle deuant donnée des nombres sourds,
aux entiers. Ou s'il te plaist le faire par vne
maniere plus briefue, mets plusieurs ciphres
deuāt le numerateur & le denominateur, toutesfois plusieurs à l'vn, & à l'autre egalement.
En apres cherche la racine de l'vn & de l'autre : & la racine du numerateur, sera numerateur : & la racine du denominateur, denominateur, qui expliqueront la racine des parties :
comme il me plaist sçauoir la racine de *dodrans*
ou $\frac{3}{4}$, ie mets quatre ciphres deuant le numerateur & le denominateur, en ceste maniere
$\frac{3.0000}{4.0000}$: en apres ie cherche la racine de
$\frac{3.0000}{4.0000}$, laquelle ie trouue estre 173. Par semblable maniere ie cherche la racine de 40000,
laquelle vaut 200 : dont ie conclus la racine de
$\frac{3}{4}$ estre $\frac{173}{200}$.

FORCADEL.

Mais elle sera plus grāde ou plus petite, à cause des
nōbres non quarrez : & selon la consideration du plu-
sieurs fois au simple, tāt pource qui est dit aux entiers,
qu'icy, la racine de l'vne est egale à la racine de l'au-
tre, par la 22ᵉ proposition du sixiesme, pour les quar-
rez & pour les cubes, par la trenteseptiesme proposi-
tion de l'vnziesme liure d'Euclide.

PHRISON.

Touchant les autres racines des nombres,
comme font, quarrez de quarrez , quarrez de
cubes, fourds-folides, ainſi qu'on les appelle,
& toutes les autres en infinité, nous enſeigne-
rons le moyen de les chercher, Dieu aydant,
quand nous traicterõs à part de la reigle d'Algebre ou de la choſe. Nous mõſtreronsmain-
tenãt l'vſage de ceux cy, par aucunes briefues
queſtions, lequel toutesfois eſt fort grand en
Geometrie & Aſtrologie.

FORCADEL.

I'ay eſcrit abondamment en mon troiſieſme liure
la propre cauſe & la maniere de trouuer l.. racine telle qu'on voudra de quelque nombre qui ſoit propoſé:
là ou ie renuoye les ſtudieux, iuſques au temps qu'a-
uec vne meilleure commodité ie puiſſe prendre le loiſir
auec l'ayde de Dieu , d'en eſcrire ce , que i'en pourrois
dire d'auantage.

La premiere queſtion.

PHRISON.

Vne certaine tour eſt haulte de 200 pieds,
& a vn foſſé tout à l'entour de 60 pieds: maintenant il faut faire vne eſchelle depuis le bord
en çà iuſques au ſommet de la tour. Tu trouueras la longueur d'icelle en ceſte maniere:
Multiplie 200 en ſoy quarrement , il en ſourd
40000: ſemblablemẽt 60 en ſoy, ils font 3600:
leſquels adioutte au premier quarré , c'eſt à

ſçauoir 40000, il en vient 43600. La racine
quarrée d'iceluy, c'eſt à ſçauoir, 208 $\frac{14}{17}$ preſque, monſtre la longueur de l'eſchelle, qu'il
conuiét faire. De laquelle choſe la raiſon eſt,
par-ce que icy ſe doit entendre vn triangle re-
ctágle, duquel les deux quarrez des moindres
coſtez, font touſiours autant, comme le quarré du plus grand coſté, par la penultieſme du
premier d'Euclide.

FORCADEL.

La racine de 43600 eſt 208 $\frac{112}{139}$ plus petite, & plus grande 208 $\frac{21}{26}$: mais elle eſt prinſe en dixſep- tieſmes, par-ce que le denominateur de la fraction nommée eſt 17: dont il en vient 208 $\frac{14}{17}$ & beaucoup plus, ou peu s'en faut de 208 $\frac{14}{17}$.

La ſeconde queſtion.
PHRISON.

note

Si du meſme fondement, tu as vne eſchelle
de 100 pieds, & tu retires icelle de 20 pieds
loing de la tour, tu ſçauras combien elle ſe
pourra eſtendre contre la tour: car multiplie
100 en ſoy, font 10000: ſemblablemét 20, font
400: leſquels oſte de 10000, reſtent 9600: duquel la racine quarrée, trouuée par la maniere donnée, monſtrera combien l'eſchelle eſt
eſtendue contre la tour: c'eſt à ſçauoir vn peu
moins que 98 pieds.

FORCADEL.

De ceſte demonſtration encores en pouuons nous

tirer cecy : Si des deux quarrez des deux coſtez d'vn
triangle rectangle (qui ſont l'vn des angles poinctu)
ſe ſouſtraict le quarré de l'autre, il reſtera le double
du quarré du coſté, auec lequel il fait l'angle droict.
Car ayāt deux quātitez egales, dont l'vne ſoit entiere,
& l'autre diuiſée en deux pieces, ſi à l'entiere s'adiouſte l'vne des pieces de l'autre, & ſe ſouſtraict l'autre
piece, il reſte le double de l'adiouſtée: comme de a.b entiere, & c.d, diuiſée en c.e & e.d: ſi de a.b ſe leue e.d, par
a.f, & à la meſme s'adiouſte c.e par b. g, il reſte f. g:
dont f.b eſt egale à c.e, par la troiſieſme commune ſentence du premier. Dōcques f.g eſt double à c.e. Et cecy
eſt la cauſe de la 13e propoſitiō du ſecōd, & de ce qui eſt
dit de tout autre triangle, mais que de l'vn des angles
la perpendiculaire tirée ſur le coſté oppoſite tombe de-
dās iceluy: car ſi à a.b, s'adiouſte h par a, k, & le double de i par b.l.m, puis à c.d le meſme h par d. n: ſi à k.
m, s'adiouſte c.e par m.o, & de la meſmes ſe ſouſt̄ict
e.n par k.p: il reſtera p.o: dont p.b, eſt egale à m. o, &
par la ſeconde commune ſentence du premier, p. l, à
l.o. Doncques p.o eſt double à c.e, auec i, commed'vne.

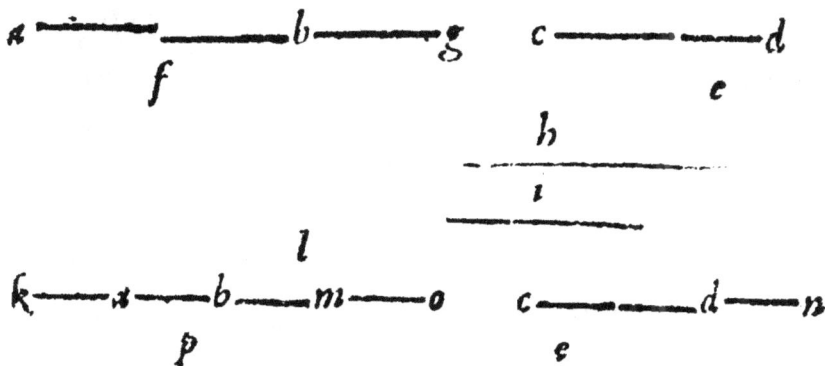

La troisiesme question.
PHRISON.

On propose vn champ triangulaire & nõ
rectãgle, duquel les trois costez sont cogneuz,
16, 10, 20 : mais la capacité ou quãtité du chãp
triangulaire ne peut estre cogneuë commodement, si on ne cognoist la ligne perpendiculaire du plus grand angle au costé opposite,
telle qu'est a.d : laquelle si tu la multiplies par
la moitié de b. c, il en vient la vraye aire ou
superficie du champ. Or à fin doncques que
tu trouues la ligne a.d, par les nombres, par la
treziesme du second d'Euclide, multiplie vn
chacun costé en soy : ils font 100, 256, 400 : en
apres adiouste les deux plus grands quarrez,
c'est à sçauoir, 256, auec 400 : il en vient 656 :
desquels soustrais le plus petit quarré, c'est à
sçauoir, 100 : il reste 556 : prens en tousiours la
moitié, font 278 : lesquels diuise par le plus
grand costé, c'est à sçauoir 20, ils font 13 $\frac{9}{10}$, la
ligne d.c, c'est à sçauoir, tousiours la plusgran-
de portion de la base. Les autres doncques b.
d, 6 $\frac{1}{10}$. Maintenant à fin que tu ayes la ligne
a. d, multiplie 6 $\frac{1}{10}$ en soy, font 37 $\frac{21}{100}$: encores multiplie 10 en soy, ils font 100 : oste le
moindre du plus grãd, il reste 62 $\frac{79}{100}$, duquel
la racine quarrée monstre la longueur de la
perpendiculaire a. d, c'est à sçauoir, enuiron
7 $\frac{9}{10}$ & $\frac{12}{79}$ d'vn dixiesme : laquelle si tu la mul-

tiplie par la moitié de la baſe , c'eſt à ſçauoir,
10 , il en ſortent 79. Et autant contient l'aire
du triangle, & d'auantage vn peu plus ¾.

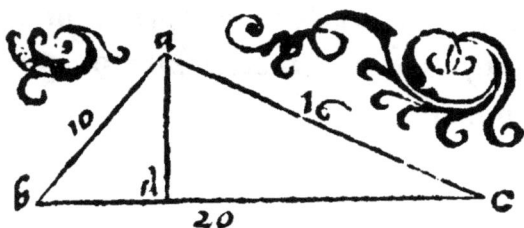

FORCADEL.

*Le quarré de la baſe , c'eſt à dire , de la ligne ſur
laquelle tombe la perpendiculaire , adiouſté auecques
le quarré de l'vn des autres coſtez , fait la ſomme , de
laquelle qui ſouſtraict le quarré non adiouſté, il reſte
ce, dõt la moitié ſe doit partir par la baſe, ou biẽ, ce qui
ſe doit partir par le double de la baſe, pour auoir la partie de la baſe, qui fait l'angle poinctu, auec le coſté du
quarré adiouſté. Et parce que des plus petits nombres
la multiplication en eſt pluſtoſt faite, & des plus petits auſsi la ſouſtraction: ſi on adiouſte 400 auec 100,
ils font 500: duquel qui en leue 256, il reſte 244, qu'il
faut partir par 40, il en vient 6 ⁱ⁰⁄₄₀ ou biẽ, la moitié
de 244 eſt 122, leſquels partiſez par 20, font 6 ⁱ⁰⁄₂₀. C'eſt
la plus petite partie de la baſe , de laquelle le quarré
ſouſtraict de 100, il reſte 62 ⁷⁹⁄₁₀₀. Et à cauſe de la
commodité du denominateur , il en faut prendre la
racine en dixieſmes , transformant ledit nombre en
6279 , duquel la racine eſt 79 ¹⁹⁄₇₉ d'vn dixieſme,
c'eſt à ſçauoir 7 ⁹⁄₁₀ & ¹⁹⁄₇₉. Et pour la multiplication*

de la moitié de l'vn par l'autre il est bië plus commode
de multiplier icy par la moitié de 20, c'est à sçauoir,
par 10, il en vient pour lesdits 79 $\frac{19}{79}$ d'vn dixiesme,
79 $\frac{19}{79}$. Et est ce côtenu vn peu plus grãd, qu'il ne doit
estre: duquel la fractiõ estant plus petite qu'vn quart,
à plus forte raison sera ledit contenu 79, & vn peu
moins d'vn quart.

Par vne autre maniere.
PHRISON.

Tu peux faire autremët la mesme chose sans
la cognoissance de la perpëdiculaire, en ceste
forte: Adiouste tous les costez, il en vient 46 :
desquels tu en prëdras la moitié, font 23 : leue
en vn chacü costé, ils restent 13, 7, 3 : multiplie
ces trois restes ensemble: premierement 13 par
7, font 91 : & iceux par 3, font 273. Et de rechef
multiplie ce produict par la moitié de tous les
costez 23, il en font produicts 6279: duquel la
racine quarrée 79 vn peu plus $\frac{1}{4}$, monstre la
quantité de l'aire. Et si tu veux regarder plus
clairement ceste question icy par les nombres
nõ fourds, alors establis les costez 15, 20, 25, tu
trouueras en ceste forte pour l'aire 150.

FORCADEL.

La reigle precedente est vne mesmes auec ceste cy:
Ayant cogneu les trois costez d'vn triãgle, quel qu'il
foit, tu les adiousteras ensemble, & de la somme tu
en prendras la moitié: de laquelle tu prendras la diffe-

rence à la baſe, & noteras ces deux derniers nombres:
puis apres tu prendras les differences de ladite moitié à
vn chacũ des autres coſtez deſquelles le produiɛt de la
multiplicatiõ tu multiplieras par le produiɛt des deux
nõbres notez : & le dernier produiɛt ſera celuy, duquel la racine te dõnera le cõtenu du triangle. Dont
s'enſuit la demonſtration, & premierement du triãgle, duquel les trois coſtez ſont egaux. Le triangle a.
b. c. duquel la perpendiculaire eſt b. d, a pour vn chacun de ſes coſtez 12, & ie veux ſçauoir, combien il
contient, par ceſte reigle, ſçachant bien que le contenu de tout triangle ſe trouue par le quarré de la moitié
de la baſe & le quarré de la perpendiculaire, quãd on
multiplie l'vn par l'autre, & du produiɛt on en prẽd
la racine par la dixſeptieſme propoſition du ſixieſme:
car par la premiere du meſmes, & par la 11e propoſition du cinquieſme, tout triangle eſt milieu proportionel entre leſdits deux quarrez. Il faut doncques
premierement trouuer le contenu des deux quarrez,
ou deux contenuz, entre leſquels ſoit vn meſmes milieu, qu'eſt entre leſdits deux quarrez: ce ſeront icy &
en la ſuyuante le contenu du quarré de la moitié de la
baſe, & le contenu d'vn reɛtangle: & en l'autre, les
contenuz de deux reɛtangles. l'adiouſte donc les trois
coſtez enſemble, font 36 : dont la moitié, eſt 18,
c'eſt à ſçauoir d. c. b, de laquelle ſi i'en leue 12 pour a.
c, il me reſte 6, c'eſt à ſçauoir, a. d, duquel le reɛtangle par la moitié d. c. b, eſt egal au quarré de la perpẽ-
diculaire d. b: car le quarré de b. c, cõtiẽt quatre fois le

quarré de a.d. Il contient doncques trois fois le quarré de b.d, qui eſt ledit reſtangle. Ou bien, ſi à l'entour
du quarré de d.c, ſe deſcrit le gnomon egal au quarré
de b.d, il fera (par la quatrieſme du ſecond, & ſeconde
commune ſentence du premier) ledit reſtangle. Il reſte
maintenãt à trouuer le quarré de la moitié de la baſe,
en leuãt b.c. de b.c.d, puis apres b.a : il reſte pour l'vn
6, & pour l'autre, le meſmes 6:c'eſt à ſçauoir, d.c
& d.a:car ſi de la moitié de trois quãtitez adiouſtées
enſemble on leue l'vne & puis l'autre, les deux reſtes ſont egales à la troiſieſme : & icy les deux reſtes
ſont egales entre elles, parce que les deux ſouſtraiſtes
ſont auſſi egales : & par ainſi ſont chacune la moitié
de la baſe. Par elles doncques ſe fait le quarré de la
moitié de la baſe, entre lequel & ledit reſtangle, cõme entre luy & le quarré de la perpendiculaire, eſt le
contenu du triangle: mais ſi à l'entour du centre c, &
du rayon c.b, ſe deſcrit la circonference a.b.e, on voit
bien plus manifeſtement, que le reſtangle g.e, qui
ſe fait de d.e, par d.g, c'eſt à ſçauoir, de d.c.b.par d. a,
eſt egal au quarré de b.d, par la huiſtieſme propoſitiõ
du ſixieſme, & ladite dixſeptieſme.

La demonſtration

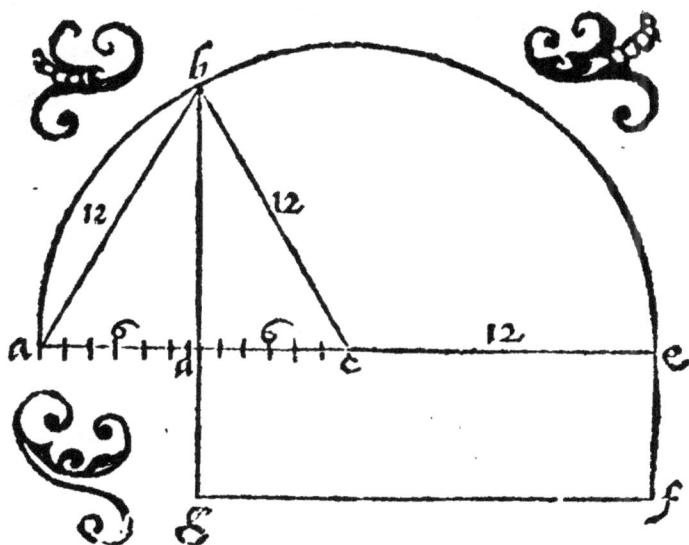

La demonstration du triangle, duquel tant seulement les deux costez sont egaux, est semblable: toutesfois parce qu'elle nous descouure beaucoup de secrets
des magnitudes, bien qu'on ne nous donne pas le loisir
de mettre la main aux armes, si ne laisseray ie pas de
l'escrire assez au long. Il faut en premier lieu sçauoir,
tant pour la precedente, que pour ceste cy, que de tout
triangle orthogone le rectangle du plus grand costé,
auec l'vn des autres, comme d'vne, par la differēce du
plus grand à iceluy, est egal au quarré de l'autre costé:
qui est le mesmes (mais plus manifeste) auec ce que
nous venons de dire. Que si à l'entour du quarré d'vn
des costez d'vn triangle orthogone, qui sont l'angle
droit, se descrit vn gnomon egal à l'autre, le gnomon
sera egal au rectangle, qui se fait de la composée du
plus grand costé auec celle à l'entour du quarré de la-

Q

quelle est le gnomon par la difference. Cela se voie
fort bien par la quatriesme & seconde, que nous auōs
dit: & aussi par le triangle a.b.c, duquel la perpendiculaire est b.d: les deux costez egaux b.c, & b.a, ayant
chacun 8. & a.c, la base, fait 10. Que si à l'entour du
centre c, & du rayon c.b, se fait la circonference e.b.f,
considerant tant seulement le triangle b.d.c: il se voit
que le rectangle de d.c.b, par d.e, c'est à sçauoir g. f,
est egal au quarré de b.d. Or est il ainsi, que b.c.d est e-
gal, ou est la moitié des trois costez du triangle a.b.c,
c'est à sçauoir 13: & d.c est la difference de b.c à d. c,
c'est à sçauoir, de ladite moitié b.c.d à la base a. c: car
la difference de deux nombres inegaux est egale à la
difference d'iceux adioustez ensemble, au double du
moindre. Le quarré de la moitié de la base se trouue
comme en la precedente : car d'vn commun qui leue
deux quantitez egales, il en reste deux egales: & icy
aussi, les deux moitiez de la base. Le semblable aduiēt
du triangle a. b. c, si la base a.c est 6, plus petite que
l'vn des costez, comme l'autre estoit plus grande: car
si de d.c.b, qui fait 11, se soustrait le double de d.c, c'est
à sçauoir, a.c: il reste d.e, tousiours la difference de la
moitié à la base. Et de ceste demonstration peut on
mettre en son endroit la cause de la briefue multiplication d'vn binome par son residu.

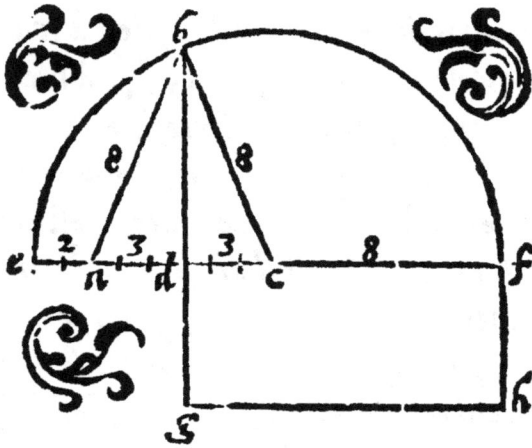

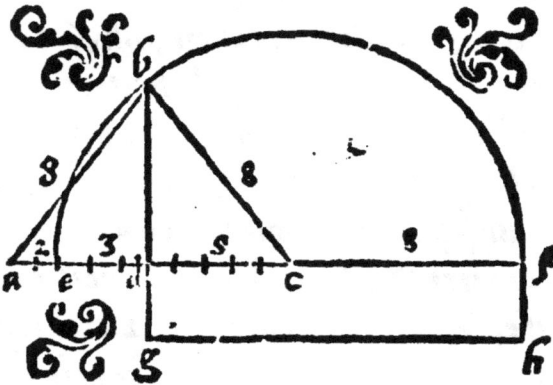

Venant de là à la demonstration du triangle de trois costez inegaux: soit iceluy a.b.c, ayãt pour le costé a.b, 17: pour b.c, 25, & pour la base a.c, 22: & des centres a & c, des distances a.b & c.b, soient faites les circonferences f.b.g & d.b.e: puis apres les rectãgles m.h de f.h par h.g, & k.e. de e.h par d.h car ils sont egaux (comme nous l'auons prouué) vn chacun au quarré de la perpendiculaire b.h: laquelle doit estre tirée apres auoir fait les deux circonferences. La raison doncques de e.h, qui fait 43 $\frac{7}{2}$, à h.f, qui fait le

Q ij

reſte iuſques au tout des trois coſtez, c'eſt à ſçauoir 20
$\frac{4}{11}$, eſt telle, qu'eſt de h. g, qui fait 13 $\frac{7}{11}$, à h. d, qui eſt
6 $\frac{4}{11}$, par la 14ᵉ propoſition du ſixieſme. Et à celle fin
de ne faire noſtre demonſtration trop longue, la raiſon
de la moitié de d. g à la moitié de toutes, eſt comme d.
h, 6 $\frac{4}{11}$, à h. f, 20 $\frac{4}{11}$. Or eſt il ainſi, que la moitié de
toutes, eſt 32 : & la moitié de d. h, eſt 10, en ceſte ſor-
te ou façon de faire : ſi de toutes ſ. e, 64, ſe ſouſtraict
la baſe a c, 22 : il reſte ſ. a, 17, & c. e, 25, c'eſt à ſçauoir,
a. g, 17, & d. c, 25 : deſquelles qui oſte encores la baſe
a. c, 22, il reſte d. g, 20. c'eſt à ſçauoir, h. k, 6 $\frac{4}{11}$, & h.
i, 13 $\frac{7}{11}$: cela veut dire que, ſi de toutes 64 ſe ſouſtraict le double de la baſe 44, il reſte les deux largeurs
des deux rectangles egaux m. h & k. e, c'eſt à ſçauoir,
20. Et par ainſi par vne commune conception, ſi de
la moitié de toutes 32, ſe ſouſtraict la moitié du double de la baſe, c'eſt à dire, la baſe a. e, 22 : il reſtera la
moitié deſdites deux largeurs, c'eſt à ſçauoir 10. Voyla doncques comme de la moitié ſe ſouſtraict la baſe.
Pour maintenant paſſer outre par cela que nous venons de dire, ſi de toutes ſe ſouſtraict d g, il reſte ſ. d
& g. e, c'eſt à ſçauoir le double de la baſe, qui ont
vne meſme raiſon, qu'eſt de d. h à h. g, par la dixneufieſme propoſition du cinquieſme : & par la quinzieſme & onzieſme propoſitions du meſmes, la raiſon de
n c, 7, à n. a, 15, eſt comme d. h à h. g : car a. n, eſt la
moitié de n. e : & n. c, de ſ. d : comme il ſoit ainſi que,
ſi de deux quantitez egales ſe ſouſtrayent deux quantitez inegales, il reſte alternement deux quantitez.

inegales ayans la mesme difference des autres. De n.
e & n. f doncques qui en souſtraict f. a, plus petite, &
c. e, la plus grande, il reſte a. n, 15, & n. c, 7. Dont g.
e, eſt double à a. n : car a. n contient ou fait la moitié
de a. c, & la moitié des differences: & g. e contient ou
fait autant que a. c, & les differences: d'ou vient que
l'vn eſt le double de l'autre, & la reſte du tout eſt double à l'autre reſte. De là, la moitié de la baſe a. c, c'eſt
à ſçauoir, a. q, 11, à n. c, 7, eſt còme 10 à $\frac{4}{11}$ & c. Nous
auòs maintenāt neuf quantitez proportiōnelles, c'eſt
à ſçauoir, les trois, aux trois qui ſont.

$6\frac{4}{11}$	$20\frac{4}{11}$	7
10	32	11
$13\frac{7}{11}$	$43\frac{7}{11}$	15

Deſquelles bien que la moitié de la baſe 11 nous
ſoit cogneüe, nous diſons, que nous en cognoiſſons tant
ſeulement quatre, qui ſont 32, pour la moitié de toutes:
10, pour la difference de la moitié à la baſe : 7, pour la
difference d'icelle moitié au plus grand coſté : & 15,
pour la difference de ladite moitié au plus petit coſté.
Cela fait, ſoient faits les rectangles n. p. & n. r, l'vn
de la largeur n. c, & l'autre eſtant large de 10, c'eſt
à ſçauoir, de la moitié de d. g : dont le milieu proportionnel d'entre iceux eſt egal au triangle a. b. c : car
d'autant que le rectàgle n. r. eſt plus petit que le quarré de la moitié de la baſe q. t, d'autant le rectangle k.
e, qui eſt le quarré de b. h, ou egal à iceluy, c'eſt à dire,
que la raiſon du rectangle n. p. au rectangle k. e, eſt

Q iij

comme du quarré q.t au rectangle r.n. Et par ainfi le
milieu proportionnel d'entre les deux fera egal au milieu d'entre les autres. Premierement, que le quarré q.
t foit plus grand que le rectangle r.n, il eft tout manifefte par la cinquiefme propofition du fecond : & que
le rectangle n.p foit plus grand que le rectangle k.e, il
eft tout certain, parce que la raifon de n.o, 10, à k.h,
6.$\frac{1}{4}$, eft plus grande que h.e, 43 $\frac{7}{11}$ à n.e. 32. Et cela
vient en confiderant les trois telles quantitez qu'on
voudra en progreffion continuelle Arithmetique, dont
la raifon de la moyenne à la plus petite eft plus grande, que de la plus grande à la moyenne. Puis il faut rai
fonner le refte par la treiziefme du cinquiefme . En
fin, que la raifon du rectangle n.p, au rectangle k.e,
foit telle qu'eft du quarré q.t, au rectangle n.r, il eft
tout certain: car les 2 premiers fót faits des raifons de
n.o à k.h, & de n, e à h.e : & les autres font faits des
raifons de q.u à n.c, & q.u à n.a, qui font preportion-
nelles. Mais entens le comme ie le dis: car ie le te dis cóme il fe doit entendre. Doncques ce, qui fe fait des
deux premieres, fe fait des deux autres. Et par ainfi
le rectangle n.p eft d'autant plus grand que le rectangle k.e, qui eft le quarré de la moitié de la bafe du rectangle qui fe fait des deux differences de la moitié au
plus grand cofté, puis au plus petit.

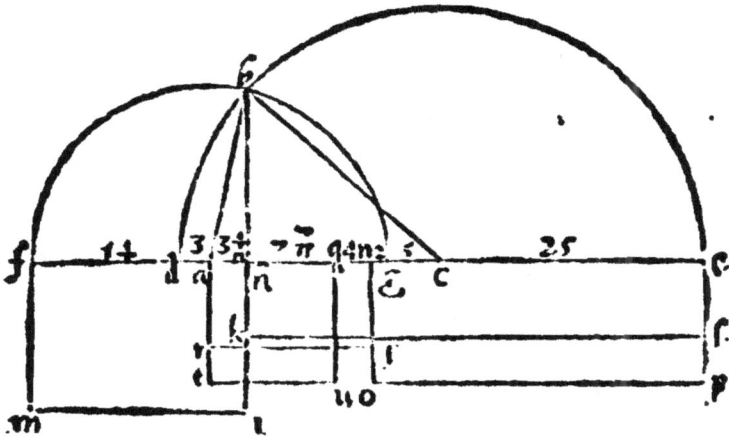

PHRISON.

Vn certain vaiſſeau ſpherique contient 60
ſeptiers de quelque liqueur, ſon diametre a 14
palmes. Il conuient faire vn corps cube, qui
ſoit de meſme capacité que l'eſpherique : on
demande la longueur du corps cube. A fin
que tu puiſſes faire cecy, tu chercheras la capacité de l'eſphere par le diametre cogneu.
Exemple : ſa hauteur eſt de 14 palmes, multiplie icelles en ſoy (ainſi qu'on dit) cubement,
font 2744 : en apres par la reigle geometrique
trouuee par l'inuention d'Archimede, multiplie 2744 par 11, il en viét 30184, leſquels diuiſe par 21, tu trouueras 1437 ; car ils veulent
que ſoit icy la capacité de l'eſphere, ſeló le diametre cogneu, c'eſt à dire, l'eſphere & le cube,
eſtre en pportió de 11 à 21, ſils ſót d'vne meſme hauteur. Si tu cerches dóc la racine cube
de 1437 ;, tu auras le coſté du corps cube, qui

sera egal à l'espherique, c'est à sçauoir, 11 palmes, & presque $\frac{7}{25}$.

FORCADEL.

Par-ce que le denominateur de la fraction est 25,
qui nombre 100: cela monstre, que par tout ou il y a de
vingt-cinquiesmes, il y a aussi de cēciesmes. Par-quoy
la racine de 1437 $\frac{1}{2}$, prinse en centiesmes, fait 1128
centiesmes & plus, c'est à sçauoir, plus de 11 $\frac{7}{25}$.
Mais si tu prens la racine de 1437 $\frac{1}{2}$, & la fraction,
comme nous auons dit aux racines cubes, tu trouueras
11 & presque $\frac{7}{25}$ car il en vient 11 $\frac{319}{1197}$. Voila comment quand on sçait cognoistre les libertez des nom-
bres, on sçait aussi excuser, & se sçait on tresbien
deffendre. Il faut maintenant que ie demonstre la cause de la reigle, par laquelle se resoult ceste question.
Archimede en la 32ᵉ proposition du premier liure de
l'esphere & du cylindre, demonstre qu'vne esphere est
egale à quatre cones, desquels la base est egale au plus
grand cercle de l'esphere, & la hauteur à la moitié du
diametre de l'esphere. Et y dit encores que le cylindre,
ayant la hauteur egale au diametre de l'esphere, & la
base au plus grand cercle de l'esphere, à l'esphere est comme 3 à 2: & cela vient par-ce que (par la dixiesme
proposition du douziesme liure d'Euclide) tout comme
est la tierce partie du cylindre, ayant la base du cone,
est aussi la hauteur dudit cone. Il faut donc premierement entendre, que le cylindre ayant pour base le
plus grand cercle de l'esphere, & de hauteur la moitié
du diametre, est le triple du cone ayant la mesme base

& la hauteur du cylindre. Par-quoy le double du cylindre, c'est à sçauoir, celuy, qui a la mesme base, &
la hauteur egale au diametre de l'esphere, contient 6
fois ledit cone: dont les 4, c'est à sçauoir, les $\frac{2}{3}$, sont le
contenu de l'esphere. Ayant doncques le côtenu d'vn
cylindre, dont la base & la hauteur sont egales l'vne
au plus grãd cercle, & l'autre au diametre de l'esphere, les $\frac{2}{3}$ seront le contenu de l'esphere. Si doncques le
diametre de l'esphere est 7, le côtenu de la colomne ou
cylindre sera 269 $\frac{1}{2}$, duquel les $\frac{2}{3}$, ou duquel leuant le
tiers, il reste 179 $\frac{2}{3}$, pour le contenu de l'esphere. Mais
voicy dequoy on s'est aduisé: le contenu du quarré du
diametre de la base de la colomne à la base, est comme
14 à 11, par la seconde proposition du liure d'Archimede, dont la troisiesme est la derniere. Du cube donc
dudit diametre, à la colomne la raison sera la mesmes,
par la vingtcinquiesme & trente-deuxiesme propositions de l'vnziesme liure d'Euclide: c'est à sçauoir, de
343 à 269 $\frac{1}{2}$, si le diametre de la colomne est 7, & la
hauteur 7. Or est il ainsi, que de $\frac{2}{3}$ à $\frac{11}{21}$ la raison est, côme de 14 à 11: car si 14 donnẽt 11, les $\frac{2}{3}$ d'vn dõneront
$\frac{11}{21}$. Par-ainsi dõc de 343 à 269 $\frac{1}{2}$ la raison est, côme de
$\frac{2}{3}$ à $\frac{11}{21}$, par la 11e proposition du cinquiesme: & par la
16e du sixiesme, & 19e du septiesme, les $\frac{11}{21}$ du cube du
diametre de l'esphere valent autãt q̃ les $\frac{2}{3}$ de la colõne
que i'entens cylindre, laquelle est egale à l'esphere. Et
voyla pourquoy on multiplie le cube du diametre de
l'esphere par 11, & partist on le produict par 21: &
le quotient est le côtenu de l'esphere, & de tout ce qui

est egal à l'esphere.

PHRISON.

Et pour-ce que les resolutions de ces questions Geometriques icy, requierét vn grand
sçauoir & experience, nous auons deliberé
nous en taire pour le present, & les reseruer
pour le liure de la practique de Geometrie.
Et ferois fin maintenant, n'estoit qu'il me sou
uient de la promesse que i'ay faite de la reigle de faux, par quelle raison il conuient
vser d'icelle aux exemples de la seconde, tierce, & quarte reigle, laquelle ils appellent de la
chose : ce qu'aucun deuant nous n'a essayé.
Mais à fin que tu entendes la chose briefue-
ment, il faut premierement proposer aucuns
exemples. Il y a vne certaine place quadran-
gulaire, contenant en superficie 200 coudees
quadrãgulaires, la lõgueur d'icelle est la moitié plus grande que la largeur, on demãde la
largeur & lõgueur. Par la reigle de faux, doncques, pose que la largeur soit 4 coudees, la lõgueur sera 6 : multiplie les ensemble, il en sort
24, ils deuoient estre 200 : nous sommes donc
distans du but, de 176. De rechef pose pour la
largeur 20, la lõgueur sera 30 : multiplie iceux
ensẽble, il en viét 600, ils surmõtent le scope,
de 400. Iusques icy toutes choses s'accordẽt à
la reigle de faux. Mais maintenant multiplie
les hipotheses en soy quarrément, c'est à sça-

noir, 4, & 20, font 16, & 400: ces quarrez icy te
foient hipothefes, & en apres fais auec les differeces 176 & 400, ainfi que nous auôs enfei-
gné en la reigle de faux : c'eft à fçauoir, multiplie 16 par 400, font 6400: femblablemêt 400
par 176, font 70400: adioufte les, ils en fortêt
76800: femblablemêt adioufte les differeces,
ils font 576. Diuife maintenât 76800 par 576:
tu as 133 $\frac{1}{1}$: cherche la racine quarree d'iceluy,
icelle te môftrera la largeur, c'eft à fçauoir 11
$\frac{27}{50}$ vn peu plus, la lôgueur dôcques 17 $\frac{11}{100}$ vn
peu plus. Ces deux nôbres icy multipliez en-
femble font prefque 200: & iamais la vraye lôgueur ou largeur ne peut eftre exprimee du
nombre. **FORCADEL.**

Si le nombre, duquel il faut prendre la racine, n'eft
quarré: mais à celle fin qu'vn chacun puiffe mieux en-
tendre la caufe que nous auôs dit en la reigle de faux,
il faut en premier lieu fçauoir qu'il y a vne grande
difference de prendre vn nombre plufieurs fois fimple-
ment, & de le prendre plufieurs par plufieurs fois: cô-
me fe voit que ce n'eft pas vne mefme chofe de multi-
plier 3 par 4 fix, & de multiplier 3 fix par 4 fix: car
l'vn fait 12 fix, & l'autre 12 quarrez de fix . Quand
donc on prêd vn nombre plufieurs fois & r . . .
fieurs fois (ie dis fimplemêt) la raifou des p: . . . . ra
côme la raifon des plufieurs fois, par la premu . . . . .
fition du fixiefme d'Euclide: & par la 23e du mej . . ies,
& la 5e du huictiefme liure. Car multiplier vn nôbre

par deux autres, est multiplier deux nombres egaux
par deux autres. Brief la raison des produicts est faite des raisons des costez; Et par ainsi si de 4 nombres
proportionnels les deux premiers se multiplient, & les
deux autres aussi, les deux produicts auront la raison
double à celle du premier au tiers, ou du secõd au quars.
Ils auront doncques la raison telle, qu'est du quarré de
l'vn au quarré de l'autre. Voila pourquoy en ensuyuant les demonstrations de la reigle de faux, depuis
qu'en cest exemple, &c. la raison de 24 à 600 n'est
pas comme de 4 à 20, mais comme de 4 fois 4, c'est à
sçauoir, 16, à 20 fois 20, c'est à sçauoir, 400, il faut
faire de 16 & 400 : & des differences, comme nous
auons dit. Et tout ainsi que par la racine de 16
& la racine de 400 on a cherché ce qu'on demandoit, aussi par la racine du combien on aura
ce qu'on demandoit. Voy donc diligemment le plan
a. b. c. d, que tu dis contenir 200 coudées, &
le costé a. c estre de la moitié plus grand que c. d:
& prens pour c. d maintenant 20, maintenant
4 : ainsi c. a sera maintenant 6, maintenant 30:
& le rectangle c. b contiendra maintenant 24,
& maintenant 600. Mais tu ne cherches ny l'vn
ny l'autre, toutesfois l'vn & l'autre sont egaux,
ou valent 200, & si tu dis que 24 valent 200,
dont tu cherches combien valent 16, c'est à sçauoir le quarré c. f, tu trouueras 133 ⅓ : & pour
600, 200, & 400, tu trouueras aussi ..
mesmes 133 ⅓, duquel la racine quarrée

```
        20
   a ┌────────────┐ b
     │            │
   2 │   200      │ 10
     │    8   g   │
   e ├············┤ f
     │            │
     │   16       │
   4 │   400      │ 20
     │            │
     │       │    │
   c └───┴───┴────┘ d
        +
```

fait la racine de 133
⅓, comme deſſus. Tu
vois doncque il eſt
icy neceſſaire de pre-
mierement trouuer le
quarré de la largeur,
que la largeur : car par
iceluy tu as icelle. D'a-
uantage il faut que tu
ſſaches ce que de pri-
me face pourroit ſem-
bler eſtrange , qu'en
prenant pour c. d maintenant 20 , maintenant 4 , il
te faut conſiderer le quarré d.e diuiſé ores en 20 pieces , ores en 4 , & pour vne chacune prendre le rectangle h. f : puis ſi tu dis, quand 24 valent 200,
combien 4? & quand 600 valent 200, combien 20?
tu trouueras pour l'vn 33 ⅓ , & pour l'autre 6 ⅔ : puis
en multipliant l'vn par 4 , & l'autre par 20 , il en
vient , par l'vn & par l'autre , 133 ⅓ , dont la racine
eſt plus de 11 $\frac{27}{50}$.

LA REIGLE DE FAVX
d'vne poſition.
PHRISON.

notæ

CEs exemples icy , & pluſieurs autres ſe
feront plus commodement & plus facilement par vne poſition. Car quand tu auras

fait auec l'hipothese donné iusques à la fin de
la question selon la teneur de l'exemple, si tu
n'as point attaint le vray but, alors diuise le
nombre proposé, lequel est proposé comme
vne reigle, par le dernier nombre de ton operation:&cherche la racine du produict, si l'ex.
emple est de la seconde reigle de la chose : ou
la cube, s'il est de la tierce : ou suyuamment la
racine de racine, s'il est de la quarte : & multiplie par la racine, le premier nõbre, que tu as
posé:il en prouient le nombre qu'on cherche.

FORCADEL.

Moto

*Cela veut dire que, quand plusieurs lignes valent
quelque chose, il faut diuiser la chose, c'est à sçauoir,
le nombre cogneu par le nombre des lignes, & il en
vient la valeur d'vne ligne, & par-ainsi la valeur
de plusieurs: si plusieurs quarrez, valent quelque nom
bre cogneu, diuise iceluy par le nombre des quarrez,
& il en viendra la valeur d'vn quarré, & par-ainsi
(en prenant la racine) la valeur d'vne ligne, donc la
valeur de plusieurs lignes : si plusieurs cubes, ou 1, ou
moins d'vn, &c. valent quelque chose, diuise la par le
nombre des cubes, & il en viendra la valeur d'vn cube, & de la racine, ou de la ligne par iceluy, & par i-
celle de plusieurs, &c.*

PHRISON.

Repetons ce, qui a esté premierement pro-
posé.Soit dóc la ▓geur 10, la lõgueur sera 15:

lefquels multiplie enfemble, il en vient 150 :
mais il deuoit eftre 200. Diuife donc 200 par
150, il en vient 1 ⅓, duquel fi tu multiplies la racine par 10, il en vient 11 ½⅓, prefque, lefquels
different peu du fuperieur.

FORCADEL.

C'eft à fçauoir, de 11 ²⁷⁄₅₀. Confidere pour la ligne *a.
c* dudit rectangle, 15 : & pour *c. d,* 10 : en multipliant
15 par 10, le cotenu du rectangle fera 150 petits quarrez, lefquels en valent 200 : & par ainfi l'vn en vaudra 1 ⅓, & fa ligne, ou fon cofté, c'eft à dire, la dixiefme partie de *c.d,* vaudra la racine de 1 ⅓ : & tout *c.d,*
dix fois autant, c'eft à fçauoir, la racine de 100 fois 1
⅓, qui font 133 ⅓, laquelle prife en vingt troifiefmes,
par-ce que le denominateur de la fraction eft 23, il en
vient plus de 11 ½⅓.

PHRISON.

Cefte reigle icy eft formée de la reigle de
proportions, ou de trois nombres. Parquoy tu
pourras aufli operer par autre maniere. Car tu
diras, fi 150 font prouenuz de la longueur de
10, d'ou viendront 200? mais en cefte propofition icy, il eft neceffaire de multiplier en foy
l'hipothefe, c'eft à fçauoir, 10, afin que le nombre fuperficiel foit fait, c'eft à dire, le produict
de la multiplication des deux, tels que font les
autres nombres pofez en la reigle. Car il y a
tant feulement proportion entre les quantitez de mefme genre. Parquoy multiplie

200 par 100,ils font 20000:lesquels diuise par
150,ils produisent 133,⅓.Cherche la racine d'i-
celuy,en telle sorte tu auras enuirõ 11 ½,,pour
la longueur. Et perseuere par semblable maniere aux autres.

FORCADEL.

On peut aussi dire,si de 150 petits quarrez i'en cognois 10,combien en cognoistrai-ie de 200?car par le
nombre de 10,il m'est donné vn quarré,qui contient
10 rectangles, desquels vn chacun contient 10 petits quarrez:ainsi il m'en vient 13 ⅓,,lesquels multipliez
par 10 font 133 ⅓. Tout cela veut dire, que,si de 150
i'en cognois 10 dix fois,c'est à sçauoir 100, de 200
i'en cognoistray 133 ⅓, &c.

PHRISON.

Il y a trois nombres en double proportion :
si les quarrez d'iceux sont ioincts,ils font 189.
Fains que le premier soit 2, le second sera 4,
& le troisiesme 8 : leurs quarrez sont 4,16,64,
lesquels ensemble rédent 84:mais ils deuoiét
estre 189.Diuise donc 189 par 84,ils prouiennent 9/4,duquel la racine est 3/2 : lesquels multiplie par le premier, c'est à sçauoir 2,il en vient
6/2, ou 3, lequel sera le premier nombre : le second,6,le troisiesme, 12:les quarrez,9,36,144,
lesquels ensemble font 189, ainsi que la question le vouloit.

FORCADEL.

Vn chacun m'accordera facilement & à plus
fort ●

forte raison, que la raison estant icy proposée de plusieurs fois, il est bien plus conuenable de prendre pour
lesdits nombres 1,2,4, dont les quarrez sont 1,4,16,
qui ensemble font 21, qui en valent 189. & par ainsi
vn en vaudra 9, dont la racine, c'est à sçauoir, 3, est le
premier nombre: 6, le second: & 12, le troisiesme. Et
noterus en ceste question, &c. que le combien de 189
par 84, est mieux prononcé par $\frac{9}{4}$, que par $2\frac{1}{4}$, preuoyant la reduction pour l'extraction, qui se doit faire.

PHRISON.

I'ay acheté 60 aulnes de drap pour quelques escus : i'ay autant d'aulnes pour 15 escus,
comme ils sont en nombre. Ie veux sçauoir la
somme des escus. Mets 20. dy maintenant, 20
escus donnent 60 aulnes, côbien 15 escus? fait
45 aulnes: & ils deuoient estre tant seulement
20 aulnes, c'est à sçauoir, autât qu'il y a d'escus.
Diuise donc 45, par-ce qu'il est icy comme
scope proposé, par 20, c'est à sçauoir, l'hipothese, il en prouient $\frac{9}{4}$, desquels la racine vaut
$\frac{3}{2}$: lesquels multiplie par 20, il en vient 30.

FORCADEL.

Si pour 20 autant d'escus il a 60 aulnes, pour 15
escus il aura 45 diuisez par 1, autât d'aulnes, qui valent autant que 20 autant d'aulnes: & par ainsi l'vn
& l'autre multipliez par 1 autant, sont, par nostre
quinziesme proposition du cinquiesme, 20 quarrez
d'autant qu'ils valent 45. Donc vn quarré vaut $\frac{9}{4}$, &
vn autant $\frac{3}{2}$: puis apres 20 autant valent 20 fois

R

1 $\frac{1}{2}$,c'eſt à ſçauoir,30.Tu vois dõc,que le nõbre propoſé n'eſt pas touſiours partiteur,maismaintenãt il eſt,
& maintenãt nõ.　　P H R I S O N.

Ou bien,mets pour le pris du drap 20 eſcus.
En apres dis,60 aulnes couſtẽt 20 eſcus,com-
bien 20?Ils produiſent par la reigle $\frac{2}{3}$. Or dis
maintenant, $\frac{2}{3}$ viennent de 20, de combien
viendrõt 15?Multiplie l'hipotheſe en ſoy,font
400: multiplie les par 15, & diuiſe le produict
par $\frac{2}{3}$,il en viẽt 900, deſquels la racine eſt 30,
qui eſt le nombre demandé.

F O R C A D E L.

*Si 60 aulnes couſtent 20 autant d'eſcus, 20 autãt
d'aulnes couſteront 6 $\frac{2}{3}$ quarrez d'autant : & ſi 6 $\frac{2}{3}$
quarrez d'autant donnent,ou viennent de 20 autant,
ils me donnent 20 quarrez d'autant : & pour tout
le quarré 400 quarrez d'autant. Et par ainſi, 15 me
donneront 900:& ce,qu'on demande ſera 30.*

P H R I S O N.

nota Il y a vn quarré propoſé, qui contient 154
pieds . Ie veux (ſelon la reigle d'Archimede)
deſcrire vn cercle egal à iceluy . Ie demande
de cõbien doit eſtre le diametre:fains 7 pieds.
Donc(ſelon l'inuention d'Archimede)la circonference a 22,& l'aire 38 $\frac{1}{2}$:mais ils deuoiẽt
eſtre 154.Diuiſe donc 154 par 38 $\frac{1}{2}$, il en vient
4,deſquels la racine vaut 2:leſquels multiplie
par 7,ils produiſent 14:& tãt ſera le diametre.

F O R C A D E L.

Archimede, au liure de trois propositions, demonstre en la derniere que la raison de la circonference du
cercle à son diametre, est à peu pres $3\frac{1}{7}$, ou $3\frac{10}{71}$, c'est à
dire que, si le diametre est 7, la circonference pourra
estre 2 2: & s'il est 7 1, elle pourra estre 2 2 3. Mais à
cause des plus petits nombres & de la grande fatigue,
on a choisy celle de 2 2 à 7. Il a premierement dit en
la premiere, que le cercle est egal, comme au rectangle qui se fait de la moitié de l'vn par la moitié de l'au
tre: ce cercle donc, qui a 7 de diametre, ayant 22 de circonference, contient I I fois $3\frac{1}{2}$ quarrez, c'est à sçauoir, $38\frac{1}{2}$ quarrez, qui valent 154. Vn quarré doncques vaut 4 & 1 autant 2, puis 7 autant 14.

PHRISON.

Quelques marchans ayans commencé vne
compagnie, apportent chacun dix fois autant
d'escus qu'ils sont de marchás: ils gagnét pour
chacune centeine d'escus deux fois autát d'escus comme ils sont de marchans: la moitié du
gain monstre côbien chacun a porté. La question est du nombre des marchás, & des escus.
Or posons qu'ils fussent 5 marchans: ils appor
tent chacun 50 escus: la somme produict 250
escus. Ils gagnent pour 100, 10 escus: combien
pour 250? fait 25. la moitié d'iceluy 12 $\frac{1}{2}$, deuoit
monstrer combien vn chacun auoit apporté,
c'est à sçauoir, 50. Diuise donc 50 par 12 $\frac{1}{2}$, il en
vient 4 : desquels la racine quarrée, 2, multipliée par 5, fait 10 marchans.

S'ils ſõt 5 autãt de marchãs, ils mettẽt chacũ 50 au tãt d'eſcus, & tous enſemble 250 quarrez d'autãt: & ſi 100 gagnent 10 autant, combiẽ 250 quarrez d'au tant? ils gagnent 25 cubes, qui valent le double de 50 autant, c'eſt à ſçauoir, 100 autãt. Et par ainſi 1 quar ré d'autant, vaudra 4: car 25 quarrez valent 100: ſa racine, 2, c'eſt à ſçauoir, l'autant: & les 5 valent 10.

PHRISON.

On a deſpendu en vn eſcot 75 deniers : vn chacun des inuitez à payé la tierce partie de celuy nombre qui exprime les inuitez: cõbien eſtoient ils d'inuitez? &c. Fains 12 : vn chacun donc a payé 4 deniers, c'eſt à ſçauoir, ⅓ de 12: leſquels multiplie par 12, il en vient 48 : mais ils deuoient payer 75. Diuiſe donc 75 par 48, il en vient ²⁷⁄₄₈, duquel la racine eſt ⁵⁄₄: laquelle multipliée par 12, il en vient 15 inuitez.

FORCADEL.

75, diuiſez par 48 ſont autant que 25 diuiſez par 16, &c: 12 autant, multipliez par 4 autant, ſont 48 quarrez, qui valent 75. Vn quarré donc vaut ²⁵⁄₁₆, & l'autant 1¼: lequel 12 ſois ſait 15.

PHRISON.

Il y a vn nombre incogneu de marchãs, leſ- quels ayans commencé vne compagnie, vn chacũ d'eux met dix fois autant d'eſcus, com- me ils ſont de marchans en nombre. Ils ga- gnent, pour chacun cent, autant d'eſcus, comme il y a d'hommes en iceluy nombre. De rechef ils traffiquent auec le seul gain, & gagnêt pour chacun cent, ainsi que parauant: & il est trouué le sort mesme valoir vingt cinq fois au tant, comme le gain du gain. Côbien estoient ils de traffiqueurs? &c. Faisons 10: vn chacun doncques contribue 100, la somme fait 1000. Ils gagnent pour 100, 10 escus: doncques pour 1000, ils gagnent 100. Et de rechef ils trafiquent auec ce gain, & gagnent 10: qui deuoiét estre la vingt-cinquiesme partie du sort, c'est à sçauoir, 1000: mais la vingtcinquiesme partie est 40: diuise donc 40 par 10, font 4, desquels la racine quarrée 2, estant multipliée par 10 fait 20 marchans. Vn chacun apporte 200 escus: la somme, 4000: ils gagnent, pour 100, 20: ils gagnent donc, pour 4000, 800. ils trafficquent de rechef auec ce gain, & gagnent 160: lesquels estâs multipliez par 25, ils font le sort prescrit, 4000. FORCADEL.

La vingt-cinquiesme partie de 1000 autant, est 40 autant. Puis apres, si 100 gagnent 10 autant: 1000 autant, gagnent 100 quarrez. Et de rechef, 100 quarrez gagnent 10 cubes, qui valent 40 autât: doncques 1 quarré vaut 4, & vn autant fait 2: les 10 valent 20, ou bien 25 fois 10 cubes: c'est à sçauoir, 250 cubes valent 1000 autant: 25 cubes, 100 autât: 25 quarrez, 100: 1 quarré, 4: & dix autant, 10 fois la racine de 4, c'est à sçauoir 20.

R iij

DE LA TIERCE REIGLE DE
la chose, ou de l'Algebre.

PHRISON.

EN la tierce reigle d'Algebre, au lieu que tu as premieromét multiplié quarrémét, icy multiplie cubement, c'est à dire, deux fois en soy. Par semblable raison, ainsi côme en la reigle precedéte tu as cherché la racine quarrée, il faut icy chercher la racine cube: les autres choses ne châgét point, ou soit ǭ tu faces ce qu'il faut faire par vne positió, ou par deux.

Il faut faire vne muraille quarrée, qui contiéne 432 pierres de figure cube. Mais ie veux que la longueur soit egale a la largeur, mais la hauteur $\frac{1}{4}$ de la longueur. Ie demande quelle est la lôgueur, la largeur, & la hauteur: fains la longueur 4, & la largeur semblablement 4, la hauteur sera 1. Multiplie dôc la lôgueur par la largeur, 4, par 4, il en sort 16 : lesquels multiplie par la hauteur, c'est à sçauoir, 1, demeurent 16: mais ils deuoiét estre 432. Diuise dôc 432 par 16 il en viét 27, desquels la racine cube 3, estant multipliée par 4, fait 12. Autant sera la longueur, & la largeur: la hauteur, 3.

FORCADEL.

4 autant multiplié par 4 autant, fait 16 quarrez d'autant: lesquels multipliez par 1 autant, font 16 cubes d'autant, qui sont egaux, ou valent 432. Et par ainsi, 1 cube d'autant vaudra 27, & vn autant 3, &

les 4 autant valent 12.3 doncques est la hauteur, &
12 vne chacune des autres.

PHRISON.

I'ay proposé de faire vne muraille, de laquel
le la lôgueur soit plus grande de la moitié, que
la largeur ou espesseur: & la hauteur plus grâde de la moitié, que la longueur: & contiêdra
en somme 5832 pierres cubes, c'est à dire, hexę
dres ou de six superficies egales, & costez e-
gaux: on cherche la longueur, la largeur, & la
hauteur. Fains la moindre, c'est à sçauoir, l'espesseur, 2: la longueur, 3: la hauteur, 4 ½ : multiplie les ensemble, c'est à sçauoir, 2 par 3, font 6:
iceux par 4 ½, il en viêt 27: mais ils deuoient e-
stre 5832. Diuise les donc par 27, il en viêt 216:
la racine cube d'iceux, 6, estant multipliée par
le premier hipothese, c'est à sçauoir, 2, fait 12:
& iceux, seront l'espesseur: la longueur, 18.

FORCADEL.

Brief, 27 cubes d'autant valent 5 8 3 2, & vn cube
en vaut 216 : doncques vn autant vaut 6: 2 autant,
12: 3 autant, 18: 4 ½ autant, valent 27, pour la hau-
teur. ### PHRISON.

Quelcun a achetté d'vne somme d'argent
incertaine autant de liures de poiure pour vn
escu, comme est la moitié de tous les escus: &
en apres en vendant le poiure, il prend pour
25 liures, autant d'escus, côme il en a despendu
au cômencemét: & à la fin il a eu tât seulemét

20 escus. On demande la quantité de l'argent & du poivre. Fains qu'il auoit 50 escus: il a donc achetté, pour vn escu, 25 liures de poivre : si pour vn, 25, combien pour 50? fait 1250 liures de poivre. Il vend 25 liures, pour 50 escus: donques 1250 liures, pour 2500 : mais il deuoit auoir tant seulement 20 escus. Diuise donc 20 par 2500, ils produisent $\frac{20}{2500}$ ou $\frac{2}{250}$, ou finalement $\frac{1}{125}$. La racine cube d'iceluy vaut $\frac{1}{5}$: laquelle multipliée par 50, il en vient 10 escus, que le marchand auoit au commencement.

FORCADEL.

Si pour vn escu, il a 25 autant de liures : pour 50 autant d'escus, il en aura 1250 quarrez d'autant: & si 25 liures se vendent 50 autant, 1250 quarrez de liures se vendront 2500 cubes d'autant, qui valent 20 escus: & par ainsi vn cube d'autant vaut, $\frac{1}{125}$: doncques l'autant $\frac{1}{5}$, & les 50 autant, valent 10.

PHRISON.

Affin que tu puisses noter quels sont les exemples de la premiere reigle de l'Algebre, quels de la seconde, & quels de la tierce, & des autres, c'est à dire, ausquels il conuient chercher la racine quarree, ausquels la cube, & ainsi des autres : note diligemment la continuation de l'operation : car si l'hipothese ou position n'est point multipliee par vn autre nombre, alors l'exemple tombe sous la premiere reigle, & n'est point de besoin d'extra-

étion de racine. Mais si elle est multipliée vne
fois par vn autre trouué par la continuation
de l'operation, alors tu es tombé sur la seconde reigle de l'Algebre, & sera besoing de trou
uer la racine quarree. Que si ainsi est que la
position soit multipliee par vn autre trouué
par l'operation, & de rechef le produict, ou
partie d'iceluy par vn autre: alors il est besoing
de la racine cube. Semblablement tu iugeras
des autres reigles ou racines, selon la repetition de la multiplication.

FORCADEL.

Si l'autant vaut quelques vnitez simples, alors on
a la racine: si le quarré d'autant, on a le quarré de la
racine: & si le cube, on a le cube : & ainsi des autres.
Il ne faut pas donc quelquefois extraire de racine, &
quelquefois il la faut prendre, maintenant quarree,
maintenant cube, &c.

DE LA QVARTE REIGLE
de la chose.

PHRISON.

ET icy est vne mesme façon de faire qu'est
aux precedentes, ayant tant seulement
changé le nom de cube en quarré, & de racine cube en racine de racine. Et nous appellós
quarré de quarré, le nombre, qui est produict
de quelque quarré multiplié par soymesmes :

comme 9 eſtant quarré de 3, 81 ſeront quarré de quarré: & par ceſte raiſon, 3 racine de racine de 81: car la racine de 81, vaut 9: & encores la racine de 9, eſt 3.

Ils ſont deux, qui propoſét traffiquer enſem ble: mais le premier a le quatruple d'argent plus que l'autre: & celuy meſme a achetté au tant de liures de poiure pour vn eſcu, qu'il a en ſomme d'eſcus. En apres de rechef vendât le poiure, il prend, pour 16 liures de poiure, au tant d'eſcus, que vaut la cétieſme partie des li ures de poiure. L'autre achette du ſaffran, au rât de liures pour vn eſcu, comme il a d'eſcus. Védant le ſaffrá, il préd, pour vne liure de ſaf frâ, la moitié plus que le premier n'a pris pour 16 liures de poiure: & en la fin comptans leur argent, ils ont trouué 250. On demâde la ſom me de l'vn, & de l'autre. Fains que le premier euſt 80, l'autre donc 20. Encores le premier a achetté pour vn eſcu 80 liures: doncquespour 80 eſcus, 6400 liures. Maintenant vendant le poiure, il prend pour 16 liures 64 eſcus, c'eſt à ſçauoir, la cétieſme partie de 6400. Dis main tenant, 16 valent 64, combien 6400? il fait 25600. L'autre a achetté du ſaffran, pour vn eſcu, 20 liures: doncques pour 20 eſcus, 400 liures. Il vend vne liure la moitié plus que l'au tre n'a védu les 16 liures de poiure, c'eſt à ſça uoir pour 96. Dy maintenant, 1 liure pour 96

efcus,cóbien 400? il fait 38400. Adioufte cefte fomme icy auec la premiere, c'eftàfçauoir,
25600, il fait 64000: mais ils deuoiét eftre tát
feulement 250. Diuife donc 250 par 64000, il
font $\frac{25}{6400}$, qui valent $\frac{1}{256}$: duquel la racine de
racine eft $\frac{1}{4}$: car la premiere racine de 256, eft
16, duquel en apres la racine vaut 4, & de l'vni
té la racine eft toufiours 1. Et q̃ ainfi foit qu'en
cefte queftió icy il foit befoin d'extraction de
racine quarree de quarree, on le peut colliger
en la cótinuation de l'operatió, ainfi que nous
auós admonnefté de la repetition de l'operatió. Cóme, quand tu dis, il a achetté pour 1 efcu 80 liures : dócques pour 80 efcus, 6400: tu
as icy parfait vne multiplicatió. Et quád tu dis,
16 valent 64, combien 6400? il fait 25600. Tu
fais icy vne multiplication triple, pour autant
que deux nombres propofez en la reigle, l'vn
&l'autre foient multipliez vne fois. Car 6400,
font procréez de la multiplication de 80 par
80. Encores 64, eftoient la centiefme partie de
6400, car la partie & le tout font icy eftimez
d'vne mefme nature : tout ainfi que chacune
partie de ligne eft ligne, & la partie de fuperficie eft fuperficie. Et i'ay voulu admonnefter
cecy, car il y a vne difficulté non pas petite.
Multiplic dóc 80, par $\frac{1}{4}$, il enviét 20 efcus, pour
le premier: 5, pour l'autre: le premier a achetté
pour 1 efcu 20 liu. dócques pour 20 efcus 400

liures. Il préd, pour 16 liures de poiure, 4, c'cſt
à ſçauoir, la centieſme partie de 400 : doncques pour 400 liures, 100 eſcus. L'autre achet
te pour vn eſcu, 5 liures de ſaffran : doncques
pour 5 eſcus, 25. liures. Il vend vne liure pour 6
eſcus : il ſenſuit dōc, qu'il a védu 25, pour 150.
Maintenāt 150 auec 100 eſcus, font 250 eſcus,
ainſi que la queſtion l'a demandé.

FORCADEL.

Le premier a 80 autant d'eſcus, & le ſecond 20
autant. Si pour 1 eſcu on a 80 autant de liures, pour
80 autant d'eſcus, on aura 6400 quarrez d'autant
de liures, dont la centieſme partie ſont 64 quarrez
d'autant. Et ſi 16 liures ſe vendent 64 quarrez d'au-
tant, car ils ſeront quarrez changez, toutesfois en
quarrez d'eſcu (parce que ſi autrement eſtoit, il y au-
roit raiſon entre vn cheval & vn beuf) combien
6400 quarrez de liures ? ils font 25600 quarrez de
quarrez d'eſcus. Et ſi pour 1 eſcu on a 20 autant de li-
ures de ſaffran, pour 20 autant d'eſcus on aura 40
quarrez d'autant de liures. Puis ſi 1 liure ſe vend 96
quarrez cōbiē 400 quarrez? ils font 38400 quarrez
de quarrez: leſquels adiouſtez aux autres, fōt 64000
quarrez de quarrez, qui valēt 250 : 6400, à 25 : 4 fois
64, c'eſt à ſçauoir, 256 quarrez de quarrez à 1. Vn
quarré de quarré dōc vaut $\frac{1}{256}$: le quarré $\frac{1}{16}$: & l'au-
tant, $\frac{1}{4}$: puis pour les 80 autant, 20 eſcus : & pour les
20, 5 eſcus. ### PHRISON.

Il m'a ſemblé fort commode d'adiouſter

ces choses icy, à fin que ie declarasse quelque
peu l'vsage des racines : lesquelles plusieurs
fuyent & euitent totalement, comme les ro-
chers des Cyclopes, s'ils n'y sont attirez par
tels & semblables alleichemés. Ie sçay certainement, & le confesse, ces choses là n'estre rié
à la perfection de celle diuine reigle d'Algebre : comme ainsi soit qu'il y a plusieurs semblables theoremes, voire de la seconde & premiere reigle, lesquels ne peuuét estre resouls,
sans la parfaite cognoissance de l'Algebre : à
fin que ce pendant ie delaisse tous les exemples de la quinte, sexte, septiesme, & des autres reigles, lesquels Christophle Ianuer a fort
bien mis par ordre, & Hierome Carda n a am-
plifiez de tresprofondes inuentions. Mais ces
choses icy soient comme preambules, com-
mencemens, & entrees à celles qui sont plus
haultes, lesquelles quelque fois (Dieu aydãt)
nous mettrons en lumiere, par vn plus facile
ordre & methode (ainsi que nous esperons)
qu'on ayt point veu encores traicter iusques à
present. FORCADEL.

*Entre les autres exemples, qui ne se peuuent pas fai-
re commodement par ces reigles icy, sont ceux, qui ne-
cessairement demandent la position de plusieurs quãtitez: dont la premiere, se nomme racine: & vne chacune des autres, quantité.*

La quatriesme partie.

PHRISON.

LES Mathematiciens appellent proportion, la comparaison ou raison de diuerses quantitez ensemble. Euclide l'appelle raison.

FORCADEL.

Quand la comparaison des quantitez de mesme genre se considere simplement, elle se nomme raison: autrement, elle se nomme proportion: & de là vient, qu'on la peut nommer proportion, ou raison.

PHRISON.

Et est premierement diuisée en trois geres: c'est à sçauoir, en Musique, qui traicte la symmetrie des accords ou tous ensemble.

FORCADEL.

Elle considere la raison des extremes à la raison des differences directe: comme si on disoit 3, 4, 6 estre proportionnels Arithmetiquement, par-ce que la raison de 3 à 6 est, comme des differences 1 à 2, &c.

PHRISON.

En Arithmetique, laquelle mesure la pro-

portion, felon la qualité de l'excez: comme fi
quelqu'vn dit, 12 à 8, auoir telle raifon, comme 16 à 12, pour autant que l'excez de l'vne &
de l'autre eſt egal. Finalement en Geometrique laquelle nous traictons maintenant: & i-
celle eſt vne certaine habitude de deux quãtitez d'vn meſme genre l'vne à l'autre. Elle ſe
diuife en double proportion, c'eſt à ſçauoir,
d'egalité & d'inegalité. La proportion d'egalité eſt, quand deux quantitez egales ſont com-
parees l'vne à l'autre, comme 6 à 6, 100 à 100.
De celle icy il n'eſt plus befoin d'en parler d'a
uantage. Et la proportion d'inegalité eſt, quãd
deux quantitez inegales, toutesfois d'vn meſme genre, ſont conferees l'vne à l'autre : & eſt
diuifee en proportion de plus grãde inegalité,
& de moindre : leſquelles certainemẽt ne diffe
rẽt point de raifon autrement, ſi non qu'en
icelle le plus grand eſt conferé au moindre :
comme 6 à 1, a proportion fextuple : & au contraire 1 à 6, a proportiõ fous-fextuple : & ceſte
cy eſt de moindre inegalité. Mais par-ce que
ces deux cy ne different, ſi-non par ceſte diction, fous, laquelle ils adiouſtent touſiours à
la moindre : tout ce qui eſt dit de l'vne, doit
pareillement eſtre entendu de l'autre.

La proportion doncques de plus grande
inegalité & de moindre, ſe diuife en cinq
principales efpeces: c'eſt à ſçauoir, Multiplex,

Superparticuliere, Superpartiente, Multiplex
fuperparticuliere, & Multiplex fuperparticn-
tc.

FORCADEL.

De ces cinq efpeces, ainfi que ie l'ay efcrit au pre-
mier liure de mon Arithmetique, en enfuyuant la
nature de l'egalité & inegalité, la feconde doit eftre
premiere, & la premiere la troifiefme : car de l'entier
vient la partie, les parties, plufieurs entiers, plufieurs
& la partie, puis apres les parties.

PHRISON.

La Multiplex eft, quand le plus grand con
tient le plus petit quelques fois parfaitement,
& ce, d'auantage qu'vne fois : comme 10 à 5,
encores 8 à 2. Quand donc le plus grand con-
tiét deux fois le plus petit exactemét, alors eft
appellée proportion double : fi trois fois, triple : fi quatre, quatruple : & ainfi des autres
par ordre.

FORCADEL.

Quand on te demandera le nom de la raifon d'v-
ne petite quantité à vne plus grande, cherche premie-
rement le nom de la plus grande à la plus petite, &
conclus par fous-multiplex, &c: fous-double, &c.

PHRISON.

La proportion fuperparticuliere eft, quãd
la plus grande quantité contient la moindre
vne fois, & vne particule feulement de la
moindre, comme 3 à 2, à proportion fefquialtere.

tere:4à 3,proportion fefquitierce:11 à 10,pro-
portion fefquidixiefme:car les noms leur font
ainfi impofez à toutes. Mais il faut en ce lieu
noter, que ces nombres icy doiuent eftre reduicts à la plus petite habitude, laquelle chofe
fe fera facilement, en diuifant la plus grande
quantité par la moindre, & reduifant la fraction reftäte aux plus petits nombres, par lefquels elle fe peut efcrire, par les reigles baillées
aux minutes. Côme s'il plait expliquer la proportion, qui eft entre 15 & 12, diuife 15 par 12,
il en vient 1 $\frac{1}{4}$:c'eft donc proportiõ fefquiquarte. Encores 16 à 14,a proportion 1 $\frac{1}{7}$, c'eft à dire,fefquifeptiefme:& ainfi faut il iuger des autres: car le commencement du nom eft toufiours cefte diction,*fefqui*:puis apres eft parfaite du denominateur de la fraction prouenant
de la diuifion.   F O R C A D E L.

La raifon de 15 à 12 eft,comme de 5 à 4:de 16 à 14,
côme de 8 à 7. Et par-ainfi celle eft d'autät & quart,
& cefte d'autant & feptiefme. Le commencement du
nom eft,d'autant,ou,fous-d'autant,&c.

     P H R I S O N.

La fuperpartiente eft,quand la plus grande
quantité comprend vne fois la moindre, &
d'auantage aucunes particules de la moindre:
comme,5 à 3,eft proportion fuperbipartiente
tierces:car 5 contient 3, vne fois,& d'auantage
deux tierces. Le nom doncques de cefte pro-

S

portion, prend fon commencement, à *fuper*: le moyen eſt du numerateur de la fraction prouenant de la diuiſion, & ſe parfait du denominateur de la meſmes fraction. Comme, ſi tu veux expliquer la proportion, qui eſt entre 7 & 4, diuiſe 7 par 4, il en vient 1 $\frac{3}{4}$: elle eſt donc appellee proportiõ ſupertripartiens-quartes. Encores 34 à 20, c'eſt proportion ſuperſeptupartiens dixieſmes, ou ſuperpartiens ſept dixieſmes: laquelle eſt ainſi eſcrite, 1 $\frac{7}{10}$. Et faut par ſemblable voye proceder aux autres.

FORCADEL.

La raiſon de 34 à 20, eſt comme de 17 à 10, dont elle eſt nommée d'autant-ſept-dixieſmes. Le commencement du nom eſt auſſi d'autant, ou ſous d'autant, le milieu du numerateur de la fraction, &c.

PHRISON.

La proportion Multiplex ſuperparticuliere eſt, quand le plus grand contient le moindre quelquesfois, & ce, plus d'vne fois, & en outre vne particule du moindre. Et tout ainſi comme ceſte proportiõ eſt cõpoſée des deux premieres deuant-dites, auſſi icy le nom de la raiſon eſt d'icelles, diuiſant le plus grand par le moindre: cõme ſi tu veux expliquer la proportion, qui eſt entre 15 & 7, diuiſe 15 par 7, font 2 $\frac{1}{7}$: c'eſt doncques la proportion double ſeſquiſeptieſme. Encores 18 par 4, la proportion

eſt 4 ½: c'eſt à dire, quatruple ſeſquialtere. Et
ainſi ſemblablement en apres il n'eſt point dif
ficile de trouuer le nom aux autres.

FORCADEL.

La raiſon de 18 à 4, eſt comme de 9 à 2: & par
ainſi elle eſt de la ſeconde des pluſieurs fois, & quatre
fois & demy d'autāt, ou d'autāt quatre fois & demy.

PHRISON.

La Multiplex ſuperpartiente eſt, quand le
plus grand contient le plus petit plus qu'vne
fois, & en outre quelques particules du moin
dre. Et icy ſon nom eſt pris des deux extremes des trois premieres proportions: comme
la proportion de 11 à 4, eſt cogneuë, ſi tu diuiſes 11 par 4, il enviét 2 ¾, c'eſt à dire, double ſu-
pertripartient-quartes. Encores 19 à 5, eſt de
telle raiſon, que 3 ⁴, c'eſt à dire, triple ſuper-
quadripartiente-quintes, ou ſuperpartiente-
quatrequintes. Et la raiſon meſmes eſt aux
autres.   FORCADEL.

La raiſon de 11 à 4, eſt de deux fois trois quarts d'au
tant, ou d'autant deux fois trois quarts, toutesfou de la
tierce de pluſieurs fois, &c.

DE LA PROPORTION DES
fractions, ou minutes.

PHRISON.

TOut ainſi que les proportions des entiers
ſont cherchees, en diuiſāt le plus grād par
le moindre: par telle maniere les habitudes des

S ij

fractions ou minutes font cherchees par la diuifiõ, celle mefme qui a efté dite aux fractiõs. Ainfi comme $\frac{2}{3}$ à $\frac{5}{6}$, a la proportiõ fous fefquiquarte, par ce que $\frac{5}{6}$ diuifez par $\frac{2}{3}$, font 1 $\frac{3}{12}$ ou 1 $\frac{1}{4}$. Séblablement 3 à $\frac{2}{3}$, a raifon quatruple fefquialtere: car 3 eftant diuifé par $\frac{2}{3}$, font 4 $\frac{2}{2}$.

FORCADEL.

La raifon de $\frac{2}{3}$ à $\frac{5}{6}$, eft comme de 4 à 5: de $\frac{5}{6}$ doncques à $\frac{2}{3}$ la raifon feroit fefquiquarte, & parainfi elle eft fous fefquiquarte: & de 3 à $\frac{2}{3}$, comme de 9 à 2, c'eft à ff. auoir, d'autant quatre fois & demy: car elle eft de la plufieurs fois vne partie du plus petit, &c.

PAR QVELLE RAISON VNE
chacune proportion eft eftendue cominuellemevt.

PHRISON.

AYant propofé deux nombres fous certaine habitude, fi tu leur veux adioufter le troifiefme, qui foit fous mefme proportion au fecond, que le fecond au premier: alors multiplie le fecond en foy-mefme, & diuife le produict par le premier. Exemple. Ie veux trouuer le troifiefme nombre en telle proportion, que font 2 & 6: multiplie 6 en foy mefmes, font 36: lefquels diuife par 2, font 18: ce fera le troifiefme nombre. Encores f'il te plaift d'auantage pourfuyure tant que tu voudras, multiplie le dernier nombre en foymefme, & partis le produict par la penultiefme. Celte reigle icy depend de la reigle doree, ou de proportions:

car il eſt fait tout ainſi comme ſi tu diſois, 2.
gagnent 6, combien gagneront 6? Et tels nombres ſe nomment proportiōnaux : & en Grec,
Analogi.

FORCADEL.

De quatre nombres donnez, quand nous voulons
trouuer trois nombres, deſquels la raiſon du premier au
ſecond ſoit, comme le premier donné au ſecond : & du
ſecond des trois au troiſieſme, comme le troiſieſme dõ-
né au quatrieſme : il faut multiplier le premier & le
ſecond par le troiſieſme, & le troiſieſme & quatrieſ-
me par le ſecond le produict du premier, ſera premier :
du ſecond par le troiſieſme, ou du troiſieſme par le ſe-
cond, ſera ſecōd: & l'autre, ſera le troiſieſme. Comme,
de 3, 4, 5, 6, ie prens pour le premier a : pour le ſecond, b :
pour le troiſieſme, c : & pour le quatrieſme, d. Puis a-
pres les rectangles a
& b.c, de la cime c, &
c.b, & d de la cime b.
a, fait 15 : b.c, fait 20 :
& d, fait 24. Donques
15, 20, 24, ſont en la
raiſon de 3 à 4 & de 5
à 6, par la premiere pro
poſition du ſixieſme li-
ure d'Euclide : & par-
ainſi de 2, 6, 2, 6, les
trois ſeront, 4, 12, 36 :

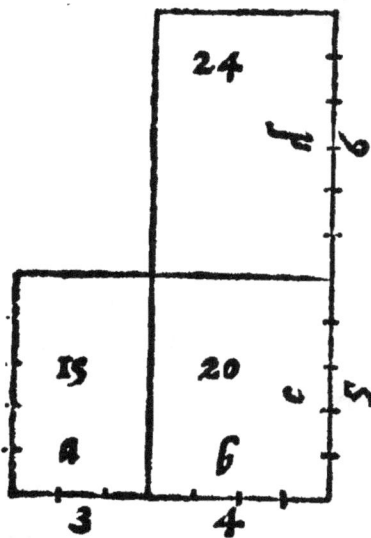

ou 2, 6, 18 : preuoyant auſſi, que le ſecond, multiplié par

le quart, c'est à dire, par soymesmes, & le produit party par le troisiesme, c'est à dire par le premier: à fin que
le premier & second demeurent, font 18. Aussi de 3, 4,
5, 6, à celle fin que le premier & second demeurent, si
on multiplie le second par le quatriesme, & on partist
le produict par le troisiesme, on aura 4 $\frac{4}{5}$: & par ainsi
3, 4, 4 $\frac{4}{5}$, seront au lieu de 15, 20, 24. Et de là s'ensuit,
que si on me donnoit ces quatre nombres 3, 4, 6, 7: on me
donneroit 3, 2 deux, 3 deux, & 7, par lesquels i'auray
9 deux, 12 deux, 14 deux, c'est à sçavoir, 9, 12, 14. Ou
bien, si ie divise 14 deux par 3 deux, il en vient 4 $\frac{2}{3}$:
dont on auroi. 3, 4, 4 $\frac{2}{3}$, qui sont les mesmes 9, 12, 14.
Et par cela de tant de nombres qui seront donnez ou
en continuelle, ou non continuelle raison, on trouvera
les nombres continuez, qui auront les mesmes. Ce que
facilement se peut entendre par ladite premiere, seconde, & quatriesme du huictiesme, là ou ie renvoye le lecteur: par-ce que si en cest endroit i'en voulois dire tout
ce qui s'en peut dire, mon entreprise, qui est parachever
ceste mienne interpretation, en seroit de beaucoup des-
avancée.

DV MILIEV PROPORTIONNEL.
PHRISON.

LE milieu proportiónel, est appellée la quá-
tité moyenne entre deux, laquelle a telle
raison à sa moindre, comme la plus grande à
la moyenne. Elle est trouvee aux nombres: si
tu multiplies la premiere par la derniere, alors
la racine quarrée du produict monstre le mi-

lieu proportiõnel. Comme, si ie veux trouuer
le milieu proportionnel entre 3 & 12, ie multiplie 3 par 12, il en viẽt 36, desquels la racine est
6, milieu proportionnel entre 3 & 12. Encores
entre 4 & 9, iceluy mesme 6 : entre $\frac{3}{4}$ & 3 entiers, multiplie 3 par $\frac{3}{4}$, il en vient $\frac{9}{4}$, desquels la
racine est $\frac{3}{2}$: par ce moyen ie dis $\frac{3}{2}$ estre moyenne entre $\frac{3}{4}$ & 3 : car il y a par tout double pro
portion.

FORCADEL.

Des extremes à la raison d'vn d'iceux au milieu.
La cause aussi, pourquoy on multiplie les extremes, &
du produiƈt on en prend la racine, pour auoir le milieu
proportionnel, vient de cecy: par la 19e & 20e prcpo-
sitions du sixiesme, on sçait, que de trois lignes propor-
tionnelles la raison de la premiere à la tierce, est com-
me le quarré de la premiere au quarré de la seconde:
par la premiere doncques, & la troisiesme, & aussi le
quarré de la premiere, on a le quarré de la seconde, du-
quel la racine, est la seconde. Or est il ainsi, que la pre-
miere à l'vnité, a la raison telle, que son quarré au re-
ƈtangle, qui contient autant de quarrez des vnitez de
la premiere, comme est en nombre la premiere : qui
fait, qu'en la reigle de trois, l'vnité est le premier : la
troisiesme quantité, le second : & le troisiesme, est le
nombre de la premiere. La premiere dõc multipliée par
la troisiesme, fait le quarré de la seconde : dont on en
prend la racine, pour auoir la seconde. Exemple. Quãd
on me demande le milieu entre 5 & 20, ie sçay,

que la raison de 5 à 20 est telle, que de 25 au quarré
du milieu. Ie diray donc: si 5 donne 20, combien 25?
c'est à dire, si 1 cinq donne 20, combien 5 cinqs?
ou, si 1 donne 20, conbien 5? ie multiplie 5, lequel i'ay,
par le 5 proposé, comme s'il luy estoit egal, par 20:
l'autre extreme fait 100, dont la racine est 10, pour le
milieu entre 5 & 20.

PHRISON.

Tu trouueras deux moyens proportionnaux entre quelques nóbres que tu voudras,
en cestemaniere. Multiplie le moindre en soy,
& le produiĉt par le plus grand: le quotient de
la racine cube móstrera le moindre nombre,
comme milieu proportiónel estát au milieu,
& le second en la proportion: cóme entre 3 &
24, tu trouueras deux moyens, en ceste sorte.
Multiplie 3 en soy, font 9 : lesquels multiplie
par 24, font 216, duquel la racine cube est 6. En
apres, à fin que tu aye le troisiesme par la premiere reigle, multiplie 6 en soy, font 36 : & diuise par 3, il en vient 12. C'est donc vne continuelle proportion 3, 6, 12, 24. Mais on ne doit
pas trouuer estrange, si en plusieurs le moyen
proportionnel ne peut estre donné: parce que
la nature des nombres ne le porte pas. Comme, entre 3 & 8, le milieu proportionnel est, la
racine quarrée de 24: mais icelle ne peut estre
assignée aux nombres.

La raison des extremes icy, est triple à la raison du premier au second. Mais aussi la cause pourquoy on multiplie l'vn des extremes en soy, & le produict par l'autre: puis on prend la racine cube du dernier produit, qui est le moyen prochain à l'extreme, duquel on a pris le quarré : vient de la trente-troisiesme proposition de l'onziesme liure d'Euclide: car par icelle on sçait que, s'il y a quatre quantitez proportionnelles, la raison de la premiere à la quatriesme, est comme le cube de la premiere au cube de la seconde. Si doncques on fait de la premiere, le premier nombre, de la quatriesme le second, & du cube de la premiere le troisiesme, c'est à dire, que, si au lieu de la premiere on prend 1 pour le premier nombre: la quatriesme, pour le second: & le quarré de la premiere, c'est à dire, la premiere multipliée en soy, pour le troisiesme : en multipliant la quatriesme par le quarré de la premiere, on a ce que contient le cube de la seconde: doncques la racine cube, est la seconde: & quãd tu multiplies l'vn des nombres, entre lesquels tu cherches deux milieux, en soy, tu multiplies la premiere quantité en soy: puis quand tu multiplies le produict par l'autre extreme, tu le multiplies par la quatriesme quantité, & il en vient le cube de la seconde, par lequel tu as la seconde. Et par ainsi, si entre 2 & 16 ie cherche les deux milieux, il faut que ie les trouue en multipliant le quarré de 2 par la quatriesme 16, & il en vient 64, qui est le cube de 4 prochain à 2, & si le quarré de 16, c'est à sçauoir, 256, se multiplie par

2,qui eſt maintenant la quatrieſme,il en vient 512,
qui eſt le cube de celuy milieu,qui doit eſtre ſecõd à 16,
c'eſt à ſçauoir, 8: lequel auſſi fenſt venu en multipliãt
4 par 4,&en partiſſant le produict par 2:& auſſi en
multipliant 4 par 16,& du produict prenant la racine quarrée.Entre 2 & 16,ſont 4 & 8,d'ou viennent
2,4,8,16,proportionnels.

DE L'ADDITION ET SOVS-
traction des proportions.

PHRISON.

COmbien que l'vſage de ces eſpeces icy ſoit
petit ou nul en l'vſage des choſes commu
nes , toutesfois parce qu'ils ſont neceſſaires
aux choſes Aſtronomiques &geometriques,
il nous a pleu de ne les delaiſſer point.

Quand on voudra donques adiouſter deux
proportions de magnitudes,ou deux habitudes en vne ſomme,c'eſt à dire,expliquer icelles par vn autre nombre, qui contienne l'vne
& l'autre raiſon: eſtablis icelles proportiõs en
leurs termes en maniere de minutes, comme
i'ay enſeigné parauãt:en apres multiplic icelles denominations,ou (ainſi que les autres les
appellent) les termes l'vn par l'autre, ainſi cõme nous auons dit aux minutes:il en ſera produict vne autre denomination,qui comprren-
dra la ſomme des deux proportions.

Et ſil y a pluſieurs proportions , alors pre-

mierement multiplie les termes de la premiere proportion par les termes de la seconde,&
multiplie ceste somme là par les termes de la
troisieme, & ainsi en apres poursuis iusques à
la fin:la derniere multiplication monstrera la
somme de toutes les proportions. Exemple.
Il plaist colliger la somme des proportiós,qui
sont entre 6,12, & 18 : parce donc que la proportion du premier nombre & du second est
2,c'est à dire,double:mais du secód & du tiers
1 $\frac{1}{2}$,c'est à dire, sesquialtere, ie multiplie 2 par
1 $\frac{1}{2}$,il en vient $\frac{6}{2}$, c'est à dire, la proportion triple. Encores ie propose colliger la somme de
toutes les proportions, qui sont entre 2,4, 10,
15,20,28:i'establis premieremét les termes qui
se font ainsi:2,2 $\frac{1}{2}$,1 $\frac{1}{2}$,1 $\frac{1}{2}$,1 $\frac{2}{5}$.Maintenát ie mul
tiplie 2 par 2 $\frac{1}{2}$,il en vient $\frac{10}{2}$,c'est à dire,la pro
portion quintuple: en apres ie multiplie ces 5
par 1 $\frac{1}{2}$,il en prouiennent $\frac{15}{2}$,lesquels ie multiplie par 1 $\frac{1}{3}$,il en vient $\frac{60}{6}$,ou 10,c'est à dire, la
proportion decuple: en apres ie multiplie ces
10 icy par 1 $\frac{2}{5}$,ils produisent $\frac{70}{5}$,c'est à dire,14.
Ie dis donc la somme de toutes les propor-
tions estre decuple quatruple.

FORCADEL.

Tu cognoistras la cause de l'addition & compositió
des raisons,par ces nombres,18,12,18, &c. Car si 12
contient 8 trois fois la moitié , & 18 contient 12

autant mesmes, il a bien raison, que 18, contienne 8,
autant que monstre le produict de ½ par ½, c'est à sçauoir, 9/4, qui sont 2 ¼ : & de 8, 12, 6, puis que 6 est la ½
de 12, & que 12 contient 8, comme dessus, 6 contiendra 8, ¼ d'vne fois : car ½ multipliées par ½, sont ¼.
Mais pour briefuemēt adiouster les raisons de 2, 4, 10,
15, 20, 28, il faut multiplier leurs termes, c'est à sçauoir, 2/1, 1/2, 1/2, 4/3, 7/5, en multipliant 2 par 7, & 1 par 1,
ainsi que nous auons dit à la multiplication des fractions : & comme se voit cy dessous, il en vient 14, c'est
à sçauoir, ladite raison des extremes.

$$2, 4, 10, 15, 20, 28$$

$$\frac{2 \quad 8 \quad 5 \quad 4 \quad 7}{1, \quad 2, \quad 2, \quad 3, \quad 5,} \; fait\; 14$$

Ou

$$2, 4, 10, 15, 20, 28$$

$$\frac{2}{1} \quad \frac{8}{2}$$

$$\frac{5}{1} \qquad \frac{3}{2}$$

$$\frac{15}{1} \qquad \quad \frac{4}{3}$$

$$10 \qquad \frac{7}{5} \; fait\; 14$$

PHRISON.

En la soustraction la raison est contraire,
sçauoir est, qu'il faut diuiser les termes d'vne
proportion par les termes de l'autre propor-

tion.Car ainſi par ceſte ſection ſont produicts les termes ſignifians l'excez des deux proportions.Mais il faut icy deuant toutes choſes co gnoiſtre, laquelle des deux proportions eſt la plus grande:ce que les denominations,ou les termes d'icelles ſignifient treſclairement.Car la proportion eſt dite plus grande, de laquelle les termes ſont plus grands , ou de laquelle la denomination eſt plus grande.

FORCADEL.

De la proportion,& non des termes du nom d'icelle.

PHRISON.

Et il eſt facile de iuger, laquelle des deux eſt la plus grande aux entiers:& quant aux minu tes , nous en auons baillé l'art en iugeant des minutes. Parquoy à fin que ie le die briefue-ment,ſi tu veux ſouſtraire vne proportion d'v ne autre,diuiſe la plus grande par la moindre: ou au contraire,ſil eſt beſoin,ayant colloqué icelles en termes : car alors il en viendra l'ex-cez des proportiõs.Comme,ie veux ſouſtrai-re la raiſon,qui eſt entre 6 & 15,de celle qui eſt entre 4 & 15,c'eſt à dire,2 $\frac{1}{2}$,ou double ſeſqui-altere,de 3 $\frac{3}{4}$,ou triple ſupertripartiente quar-tes . Ie diuiſe 3 $\frac{3}{4}$, ou $\frac{15}{4}$ par $\frac{5}{2}$, il en ſont pro-duicts $\frac{30}{20}$,ou $\frac{3}{2}$,c'eſt à dire, 1 $\frac{1}{2}$, ou proportion ſeſquialtere : & tant eſt l'excez deſdites deux proportions.

Si de la raison de 10 à 4, c'est à sçauoir, de ½, se sou
straie la raison de 6 à 4, c'est à sçauoir ⅓, en diuisant
⅓ par ⅓, il restera la raison de 10 à 6, c'est à sçauoir
⅗, parce qu'il n'en peut pas rester vne plus grande ny
plus petite, mais vne egale iustement. Ie ne tiendray
pas auffi, de ces côpositions & diuisions de proportiôs,
plus grand propos, pour en auoir desia affez suffisam-
ment escrit au second liure de mô Arithmetique: re-
memorant tousiours au Lecteur, qu'auec l'aide de
Dieu, ie luy feray part du reste de ce, que i'en pourray
escrire, s'il m'est presenté quelque loisir, combien qu'il
puisse estre bien loing de l'egalité de mon bon vouloir.

PHRISON.

Mais quel est l'vsage de ces especes icy, on le
peut veoir en Claude Ptolomée, au premier
liure de sa grande composition. Et quant à la
multiplication & diuision des proportions,
n'en requiers point icy aucun artifice : car la
nature des choses ne l'admet point en l'vsage
commun. Toutesfois chacune proportion(selon le vouloir d'Euclide) peut estre doublée,
triplée, & multipliée par quelque autre nombre qu'on voudra, ainsi qu'il peut estre colligé de la dixiesme diffinition du cinquiesme
liure. Et cela se fera, en multipliant autant de
fois en soy les termes de la proportion, que le
nombre multipliant contient d'vnitez, excepté 1. Comme, si ie veux tripler les propor-

tions ³⁄₂,c'eſt à dire,ſi ie veux tripler la proportion ſeſquialtere,ie multiplieray 3 en ſoy,font
9, leſquels de rechef eſtans multipliez par 9,
font 27.Semblablemét 2, multiplié deux fois
en ſoy,font 8. La proportion donc ³⁄₂, triplée,
fait ²⁷⁄₈, c'eſt à dire, triple ſuperpartiente trois
octaues.Cela ſe pouuoit colliger par addition
ainſi comme nous auons enſeigné.Et au contraire auſſi, ſi tu veux en ceſte ſorte partir vne
proportion par 2, extrais la racine quarree de
l'vn & de l'autre terme: ſi tu veux partir par 3,
extraits la racine cube:ſi par 4,la racine de racine, & ainſi conſequémeut en gardát l'ordre
naturel . Mais c'eſt aſſez parlé de ces choſes
icy.Des proportionalitez,leſquelles les Grecs
appellent Analogies, i'ay deliberé n'en parler
point pour le preſent, à fin que ie ne paſſe la
raiſon de mon entrepriſe. Car icelles ne font
rien,ou peu,à l'operation ou pratique des nôbres,ſinon qu'on ayt plus grand vſage des de-
monſtrations Geometriques. Parquoy ayant
bien entendu ces choſes icy,il n'y a rien eſcrit
des autres(excepté la reigle d'Algebre) qu'vn
chacun ne puiſſe facilement acquerir, mais
qu'il reduiſe toutes les choſes aux reigles, que
maintenant i'ay dites, laquelle choſe l'exerci-
tation enſeignera touſiours de plus en plus.

De l'vfure.

COMBIEN que ce nom d'vfure doiue e-
ftre execrable entre les Chreftiens, toutesfois parce que la neceflité contraint plufieurs à ceft vfage, ie parleray quelque peu de
la computation d'icelle, & principalement à
fin que ie monftre l'vfage des milieux propor
tiōnels outre la Geometrie, dequoy à prefent
nous traictons. Il y a donc vne certaine vfure
fimple, laquelle paye quelque partie du fort
par chacun an, ou bien elle eft egale au fort
en certains mois. La numeration d'icelle eft
tresfacile. Pofons doncques que quelcun a
prins 600 efcus à vfure, par telle conditiō que
apres 100 mois l'vfure foit egale au fort: on demande combien il payera en cinq ans. Si dōques 100 mois gagnēt 600 efcus, que gagneront 60 mois, ou cinq ans? La reigle monftre
360 efcus, lefquels payera outre le fort, qui
prend à vfure 600 efcus.

FORCADEL.

Quand en cent mois fe gagnent cent efcus, en vn
mois fe gagne vn efcu, & en vn an douze efcus. Si dō-
ques le fort eft 100 efcu, en cinq ans fe gagneront 60
efcus, & 600 efcus en gagnerōt 6 fois 60, c'eft à fça-
uoir, 360 efcus.

PHRISON.

Et au contraire, fi quelcun a payè pour l'v-
fure de cinq ans, 300 efcus: on demande, quel
eftoit

eſtoit le ſort, demourant la meſme condition
d'vſure. Tu diras: 60 moys payent 300 eſcus,
combien 10 o? dont tu auras 500 eſcus.

FORCADEL.

Si en cinq ans i'ay payé 300 eſcus, en vn an i'en
ay payé 60, c'eſt à ſçauoir, 5 fois 12 eſcus: c'eſtoient
doncques 500 eſcus, que i'auois prins à l'intereſt.

PHRISON.

Mais il y a vne autre raiſon d'vſure, qu'on ap
pelle iudaique, laquelle augmente l'vſure tous
les ans, d et elle ſorte que l'vſure de l'vſure eſt
eſtimée tous les ans. Exēple. Quelcun a prins
800 eſcus, par telle cōditiō qu'il payera à l'v-
ſurier, pour le premier an, la huictieſme partie
du ſort, pour l'vſure: & au ſecond an, non pas
ſeulement la huictieſme partie du ſort, mais
auſſi la ſemblable partie de l'vſure du premier
an: & ainſi en apres tous les ans, en augmentāt.
On demande combien il payera pour quatre
ans. Il conuient icy ſçauoir que la ſomme du
ſort & de l'vſure croiſſent tous les ans en pro-
portiō continue. Et parce que l'vſure du premier an eſt ⅛ du ſort, l'vſure du ſecōd an à part
ſera ⅛ du ſort & de l'vſure du premier an : &
ainſi en apres, l'vſure du troiſieſme an, ſera ⅛
du ſort & de l'vſure du premier & ſecond an.
Parquoy la proportion ſera continue ſeſquioctaue. Fais donc cinq nōbres en proportion
ſeſquioctaue, ainſi que nous auōs enſeigné vn

T

peu cy deuant, & le premier (ſi tu veux) ſoit 8,
le ſecond ſera 9, le troiſieſme 10 $\frac{1}{8}$, le quatrieſ-
me 11 $\frac{2}{6}\frac{1}{4}$, & le cinquieſme finalement 12 $\frac{4}{5}\frac{1}{1}\frac{1}{2}$,
ou $\frac{6}{5}\frac{1}{1}\frac{6}{2}\frac{1}{}$. Dis maintenant, par la reigle des pro
portions, 8 payent en quatre ans $\frac{6}{5}\frac{1}{1}\frac{6}{2}\frac{1}{}$, combien 800? Tu colligeras en ceſte maniere le
ſort & l'vſure augmentez enſemble 1281 $\frac{2}{5}\frac{1}{1}\frac{8}{2}$,
ou 1281 $\frac{2}{1}\frac{7}{2}\frac{}{8}$.

FORCADEL.

Prendre pour l'intereſt $\frac{1}{8}$, *eſt faire de 8, 9 . Celuy*
doncques , qui prend 8 eſcus à l'intereſt, il doit le pre-
mier an. 9 eſcus: & au ſecond an, il doit 10 $\frac{1}{8}$ *: car 9*
multiplié en ſoy, fait 81, lequel party par 8, fait 10 $\frac{1}{8}$.
Mais pour le troiſieſme an, il eſt bien plus aiſé de dire,
ſi 8 donnent 9, combien 10 $\frac{1}{8}$ *& pour l'autre auſſi, ſi*
8 font 9, combien 11 $\frac{2}{6}\frac{1}{4}$? *Mais bien encores mieux, ſi*
on dit que 8 font 9, combien $\frac{8}{8}\frac{1}{}$, $\frac{7}{6}\frac{2}{4}\frac{9}{}$? *&c. Diſons en-*
core, que 8 eſtant pris pour le ſort, en y adiouſtant $\frac{1}{8}$ *de*
ſoymeſmes, il fait 9, que le premier doit au premier an.
Maintenant par-ce que de 9 ne ſe peut prendre le $\frac{1}{8}$, *à*
celle fin qu'il ayt iuſtement $\frac{1}{8}$, *par la 39e propoſitiõ du*
7e, ſoit fait de chacune vnité 8 parties, en multipliant
8 par 9, font 72 oĉtaues, deſquelles 9 ſont l'octaue,
lequel adiouſté à 72, fait 81 octaue, pour le ſecond an:
de l'vne deſquelles qui en fait 8 pieces , il fait du tout
648 pieces, qui ſont ſoixante-quatrieſmes: auſquels
qui adiouſte 81 font 729 ſoixante-quatrieſmes, pour
le troiſieſme an : & faiſant ainſi pour le quatrieſme
an, on trouue 6561, cinq cẽs douzieſmes, &c. Donc-

ques par ce q̃ 800 escus sont cẽt fois 8 escus, il en viẽ
dra cẽt fois $\frac{6\,5\,6\,1}{5\,1\,2}$, c'est à sçauoir, les mesmes 1281
$\frac{2\,7}{1\,2\,8}$: ou bien, en faisant de 800 comme de 8, ainsi
qu'il se voit cy dessous, on trouue $\frac{6\,5\,1\,6\,0\,0}{5\,1\,2}$, qui sont
les mesmes 1281 $\frac{2\,7}{1\,2\,8}$.

8	2		800
1	1 2		1
9	2 9 5		9
72	1 4 4 7 8		72
81	6 5 6 1 0 0	(1281 $\frac{2\,7}{1\,2\,8}$)	81
648	5 1 2 2 2 2		648
729	5 1 1 1		729
5832	8 5		5832
656100			656100

PHRISON.

Or faignons maintenant quelcun deuoir,
pour l'vsure du premier an, la somme du sort
& de l'vsure ensemble 4608 : & pour le quatriesme an, 6561. On demande côbien estoit le
sort, & combien il vient pour le renouuelle-
ment de l'vsure. Tu noteras icy de la precedẽte declaration, qu'entre la somme du premier
an & de la derniere somme, il y entreuiennent
deux milieux en mesmes proportiõ. Cherche
donc deux moyens proportionnaux entre
4608 & 6561. Multiplie le moindre, c'est à sçauoir, 4608, en soy : font 21233664. Multiplie
ce produict par le plus grand, c'est à sçauoir,

T ij

6561 : il en vient 13931 4069504. La racine cube d'iceluy, 5184, môstre la moindre des deux
quantitez mediâtes en mesme raison. Il payera donc pour le fort & l'vsure, auec l'augmen-
tation au second an, 5184. Mais tout ainsi que
le fort & l'vsure du second an, est accomparé
au fort & vsure du premier an l'vn à l'autre:
tout ainsi la somme du fort & de l'vsure du
premier an, est accomparé au seul fort. Tu diras donc, par la reigle de trois, 5184, donnent
4608 : combien 4608? Ainsi tu colligeras le
fort auoir esté 4096.

FORCADEL.

Il est biё plus aisé de trouuer les cubes, desquels sont
plusieurs fois 4608 & 6561, en partissât l'vn &
l'autre par 9, & il en vient pour l'vn neufiesme, 512:
& pour l'autre, 729. Ainsi la racine cube de 512 e-
stant 8, son quarré 64, multiplié par la racine de 729,
c'est à sçauoir, par 9, fait 576, qui est l'vn des milieux
entre 512 & 729, par la vingt-cinquiesme proposiô
de l'onziesme liure d'Euclide. Et par-ce que, par la hui
ctiesme proposition du huictiesme liure, il y a autant
de milieux entre 4608 & 6561, 9 fois 576, c'est à sça-
uoir 5184, sera le milieu, duquel qui leue 4608, il re-
ste 576 qui est la neufiesme partie de 5184 : par-ce que
nous venons de dire, que 9 fois 576, font autant. Si
donc de 4608 se soustraict la neufiesme partie, qui est
512, il reste 4096, c'est à sçauoir, le mesmes fort.

```
4608        6561
512         729
  8           9         576
            64         5184
             9         4608
            570         512
             9         4096
            5184
```

PHRISON.

Mais si tu veux chercher ceste mesme chose pour cinq ans, alors il conuient chercher le
moyen proportionnel entre deux sommes assignées : & de rechef entre ce moyen trouué,
& ces deux extremes assignez, deux autres
moyés. Et ainsi tu auras trois milieux, & deux
extremes, lesquels font ensemble cinq quantitez proportionnelles. Mais si la question est
faite pour six ans, & il est donné (comme deuant) deux sommes extremes : alors il est necessaire de trouuer quatre autres moyennes.
Mais il est bien difficile de faire ceste chose,
sans auoir plus grande cognoissance des racines. Et à celle fin que i'adiouste quelque
chose pour ceux, qui sont plus doctes : que la
plus grande quantité soit diuisée par la moindre, la racine du quotiét appellée soursolide,
ou quinte môstre le nombre, par lequel la plus
petite quantité, estant multipliée, engendre la

fecõde, & ainſi les autres. Par ce moyen, ſi entre deux quátitez tu en veux trouuer vne moy
enne autremét que i'ay enſeigné parauát, diui
ſe la plus grãde par la moindre, & multiplie la
racine quarree du quotient par la moindre,
produiĉt la moyenne. Si tu veux deux moyĕ-
nes, diuiſe comme par auant, & que la racine
cube du quotient ſoit cherchée : icelle eſtant
multipliee par la moindre, produiĉt la ſeconde. Et ſi finalement tu veux trois quantitez
moyennes, diuiſe (comme i'ay dit parauant)
la plus grande par la moindre : la racine de la
racine du quotiĕt, multipliee par la moindre,
monſtre la ſeconde : & en continuant icelle
multiplication, toutes les autres ſont produi-
ĉtes. Et ainſi tu iugeras de toutes les autres
quantitez que tu voudras. Ces choſes icy ſont
colligees de la dixieſme diffinition du cinquieſme d'Euclide, & dixneuſieſme propoſition du huiĉtieſme, & les ſemblables.

FORCADEL.

*Ayant doncques party 6561 par 4608, en prenant
le neuſieſme, il en viendroit 729, partis par 512, dont
la racine cube eſt 9 partis par 8 : il faut doncques à
4608 adiouſter le huiĉtieſme, qui eſt 576, il en vient
5134. Mais pourquoy adiouſtera on le huiĉtieſme, veu
qu'il ſuffit de leuer de 4608 ſa neuſieſme partie, qui
eſt 512? & il reſte, pour le ſort 4096 : & pour l'intereſt, le $\frac{1}{8}$.*

Petit traicté de Fractions

ASTRONOMIQVES, OV
de fraƐions Phyſiques.

PHRISON.

E ne voy point aucune difficulté
gráde aux minutes, ou fragmens
phyſiques ou Aſtronomiques :
mais à fin que la voye ſoit faiƐe
plus explicable pour les ieunes enfás aux treſ-
excellétes diſciplines, auſquelles nous auons
voulu ayder le lecteur par ces noſtres petites
commentations, ie monſtreray en peu de paroles les choſes, qui peuuent eſtre veuës plus
difficiles. Par-ce donc que la dimenſion des
mouuemens des Aſtres & des temps, vient
bien rarement à tomber parfaitement aux
meſures entieres , comme aux ans, moys,
iours, & heures : ou aux ſignes des cercles, ou
degrez : pour ceſte cauſe les maiſtres de l'art
ont eſté contrainƐs de partir telles choſes
en treſpetites parties, à fin que la numeration
en feuſt plus exquiſe. Et pour plus grande
facilité, il leur a pleu faire la diuiſion ſexa-

genaire. Parquoy donc ils diuiſent tous les
entiers, qui n'ont point de parties receuës
en vſage, en 60 parties, & les appellent minutes : en apres ils couppent les minutes en 60
autres particules, leſquelles ils appellent ſecondes : les ſecondes, en 60 tierces : & de rechef celles cy ſont parties en 60 quartes, &
ainſi procedent en continuant iuſques aux dixieſmes, & d'auātage auſſi, ſi l'vſage de la choſe le requiert. Mais toutes choſes, qui ont autres parties receuës en vſage, ou qui ne ſont
pas la 60e partie d'vne autre, ſont appellees
entiers. En ceſte ſorte les ans, iours, heures,
le cercle, les ſignes, degrez, mils, ſtades, les
pas, & les ſemblables, ſont appellez entiers :
combien que les appellez degrez, ſoient dits
parties des hauteurs approuuées: & les minutes, ſcrupules. Mais nous, en parlāt d'addition
& ſouſtraction, & des autres eſpeces, à cauſe
de plus facile doctrine, garderōs les vocables,
qui ſont receuz vulgairement.

FORCADEL.

*Les Aſtronomes, à celle fin de pouuoir faire leurs
computation, plus ayſément : combien que 96 ſoit
auſſi le nombre ſous cent, qui reçoit en nombre autant
de parties, que 60, car l'vn & l'autre en reçoiuent 11:
& que les racines extraictes en nonante-ſixieſmes
ſeſſent plus prochaines qu'en ſoixantieſmes : toutesfois par-ce que les multiplications & diuiſions ſont*

pluftoft paracheuées par le nombre de 60, l'ont prins,
& en iceluy diuisé vn chacun entier.

D'ADDITION.

PHRISON.

EN addition il fault premieremét obferuer,
que les entiers foient mis fous les entiers,
& les fractions ou minutes foient pofees fous
les minutes d'iceluy mefme genre. En apres
commençant aux plus petites minutes, foit
faite l'additió en vne fomme, en colligeát vne
chacune forte de minutes par ordre. Mais alors
fi par addition la fomme furmonte 60, il faudra diuifer la fomme par 60, & autant d'vnitez qu'il en viendra, autant en faudra il adioufter a la plus grande fraction plus prochaine:
& ainfi en apres les autres doiuent eftre colligees, iufques à ce qu'on foit paruenu aux entiers. Aufquels auffi il faudra obferuer la valeur des entiers. Car fi les fignes font propofez communs, c'eft à dire, tels qui y en a 12 au
cercle, alors la fóme des degrez fe doit diuifer
par 30, & le nombre, qui en vient, doit eftre
adioufté aux fignes. Mais fi les fignes font phy
fiques, defquels les 6 font le cercle (& tels
font prefques aux tables d'Alphonfe) alors la
fomme des degrez foit diuifée par 60, &c.
Toutesfois & quantes auffi que la fomme des
fignes cómuns furpaffera 12, ou des phyfiques
6 : autát de fois les faudra il ofter totalement,

& mettre les feules reftes au lieu des fignes. Et
faut aufsi iuger femblablement des autres entiers. Mais ces chofes icy fôt affez faciles à celuy, qui entéd les quatre efpeces d'Arithmetique. Parquoy il me femble que fera affez, le
declarer pat vn & vn autre exemple. Ie veux
colliger, des tables des eclipfes de Purbache,
le mouuement mediocre du foleil iufques au
douziefme iour de Nouébre, & deux heures
apres midy de l'an 1547 à laquelle on eftime
deuoir eftre fait l'eclipfe du foleil.

	Sig.	Deg.	Mi.	Sec.
Pour 1460 ans paffez.	9	19	1	19
Pour 80 ans paffez.	0	0	35	16
Pour 6 ans paffez.	11	29	33	5
Pour Octobre paffé.	9	29	38	1¹
Pour 12 iours.		11	49	40
Pour 2 heures.			4	56
La fomme de toutes.	8	0	42	27

La fomme des fecôdes, eft 147: laquelle diuifee par 60, fait 2 : lefquelles adiouftees aux
minutes, font enfemble 162. Mais le refte, c'eft
à fçauoir, 27, doit eftre efcrit deffous. En apres
la fomme des minutes 162, diuifee par 60, pro
duict de rechef 2, & reftent 42, lefquelles font
efcrites deffous, & 2 font adiouftez aux degrez, lefquels colligez enfemble auec 2, fôt 90
lefquels diuifez par 30 (par-ce que ce font fi-

gnes communs)ils font 3,& reste rien:dôt on
escrit o sous les degrez,& 3 sôt adioustez aux
signes,lesquels auec les autres font 32.Ie reiecte 12 d'iceux tant de fois que ie puis, & restét
8,lesquels sont annotez en l'exemple.

FORCADEL.

Pour yne chacune fois six dixaines de quelque fraction qui soit, & de la diuision de 60, il faut compter
yn,à la prochaine plus grâde fraction,iusques aux signes,si les signes sôt Physiques:ou iusques aux degrez
si les signes sont communs:car alors pour yne chacune
fois 3 dixaines de degrez, il faut compter yn aux signes. Si les diuisions sexagenaires sont de temps, côme cestes de cercles:alors pour chacune fois six dixaines, il faut compter yn, comme dessus, iusques aux
heures, si les diuisions sont des heures, ou iusques aux
iours, si les minutes sont de iour . En ceste addition
donc les vnitez des secondes font 27,dont ie pose 7
sous icelles,& retiens 2 dixaines,lesquelles adioustees
aux dixaines font 14, qui valent 2 dixaines & deux
minutes:parquoy ie pose 2 dixaines sous les dixaines
des secondes,par 2, & adiouste 2 auec les vnitez des
minutes, & trouue 32: dont i'en mets 2 dessous, &
adiouste 3 auec les dixaines, qui sont ensemble 15 dixaines : dont i'en mets 4 sous les dixaines, & adiouste 2 auec les vnitez des degrez, qui font 30. Parquoy ie pose 0 sous les vnitez, & adiouste 3 dixaines auec les autres, qui font 9,c'est à sçauoir 10,3 signes,lesquel si adiouste auec les signes, & trouue 32,

qui font 2 cercles paſſez & 8 ſignes, leſquels 8 ſignes
ie poſe ſous les ſignes, &c.

P'HRISON.

Encores ie veux trouuer la conionction appellee moyenne, ou mediocre rencontre de
la lune à iceluy meſme mois & aux meſmes ta
bles. Parquoy donc ie fais ainſi.

	Iours.	Heu.	Mi.	Sec.
En l'an 1520 paſſé.	21	14	32	11
Pour 26 ans paſſez.	16	6	19	41
Pour Octobre paſſé.	8	16	30	30
La ſomme de toutes.	46	23	22	22

Icy aux minutes & ſecódes, eſt procede par
ſemblable maniere qu'il a eſté dit . Mais la
ſomme des heures, qui eſt colligée 47, eſt diuiſee par 24 , parce que tant d'heures conſtituent vn iour naturel: le reſidu, c'eſt à ſçauoir,
23, ſont annotées : & l'vnité, trouuee par la diuiſion, eſt adiouſtee aux iours.

DE SOVSTRACTION.

ON doit garder le ſemblable ordre en ſouſtraction , cóme en addition: mais toutes
fois & quátes que les minutes ne peuuét eſtre
leuees de leurs minutes, alors qu'elles ſoient
ſouſtraictes de 60, c'eſt à dire, de l'vnité de la
plus gráde minute : & que le reſte ſoit adiouſté
aux minutes, deſquelles la ſouſtractió deuoit
eſtre faite, & la ſomme ſoit eſcrite deſſous. Et

toutes les fois que cela aduiendra, autant de
fois doit estre adiouftee l'vnité au nôbre enfuyuant en fouftrayant.Mais s'il faut fouftraire des degrez de degrez , & celuy, qu'il faut
fouftraire,est plus grand que celuy, duquel la
fouftraction doit estre faite:alors qu'ils foient
fouftraicts de 3c , si ce font fignes communs
propofez,& les autres foient paracheuées côme il est dit.Séblablement le nombre des heu
res fe fouftrait de 24,s'il en est befoing.Et ainfi
faut il entédre des autres.Exéple.Nous auons
colligé par additiõ le mouuemét mediocre du
foleil estre 8 fignes, o degrez, 42 minutes, 27
fecondes. A fin que nous colligions de là le
vray lieu du foleil,il nous est commandé d'en
fouftraire l'equation, laquelle est colligée des
mefmes tables de Purbache,1 degré, 9 minutes, 53 fecondes : lefquels ie colloque en cefte
forte.

fig.	de.	mi.	fecon.
8	o	42	27
	1	9	53
7	29	32	34

Icy doncques on me commande oster 53 de
27,ce qui ne fe peut faire.Ie fouftrais dôcques
53, de 60, c'est à dire, d'vne minute, restent 7:
lefquelles adiouftées à 27,font 34:icelles foiét
efcrites deffous. En apres 10 estât fouftraictes

de 42, delaiffent 32 : puis apres ı ne peut eftre
ofté de rien : parquoy il eſt oſté de 30, reſtent
29 degrez, parce que les ſignes ſont cõmuns.
Finalemét l'vnité eſt oſtée de 8 ſignes. Par ainſi nous colligeons, que le ſoleil, au téps prefix,
occupe 29 degrez, 32 minutes, & 34 ſecondes
de l'eſcorpion. Et ainſi ſemblablement faut il
faire des iours, heures, & minutes. Et par ce
que nous auõs colligé par addition les iours, les
heures auec les minutes, pour la mediocre cõ-
ionction des luminaires: nous voulõs oſter ce
temps là de 59 iours, 1 heure: 28 minutes, & 6
ſecondes: leſquelles nous colloquõs en ceſte
ſorte.

iours.	heu.	mi.	ſecon.
59	1	28	6
46	23	31	22
12	1	56	44

Doncques 22 ſecondes de 60, delaiffent 38:
auſquelles adiouſtees 6, font 44, en apres nous
adiouſtons 1 à 31, font 32, leſquelles oſtées de
60, delaiffent 28 : leſquelles auec 28, font 56.
Maintenát l'vnité doit eſtre adiouſtee à 23 heu
res, & ils font 24: leſquelles leuées de 24, parce
qu'elles ne peuuent de 1, par ainſi il reſte rien.
Et pource, nous eſcriuons 1 au deſſous & adiouſtons vn à 46 iours, & leuons icelle ſomme de 59, ils delaiffent 12. Que ſi ainſi eſt qu'en
la ſouſtraction, les entiers ne peuuent eſtre le

uez des entiers: alors faudra il auſſi emprůter
de plus grands entiers, ſelon la valeur d'iceux
entiers, leſquels ſont propoſez. Comme, ſ'il
m'eſt commandé de leuer 6 ſignes communs
auec 28 degrez, de 4 ſignes & 6 degrez, premierement ie leue 28 degrez de 30, reſtent 2:
leſquels auec 6, conſtituét 8. En apres i'adiouſte l'vnité à 6 ſignes, font 7: leſquels i'oſte de 12
ſignes, parce qu'il y en a autant en tout le cercle: reſtent 5 ſignes, leſquels auec 4 ſignes conſtituét 9. Il reſte dōcques 9 ſignes, & 8 degrez.

Vn chacun pourra facilement imaginer la
choſe ſemblable aux autres.

DE LA MVLTIPLICATION.

EN la multiplication & diuiſion, il y a grád
affaire de trouuer la denomination des
produits. Et quant à ce, qui appartient à la
multiplicatió, il faut multiplier tous chacuns
les nóbres du multipliát par tous les nóbres
de celuy, qui doit eſtre multiplié, l'vn apres
l'autre. En apres adiouſter les produits d'vne
meſme denominatió, & ceux qui paſſent 60,
les reduire à plus grádes, par diuiſió: & en ceſte ſorte la ſomme de la multiplication eſt
colligee. Mais il faut icy admonneſter de
la difficulté qui tombe ſur les entiers. Comme ſil s eſtoient propoſez des iours, heures, & minutes, pour eſtre multipliez par
ſignes, degrez, minutes, & ſecondes: parce

qu'en multipliant le nôbre, nous sont proposez deux sortes d'entiers, c'est à sçauoir, iours,
& heures : il les conuient reduire à vn genre
d'entiers. Et cecy peut estre fait par vne voye
assez facile: car les heures sont reduictes à minutes de iour, par la reigle des proportiós, ou
par les tablettes, qui sont composées pour ceste mesme chose, côtenues dãs les tables d'Al
fonse. Mais il est vne reigle briefue: car par le
nôbre des heures multiplié par 2 ¹, est faict le
nombre des minutes de iour. Ou bien, multiplie les heures par 5, & la moitié du produit
sera le mesme nombre en minutes de iour. Et
quãd cela aduiét, il faut aussi reduire les autres
minutes d'heures, & secondes, & quelques
fractions que ce soient en apres, à fractiós de
iour, par semblable voye, que les heures e-
stoient reduites à minutes de iour. Car si les
minutes d'heure sont multipliées par 2 ¹⁄₂, elles
sont faites de secondes de iour. Et si les secondes d'heure sont multipliées par tel moyé, elles feront des tierces de iour. Et toute ceste
chose depend de la reigle des proportions.
Car parce que nous voulons que le iour soit
party en 60, nous disons, 24 heures valent 60
minutes, combien 20? ou quelque autre nombre d'heures? Mais ce pendant si par ceste reduction il prouenoit vn plus grand nombre
que 60, alors il faut diuiser le nombre produit

par

par 60, & adiouster le produict à la plus grande fraction, & garder le reste en son lieu.

FORCADEL.

Le nombre des heures, minutes, secondes, &c. se
doit multiplier par 2, c'est à dire, poser vne autre fois
& encores la moitié d'iceluy : & le produict, seront
minutes, secondes, tierces, &c de iour. Et des minutes,
secondes, tierces &c de iour qui en prend les ⅗, c'est à
dire, qui adiouste l'vn cinquiesme auec l'autre, il en
vient, heures, minutes, secondes, &c. d'heures.

PHRISON.

Il suffira d'vn seul exemple, pour declarer ceste doctrine icy. Ie veux multiplier le mouuement iournal de la lune par 29 iours, 12 heures, 44 minutes, 3 secondes. Et le mouuement
iournal de la lune (selon les tables d'Alfonse,
lesquelles Purbache ensuit) est 13 degrez, 10
minutes, 35 secondes, 1 tierce. Icy donc auant
que multiplier, il faut reduire les nombres à la
diuision sexagenaire. Parquoy ie multiplie 3
secondes d'heure par 5, & diuise par 2, il en
vient 7 tierces de iour auec vne moitié, c'est à
dire, 30 quartes de iour. En apres ie multiplie
44 minutes, par 5, ils font 220 : lesquels ie diuise par 2, il en prouient 110 secondes de iour : e
les diuise par 60, il en vient vne minute de
iour, laquelle ie garde : & demeurent 50 secon
des de iour, lesquelles ie note en son lieu. En a-
pres ie multiplie semblablement 12 heures par

V

5, & les diuiſe par 2, font 30 minutes de iour : auſquelles i'adiouſte vn, qui parauant auoit eſté colligé par la diuiſion : ils font finalement 29 iours, 31 minutes, 50 ſecondes, 7 tierces, & 30 quartes de iour, qui doiuent eſtre multipliées par le mouuement de la lune propoſée au parauant.

FORCADEL.

Si les nombres (comme i'ay dit) ſont repoſez vne fois auec la moitié d'iceux, en obſeruant touſiours la diuiſion ſexagenaire, on trouue par l'addition, ce qu'on cherche, en changeant la denomination d'heures en minutes de iour, &c. comme ſe voit cy deſſous.

29 iours, 12 heu. 44 minutes, 3 ſecon.
12 heu. 44 minutes, 3 ſecon.

6　　22　　　1　　30
──────────────────────────

29 iours, 31 mi. 50 ſecon. 7 ti. 30 qu.

PHRISON.

Mais il ne faut pas changer ceſtuy cy, parce que l'ordre de la diuiſion ſexagenaire eſt gardé. Cecy donc doit eſtre fait diligemment en multiplication & diuiſion, qu'vn tel ordre ſoit gardé, c'eſt à dire, que les entiers, qui ſont propoſez, ſoiēt diuiſez en 60 minutes, ſans y entreuenir aucune autre partition : & auſſi vne chacune des fractions en apres eſt entendue deuoir eſtre diuiſée en 60 moindres particules.

Car par ce moyen la confusion des denominations produictes sera euitée.

FORCADEL.

Ceste multiplication, &c. se peut aussi aysement parfaire par les heures, minutes, &c. comme par les minutes, secondes, &c. de iour : comme ainsi soit que les heures, & leurs fractions, sont les mesmes parties de iour, que sont les minutes & leurs fractiōs de iour, en la reduction : car tout ainsi que 12 heures sont la moitié d'vn iour, aussi sont 30 minutes de iour ladite moitié, & au contraire. Mais pourquoy se priuera l'Astronome de celle tant belle liberté, de laquelle se seruent ceux, qui l'ont apprise de luy? Ce sont ceux, qui hantent le fait des monnoyes:car d'vn billō, qui tiēt, ou auquel y a 4 onces d'argent pour marc, ils en font le fin, comme de celuy, qui est à 6 deniers de fin, ou de sols de fin, ou bien, à 6 deniers d'aloy.

PHRISON.

Mais maintenant à fin que les denominatiōs puissent estre trouuees sans difficulté:pose par ordre naturel autant de denominations, que tu voudras, & escris sous icelles les nombres de la progression naturelle, en ceste maniere.

Entiers, mi, 2, 3, 4, 5, 6, 7, 8, &c.
0. 1, 2, 3, 4, 5, 6, 7, 8.

Toutesfois & quantes dōcques, que tu multiplies deux nombres entre eux, le produict sera de celle denomination, laquelle mōstrera

le nombre colligé des deux nombres, escrits
deſſous les denominations des deux multiplians. Comme, quand ie multiplie des minutes par des ſecondes, ils ſ'en ſont des tierces,
parce que 1 & 2 ſont 3. Encores quand ie multiplie tierce par tierce, ſont ſextes : quand les
entiers ſont multipliez par ſecondes, ils ſont
ſecondes : quand par tierces, tierces : & ſemblablement tu iugeras ainſi des autres. Et la
demonſtrationde ceſte choſe icy eſt priſe des
fractions vulgaires. Car parce que tout entier
eſt icy diuiſé en 60, neceſſairement vne minu-
te ſera $\frac{1}{60}$ d'vn entier. Et par-ce qu'vne ſeconde eſt $\frac{1}{60}$ de minute, c'eſt à dire, la ſoixantieſme d'vne ſoixantieſme particule : la ſeconde
donc, ſera, $\frac{1}{60}$ d'vn entier: & en ceſte ſorte
vne tierce, eſt $\frac{1}{216000}$ d'entier : vne quarte, $\frac{1}{12960000}$ d'entier : & vne quinte,
$\frac{1}{777600000}$ d'entier : leſquels nombres ſont
faits par la continuelle multiplication ſexagenaire. Il appert donc facilement par les reigles
des fractiōs vulgaires, que quand ie multiplie
$\frac{1}{60}$, c'eſt à dire, 1 ſeconde, par $\frac{1}{216000}$, il eſt
produict $\frac{1}{12960000}$, c'eſt à dire, vne quinte,
ainſi comme 2 & 3 ſont 5 : car vne tierce eſt
$\frac{1}{216000}$ d'vn entier, ainſi que nous l'auōs mōſtré. Et en telle maniere faut ainſi colliger de
tous les autres.

FORCADEL.

Ie laiſſe ce, que ie pourrois dire de cecy, à l'exercice du lecteur, veu que ce ne ſeroit que repeter aucunes choſes, que nous auons dites aux progreſſions, & auſſi ce, que i'en ay deſia eſcrit generalement des fractions grandes & petites en mon ſecond liure.

PHRISON.

Venons donc maintenant à noſtre exemple propoſé. Et à fin que toute confuſion ſoit euitée, ſoient poſez les deux nombres par ordre naturel, ainſi qu'il ſ'enſuit.

Entiers.mi.	2	.3	.4	. 5.	6.	7.
29.	31 .	50 .7.	30.			
31 .	10 .	35 .1				

	29 .	31 .	50 .7.	30.	
17 .	13.	34.	14.	22.30.	les produits
4.55.	18.	21.15.	0.		eſpars.
383.53.	51.	37.30.			

| 389.6. | 24. | 2 . | 31. | 12.37.30. | le prod. |

Premierement, nous multipliós i tierce par 30 quartes, dont il en vient 30 ſeptieſmes, ſelon la reigle: & ainſi en apres, cóme il appert au premier ordre des produicts. Secondement, nous multiplions 3 5, par tous les nombres de l'ordre deſſus:& premierement, en 30 quartes: & parce que 35 ſont ſecódes, ils produiſent 1050 ſextes:leſquelles diuiſees par 60, ſont 17 quintes, & 30 ſextes : parquoy i'eſcris

30 en son ordre,& garde 7.En apres ie multiplie 35 par 7,font 245 quintes,ausquelles i'adiouste 17 quintes que i'auois gardees : la somme donc des quintes est,262,lesquelles de rechef ie partis par 60,font 4 quartes,& 22 quin
tes:i'escris 22 en son lieu, & garde 4. Semblablemét ie multiplie 35 par 50,ils font 1750 quar
tes, parce que secondes sont multipliees par
secódes. I'adiouste maintenát à icelles,4 quar
tes gardees par auāt,font 1754 quartes:lesquel
les diuisees par 60,font 29 tierces,& 14 quar-
tes.Et ainsi i'ay paracheué le reste de la multiplication, laquelle tu vois escrite , c'est à sçauoir,en multipliant touschacuns les nombres
du multipliant par vn chacun de celuy à multiplier,& en diuisant les produicts par 60 aux
lieux où ils l'ont surpassé. Et me semble qu'il
n'est point de besoin poursuiure ces choses
là d'auantage,par ce qu'elles sont faciles tant
par les choses dites, que par l'Arithmetique
vulgaire. Nous auons doncques recueilly,
que la lune a couru par mouuement mediocre
389 degrez,ou 12 signes communs,29 degrez,
6 minutes, & les autres qui font colligées par
multiplication, en 29 iours, 12 heures, 44 minutes,& 3 secondes. Et la mesme raison aussi
est gardee,quand les degrez,minutes, secondes, & tierces, sont multipliez par mils, & les
minutes,secódes,&tierce,d'iceux.Mais parce

qu'il y a deux fortes d'entiers propofez, il aduient, que non pas fans caufe on doute de la
denomination du produict: comme, par-ce
que nous auons multiplié le temps par le mou
uement, on peut faire vne queftion, de ce qui
eft engendré par la multiplication, ou le tēps,
ou le monuement, c'eft à dire, fi le nom des entiers eft des iours, ou des degrez. Mais nous
colligerons cecy par la nature de la propofition propofee, car par ce que les iours cōpren
nent le mouuement affigné, le produict fera
de la nature de celuy, qui eft comprins, &non
pas de celuy, qui comprend: parquoy doncq-
ques 389 entiers notent degrez. Tout ainfi,
quand les degrez & minutes font multipliées
par mils & minutes, le produict fera denommé de mils & minutes d'iceux: pourautāt que
les degrez, peu fen faut, comprennent iceux
mils. Car nous difons ainfi en Geographie,
qu'vn chacun des degrez d'vn grand cercle
contient 60 mils Italiques: mais aux paralle-
les, autāt moins qu'ils approchēt plus pres du
pole. Et ainfi faut il iuger de tous les autres.

FORCADEL.

Cefte multiplication fe peut auffi faire par la voye,
par laquelle f'affubiectiffent toutes les autres. Et par
icelle on multiplie 29,31, &c. par 13: puis apres, pour
10 minutes, on y adioufte le fixiefme: pour 30
fecondes, on prend la moitjé de 29, &c. comme f'ils

V iiij

eſtoient minutes, & pour 5 ſecondes, le ſixieſme de ladite moitié:en ſin,pour 1 tierce, par-ce que c'eſt le meſmes que de prendre le ſoixantieſme,on adiouſte audict
produict & aux parties priſes, ou (pour mieux dire)
on adiouſte aux autres produits 29 tierces, 31 quartes,
&c.car la ſoixantieſme partie de 29 ſecondes,eſt autant de tierces. On peut auſſi multiplier 13 degrez, 10
minutes, &c.par 29, puis y adiouſter le tiers & la
moitié du tiers,pour 12 heures: & cela ſe fait, à cauſe
de la commodité , &c. Quant à la denomination du
produit, elle eſt toutemanifeſte:car on ſçait bien,que,
ſi la lune fait en vn iour 13 degrez, elle en ſera en
deux iours 26 degrez,& non pas 26 iours, &c.

Entiers.	min.	secon.	3.	4.	5.	6.	7.
29.	31.	50.	7.	30.			
13.	10.	35.	1.				
83.	53.	51.	37.	30.			
29							
4.	55.	18.	21.	15.			
	14.	45.	55.	3.	45.		
	2.	27.	39.	10.	37.	30.	
		29.	31.	50.	7.	30.	
379.	6.	24.	2.	31.	12.	37.	30.
29.	6.	24.	&c.				

Et quant à ce,qui eſt dit, que les degrez contiénent,
ou peu s'en faut, les mils:il connient entendre, qu'vn
degré ne contient pas iuſtement 60 mils, mais bien peu
plus,ou moins.

DE DIVISION.

PHRISON.

EN diuision, la progreſſion ſexagenaire, de laquelle nous auons parlé ſuffiſamment en multiplication, doit eſtre cogneuë deuāt toutes choſes : principalement quand le diuiſeur ſera compoſé, & que nous voudrons parfaire la diuiſion ſans reduction. Car quand le diuiſeur eſt ſimple, il n'y a aucune difficulté en operant : car tous chacuns nombres, qui ſont mis au nombre a diuiſer, doiuēt eſtre diuiſez l'vn apres l'autre par le diuiſeur. Et tu cognoiſtras la denomination des produits, par la table miſe en la multiplication, là ou nous auōs eſcrit à vne chacune minute ſa denomination par ordre naturel. Car tout ainſi qu'en multiplicatiō, la denomination des produits eſtoit colligee par l'addition de tels nombres : tout ainſi en diuiſion la denominatiō des produits eſt cogneuë par ſouſtraction. Mais la denomination du diuiſeur doit eſtre touſiours ſouſtraicte de la denomination du nombre à diuiſer, & en ceſte ſorte la denomination du produict eſt colligée. Comme, ſi 24 tierces ſe diuiſent par 6 minutes, ils font 4 ſecondes : ſi tierces par tierces, ils font entiers : par-ce que 3 leuez de 3 delaiſſent rien. Et aux entiers n'y a point de denomination, comme nous auons monſtré parauant en multiplication.

Et ainſi comme nous auons là enſeigné, que les denominations peuuent eſtre trouuées par l'artifice des fractions vulgaires: auſſi ſemblablement en diuiſion, il n'y a point de doute, qu'il ne ſe puiſſe faire. Comme, quand ie diuiſe $\frac{2\ 4}{216000}$ (les tierces ſont ainſi denommees) par $\frac{6}{60}$, c'eſt à dire, 6 minutes, 60 ſont multipliez par 24, & 6 par 216000, & ils produiſent $\frac{1\ 4\ 0}{129600}$. Que ſi tu diuiſes l'vn & l'autre par 6, il en reuiendra le denominateur phyſique & feront $\frac{2\ 4\ 0}{216000}$, c'eſt à dire, 240 tierces : car 216000 eſt la denomination des tierces. Et ſi tu les diuiſes tous deux par 60, ils produiront $\frac{4}{3600}$, c'eſt à dire, 4 ſecōdes: car 3600 eſt la denomination des ſecondes: & ne peut la reductiō proceder à plus petite fraction phyſique.

FORCADEL.

C'eſt à dire, que 4 ſoit plus prochain d'aucun lieu, que du lieu ſoixantieſme du ſoixantieſme.

PHRISON.

Car de la ſeule diuiſion ſexagenaire, eſt faite la progreſſion des denominations Phyſiques. Et combien que 3600, peuuent eſtre diuiſez par 60: toutesfois, 4 n'admettēt pas icelle diuiſion. Par-quoy $\frac{4}{3600}$ ne ſont point reduites à autre denomination phyſique, combien que ceſte fractiō icy reduicte vaille $\frac{2}{900}$.

FORCADEL.

Diuiſer $\frac{2\ 4}{216000}$ par $\frac{6}{60}$, eſt autant que diuiſer

$\frac{4}{16000}$ par vn, dont il en vient 4 *fecondes*: *& diui-*
fer $\frac{24}{16000}$ *par*, $\frac{6}{360}$.*eft diuifer* $\frac{4}{360}$*par* $\frac{6}{60}$*.c'eft*
à fçauoir, $\frac{4}{60}$ *par vn, dont il en viendroit 4 minutes.*
Cela fe fait en obferuant toufiours les denominations
fexagenaires,&c.

PHRISON.

Mais il fuffit auoir demonftré cecy aux ftu-
dieux, à fin qu'ils fçachent, que ces reigles là
de trouuer les denominations phyfiques, ne
peuuent eftre donnees fans raifon. Mais il aduient fouuent en diuifion, que le diuifeur n'eft
pas contenu iuftement au nombre à diuifer.
Et alors certainemét le refte multiplié par 60,
appartiendra à la fraction fuyuante par ordre.
Exemple. Le mouuement iournal de la lune,
eft eftably par Alfonfe, 13 degrez, 10 minutes,
35 fecondes, 1 tierce, 15 quartes. Ie veux fçauoir de là, combien icelle lune en mefurera
par l'efpace d'vne heure. Ie diuife dôc le mouuement afsigné par 24 heures, c'eft à dire, entiers. En premier lieu, 13 ne peut eftre diuifé
par 24: parquoy ic multiplie 13 par 60, font
780 minutes: aufquelles on doit adioufter
10 minutes, qui enfuyuent. Or maintenant
790 diuifez par 24, font 32 minutes, reftent
22: lefquelles de-rechef multiplices par 60,
font 1320 fecondes. Ie adioufte à icelles 35 fecondes, dont font colligees 1355 fecondes.
Ie diuife icelles par 24, font 56 fecondes,

& restent 11 secondes: lesquelles multipliees
par 60, rendent 660, ausquelles si j'adiouste 1
tierce, sont 661 tierces. Ie les diuise par 24, sor
27 tierces. Il reste 13, lesquelles multipliees par
60, sont 780 quartes, ausquelles j'adiouste 15,
& il en vient 795 quartes: lesquelles ie diuise
par 24, & i'en collige 33 quartes. Et ainsi faut
proceder, autant qu'on voudra: car nous auós
laissé les autres fractions, à cause de briefueté.
Parquoy le mouuement horaire de la lune,
est 32 minutes, 56 secondes, 27 tierces, & 33
quartes.

FORCADEL.

On peut aussi repeser vne autre fois, & la moitié
dudit mouuement iournal, & adiouster le tout ensem-
ble, changeant le nom de degrez en minutes, &c. Et
ainsi, on aura ledit mouuement horaire. Ou aussi en
multipliant les nombres dudit mouuement par 2 ½,
changeant le produict des degrez en minutes, & y
adioustant le ½ ¼ des minutes, s'il y en a, &c. on trouue
le mesmes.

13 degrez,	10 mi.	35 secon.	1 tier.	15	
13	10	35	1	15	
6	35	17	30.	37.	30
32 mi.	56 sec.	27 tier.	33 quar.	17.	30

PHRISON.

Mais il aduient souuent, que le diuiseur est
composé de nombres denómez diuersemét:

& alors il en aduient bien vne plus grāde dif-
ficulté.Côme,faignons que la lune soit distā-
te, selon le sentier de sa droite voye, de quelque estoille fixe, 36 degrez,30 minutes, 24 secondes,50 tierces,& 15 quartes.On demande
en combien de temps la lune courra par cest
espace là, selon son cours mediocre, lequel
nous auons establdy 13 degrez, 10 minutes,35
secondes, 1 tierce, & 15 quartes, par iour. Il
peut estre assignée double voye en telle diui-
sion:l'vne est,que l'vn & l'autre nombre, tant
celuy, qui doit estre diuisé, que le diuiseur,
soit reduict à la plus petite denominatiō proposee en la question:comme en ce lieu icy, en
quartes.

FORCADEL.

Ou bien, parce-que 15 quartes, d'vne part & d'au-
tre, font le quart d'vne tierce, soient reduicts les deux
nombres preposez, en quatriesmes parties de tierce,
&c.

PHRISON.

Et telle reduction est faite par la multiplication sexagenaire:ainsi comme en nostre question, premierement nous auons multiplié 36
par 60, font 2160 minutes:nous auons adiousté à icelles 30 minutes,& font 2190 minutes:
lesquelles de-rechef nous auōs multiplié par
60, par ainsi il en sort 131400 secondes : ausquelles estans adioustees 24 secondes, elles

conſtituent 131424 ſecondes. Icelles en apres
multipliées par 60, font 7885440 tierces : à i-
celles eſtans adiouſtées 50 tierces, font 7885-
490 tierces. Finalemét icelles multipliées par
60, produiſent 473129400 quartes: auſquelles
ſi on adiouſte 15, toute la ſomme à diuiſer eſt
473129415 quartes. Et le diuiſeur, eſtant re-
duit par meſme maniere, côſtitue 170766075
quartes.

FORCADEL.

En faiſant ces reduction', tu poſer.as premieremét
les vnitez de la fraction à laquelle tu reduis, & ad-
iouſter.as les dixaines à ſix fois tout ce qui eſt en la
precedente : comme, en reduiſant 36 degrez, 30 mi-
nutes, en minutes, il te faut poſer o de minutes, & ad-
iouſter 3 dixaines à 6 fois 36, c'eſt à ſſauoir, à 6 fois
6, font 39: dont ſe poſe 9, & 3 ſ'adiouſte à 6 ſois 3,
qui font en tout 2190, &c.

PHRISON.

Et la reduction eſtant faite, le nombre à diuiſer ſoit diuiſé par le diuiſeur, & le produict
ſera denommé des entiers. Mais ce, qui ne ſe
peut diuiſer, ſoit multiplié par 60: & le produit
diuiſé par iceluy meſme diuiſeur, donnera des
minutes. Et ainſi pourra lon pourſuyure en a-
pres, tant qu'on voudra. Comme quand ie diuiſe 473129415, par 170766075, premierement ils font produicts deux iours , & reſtent 131597265 quartes. Icelles ſoient mul-

tiplices par 60 , elles font 789583590 0
quintes : lefquelles diuifees de-rechef par
170766075 quartes, produifent 46 minutes de
iour:& reftent 40596450 quintes: icelles multipliees par 60, produifent 2435787000 fextes
lefquelles fi elles fôt diuifees par 170766075,
quartes, en font colligees 14 fecondes . Et en
cefte maniere faut proceder aux autres fractions, en multipliant les reftes par 60, & diuifant par celuy mefme diuifeur. Et cefte manie
re icy de reduire, vaut non feulement en diuifion, quand le diuifeur eft compofé, mais auffi
eft fort commode en toute autre diuifion. Ny
auffi cefte reduction icy à vne plus petite fraction, n'a pas feulement lieu en la diuifió, mais
aufsi eft exercee fouuentesfois en multiplicatió. Laquelle chofe ne me femble point auoir
befoin d'eftre declarée d'auantage: car en icel
le, la reduction n'eft point faite autremét, que
nous auons monftré prefentement . Mais la
multiplication eftant cogneuë par foy, le nôbre produict eft reduict à la prochaine plus
grande fraction, par la diuifion fexagenaire: là
où fi le nombre furmonte encores 60, la diuifion eft faite de-rechef, & ainfi femblablemét
en apres , iufques à ce que l'ordre paruienne
aux entiers par la diuifió, ou à plus petit nombre que 60. Mais c'eft affez parlé de ces chofes icy.

De là s'enfuit, qu'en la multiplication, il n'est pas necessaire de reduire les fractions de l'vn & de l'autre à la plus petite, mais bien en vn chacun ordre à la plus petite, ou ainsi que la commodité le pourra permettre, à la prochaine.

PHRISON.

Il reste vne autre voye de diuiser sans reduction de nombres, laquelle n'a pas petite difficulté. Ie suis d'aduis qu'il vaut mieux declarer icelle par exemple, que par entremeslement de paroles obscures. Parquoy soiét proposez iceux mesmes nombres à diuiser & celuy mesme diuiseur aussi, lesquels estoient assignez en la question precedente: & soient ainsi mis par ordre.

Entiers.	mi.	2.	3.	4.	
36.	30.	24.	50.	15.	Le diuisé.
13.	10.	35.	1.	15.	Le diuiseur.

Icy ie demande, combien de fois 13 est en 36 : & par-ce qu'il y est contenu deux fois, ie multiplie tout le diuiseur par 2, ils sont 26 entiers, 21 minutes, 50 secondes, 2 tierces, 30 quartes : lesquels soustraiés du nombre à diuiser, ils delaissent 10 entiers, 9 minutes, 14 secondes, 47 tierces, & 45 quartes. Maintenant, par-ce que 10 entiers ne peuuent plus estre diuisez par 13, ie les resouls en minutes, en les multi-

multipliant par 60, & font auec 9 minutes, 609
minutes : & ie mets de-rechef le diuiſeur ſous
icelles.

mi.	2.	3.	4.		
609.	14.	47.	45.	0.	L'à diuiſer.
13.	10.	35.	1.	15.	Le diuiſeur.

Ie cherche icy de-rechef, quel eſt le nôbre,
qui, eſtant multiplié par le diuiſeur, leue à peu
pres tout le nombre mis ſur luy. Et ie trouue
13 eſtre contenu en 609, quarante-ſix fois, &
en reſter aſſez pour les autres eſtás multipliez
par 46. Par-quoy ie multiplie tout le diuiſeur
par 46 minutes (car en diuiſant minutes par
entiers, font minutes) & il eſt produict de la
multiplication ce nombre icy, 906 minutes, 6 ſecondes, 50 tierces, 57 quartes, & 30
quintes. Leſquels ie ſouſtrais du ſuperieur,
ſelon les reigles données en la ſouſtraction :
reſtent 3 minutes, 7 ſecondes, 56 tierces, 44
quartes, 30 quintes. Et par-ce que 3 minutes
ne peuuent eſtre diuiſées par 13, ie les reſouls
en ſecondes, en les multipliant par 60, & ainſi
eſtans adiouſtées auec 7, font 187 ſecondes,
56 tierces, 47 quartes, 30 quintes. Ie les
diuiſe de-rechef par le diuiſeur : & par-ce que
13 eſt contenu en 187, quatorze fois, ie multiplie tout le diuiſeur par 14 ſecondes : car diuiſant ſecondes par entiers, nous colligeôs des

X

fecondes. Et la multiplication fait 284 fecondes, 28 tierces, 10 quartes, 17 quintes, 38 fextes. Icelles oftées du fuperieur, reftent 3 fecondes, 28 tierces, 37 quartes, 12 quintes, 30 fextes.
Et fera loifible, par ces chofes icy, de proceder
plus outre, tât qu'on voudra. Mais il nous fuffit auoir demonftré, que nous pouuons paruc-
nir par deux voyes à cefte mefme fin. Nous
trouuons doncques, que par l'vne & l'autre
maniere, la lune parfera l'efpace affigné, en
deux iours, 46 minutes de iour, & 14 fecondes de iour, c'eft à dire, deux iours, 18 heures,
29 minutes. Les minutes de iour auffi, font reduictes en heures, en doublant & diuifant par
5: tout ainfi lesfecondes de iour font reduictes
en minutes d'heure, en doublant & diuifant
par 5. Ce qui eft colligé de la reigle des proportions: car 60 minutes de iour font 24 heures, ou 5 font 2. Et en cefte maniere faut iuger
des autres. Quant à la multiplication & diuifion, comment elles font parfaites par la table
appellee proportionnale, i'eftime, que ce feroit vne chofe fuperflue, de l'enfeigner en ce
lieu, veu que cefte raifon icy fuffit, & qu'elle
ne deffaut pas de fa difficulté, & auffi que ces
chofes là font affez traittees par les tables des
hauteurs.

DE L'EXTRACTION DES
Racines.

L'Vſage des racines quarrees, ou cubiques, eſt fort petit aux fractions phyſiques, & n'y a aucune difficulté. Car les racines ſont cherchees, par le meſme moyen, qui eſt enſeigné en l'Arithmetique vulgaire. Mais le ſeul artifice eſt, à trouuer la denomination : car il faut, ou qu'ils ſoyent entiers, ou de denomination paire, quand nous voulons trouuer la racine quarree. Comme, la racine quarree de 36 entiers, eſt 6 entiers : encores, la racine quarree de 36 ſecondes, eſt 6 minutes : & de plus, la racine quarree de 36 quartes, eſt 6 ſecondes. Car il faut ſeulement medier la denomination, à fin qu'il en ſorte la denomination de la racine. Que ſi le nombre, compoſé de pluſieurs, eſt propoſé, celuy doit eſtre reduict à vne ſeule, comme nous auons dit en diuiſion. En ceſte ſorte la racine quarree de 26 minutes, & 40 ſecondes eſt 40 minutes : car 26 minutes, valent 1560 ſecondes, auſquelles ſi on adiouſte 40, font 1600 ſecondes : la racine quarree d'icelles eſt 40 minutes. Mais ſ'il eſt propoſé vn nombre, duquel la denominatió n'eſt point paire, il ſera reduict à telle denomination.

FORCADEL.

C'eſt à ſçauoir, pour le moins, à la fraction prochaine plus petite.

PHRISON.

Comme, ie veux chercher la racine quarree
de 4 degrez 25 minutes. Reduites à secondes,
font 15900 secondes: la racine quarree d'icelles, vaut 126 minutes.

FORCADEL.

On peut aussi prēdre la racine quarree de 4 degrez,
25 minutes, &c. par vne voye, qui respond à la prece-
dente sorte de diuision: ie dis, quant à la comparaisen
de la diuisiō, & de l'extraᶜtiō des racines. Car la raci-
ne quarrée de 4 degrez est 2 degrez: lesquels doublez
(en ensuyuant les vestiges de l'extraᶜtion des racines
quarrees) font 4 degrez: par lesquels qui partist 25 mi-
nutes, il en viēt 6 minutes, & reste 1 minute: de laquel-
le qui souſtraiᶜt le quarré de 6 minutes, c'est à ſçauoir,
36 secondes, il reste 24 secondes. Par ainsi dōc on peut
dire, que la racine de 4 degrez, 25 minutes, est 2 de-
grez, 6 minutes, peu s'en faut.

$$\overline{4. \quad \overset{\textbf{1}}{2\,5}. \quad 24.}$$
$$\overline{2. \quad 6.}$$
$$4.$$

PHRISON.

Que si nous voulions enquerir la racine de
plus pres, il faudroit reduire icelles secondes
à quartes.

FORCADEL.

Et ainsi des autres secondes, quartes, &c. desquelles

on ne peut auoir la iuste racine. Ou bien, pourfuis la precedente façon d'extraire tant que tu voudras, & felon la commodité, & neceffité.

PHRISON.

Il faut aufsi, aux cubes, que la denominatiõ foit diuifible par trois.

FORCADEL.

Car tout ainfi qu'aux racines quarrees, les quarrez des entiers, font entiers : & de quelque fraction que foit, le quarré eft d'vne denomination diuifible par deux: aufsi aux cubes, les cubes des entiers, font entiers & le cube de la fraction, fait la fraction, de laquelle la denomination eft diuifible par trois.

PHRISON.

Parquoy fils ne font propofez tels, il faut v-fer de reduction. La racine cube donc de 27 entiers, eft 3 entiers: la racine cube de 27 tier-ces, eft 3 minutes: la racine cube de 27 fextes, 3 fextes. Finalemét la racine cube de 59 entiers, 19 minutes, 8 fecondes, 24 tierces, vaut 234 minutes : car les nombres reduicts à tierces conftituent 12812904, defquelles la racine cu be vaut 234 minutes, ou 3 entiers, 54 minutes. Et faut ainfi faire des autres femblables.

FORCADEL.

Par l'autre forte, la racine de 59 entiers, eft 3 entiers puis enenfuyuant aufsi l'extraction des racines cubes, le triple de 3 eft 9, lequel ainfi qu'il fe voit fe pofe fous les minutes, & fe multiplie par 3, fait 27, : quel

X iij

fe doit pofer fous les minutes reftees, qui fe doiuēt partir par 27:dont il en vient, apres toutes les conceptiōs
& effais, 54 minutes. Il faut doncques multiplier 27
entiers par 54 minutes, en fouftrayant le dixiefme, il
refte.pour le produict, 24 entiers, 18 minutes : de là le
quarré de 54 minutes, par mefme moyen, fait 48 minutes, 36 fecondes: lequel multiplié par 9, fait 7 degrez, 17 minutes, 24 fecondes : qui fe doiuent adioufter à 24 entiers, 18 minutes, auec le cube de 54 minutes, qui eft par vn mefme chemin, 43 minutes, 44 fe-
cōdes, 24 tierces. Ainfi ces trois fommes enfemble funt
32 degrez, 19 minutes, 8 fecondes, & 24 tierces, qui
eftent la difference des cubes : & par ainfi la racine
cube, eft 3 entiers, 54 minutes.

$$
\begin{array}{c}
32 \\
54. \quad 19. \quad 8. \quad 24 \\
\hline
3. \quad 54. \\
\hline
9
\end{array}
$$

48.36.	27		54
4.51.36	2. 42		5.24
43.44.24	24.18		48.36
	7.17.24		9
	43. 44. 24		7.17.24
	32.19. 8.24.		

PHRISON.

Et toutes ces efpeces & operations là font
examinées par contraires operations. Et s'il
entreuient des queftiōs, qu'il faille faire par la

reigle des proportiõs,tout ainſi que ſouuëtes-
fois il aduient, pour trouuer la partie propor-
tiónelle par les tables:il faut parfaire la reigle,
en multipliant & diuiſant par ces eſpeces, ainſi
que la raiſon de la reigle le requiert.

AVCVNES PETITES QVE-
ſtions ioieuſes.

SI quelcun demande peſer tous les poix,qui
ſont depuis 1 iuſques à 40, auec 4 poix, en
ſorte qu'il ne ſoit point beſoin d'autres poix :
tu feras cela, ſi l'vn des poix eſt d'vne liure : le
ſecond,de 3:le troiſieſme,de 9: le quatrieſme,
de 27 . Car tu peux par iceux peſer tous les
poix qui ſont depuis 1 iuſques à 40. Comme,
ſi tu veux faire 21 liures , mets en l'vne des ba-
láces,27 & 3:& en l'autre,9. Si tu demãdes 20
liures,mets en l'vne 27 & 3:en l'autre,9 & 1.Et
par meſme raiſon on pourra auec cinq poix
peſer tous les poix depuis 1 iuſques à 121, c'eſt
à ſçauoir,1,3,9,27,81.Encores par 6 à 364,c'eſt
à ſçauoir,1,3,9,27,81,243.

FORCADEL.
Cela vient de la proprieté des progreſſions Geome-
triques,qui commencent à 1, & ſe continuent l'vne
par 2,& l'autre par 3. Mais celle qui ſe continue par
2,fait le tout en la balance des poix.

PHRISON.
Quelcun a conceu quelque nombre,& à fin
que tu le ſçaches, fais ainſi : commande luy

de tripler le nombre qu'il a conceu , & qu'il
medie le triple, en apres qu'il triple de-rechef
le quotient,& de rechef qu'il medie ce triple.
Mais si, en la premiere mediation, le nombre
triple est impair(car il s'en faut enquerir) alors
commande luy qu'il le face pair en y adioustant l'vnité , & en apres qu'il le medie : mais
garde 1 en toy mesme,de l'addition faite.Et tu
cela aduient en la derniere mediation , tu luy
diras qu'il face la mesme chose:mais tu en gar
deras deux, en toy. En apres commande luy
de reiecter 9 de son dernier nombre , tant de
fois qu'il pourra:mais tu compteras autant de
fois 4:& puis apres tu adiousteras ce, que tu
auras gardé. Comme,quelcun a excogité 7:
s'il le triple,seront 21,lesquels ne peuuent estre
mediez : qu'il y en adiouste doncques 1, font
22 : qu'il les medie, font 11, & tu retiendras 1.
En apres commande luy de rechef qu'il triple 11,font 33:lesquels de rechef ne se peuuent
medier, si on n'y adiouste l'vnité : par ainsi seront 34,desquels la moitié vaut 17.Or tu colligeras icy,2. Maintenât luy diras,qu'il en de-
iecte 9,autât de fois qu'il pourra:& parce que
cela ne se peut faire qu'vne fois seulement, tu
colligeras 4, & ne t'enquerras point du reste:
mais tu auois gardé 3 en toy,pour iceluy : lesquels 3 adioustez auec 4,font 7.

FORCADEL.

S'il a conceu vn nombre, qui contienne autant de quatres, cöme tu luy fais ieuer de fois 9, de la derniere moitié, les triples sont pairs : si le nombre est de l'vnité plus grand, le premier triple est impair : s'il est plus grand de deux, le second, & si de trois, l'vn & l'autre.

PHRISON.

Si trois ierses choses sōt cachées de trois diuerses personnes, & si tu veux, par Arithmetique (ainsi comme si tu estois vn diuinateur) dire à vn chacun la chose, qu'il auroit cachee, fais ainsi. Soient trois choses a, b, c, assignées en ton esprit, & que les personnes soiét establies en ta memoire par ordre, le premier, le second, le troisiesme : & au parauant qu'ils cachent les choses, mets au milieu 14 pierres : bailles en vne en la main du premier : au second, 2 : au troisiesme, 3. En apres colloque les trois choses par ordre, & leur commáde, que, quand tu t'en seras allé, vn chacun cache laquelle d'icelles choses qu'il voudra, mais par telle cōdition, que celuy, qui cachera a, prenne des 18 pierres, qui sont delaissees , encore autant comme il en a à sa main : & celuy, qui aura caché b, en prenne le double : & finalement qui c, le quatruple : & qu'ils laissent le reste sur la table, ou en lieu descouuert. Et ayant mis ces trois choses, & les persōnes en ta memoire par ordre, retire toy de ce lieu là , ius-

ques à ce qu'ils ayét caché les chofes, & qu'ils
ayent fait leur entreprife. Et quand tu feras re
tourné, regardé en la table le refte des pierres,
lequel eft toufiours 1, ou 2, ou 3, ou 5, ou 6, ou
7. Si dôcques il y en a vn tant feulement, alors
le premier a caché a: le fecond, b : le troifiefme, c. Si 2, alors le premier a caché b: le fecon-
d, a: le troifiefme, c. Tu pourras entendr' 'es
autres manieres, par la table icy mife.

le refte des pierres.	les perfonnes.	les chofes.	le refte des pierres.	les perfonnes.	les chofes.
	1	a		1	b
1	2	b	5	2	c
	3	c		3	a
	1	b		1	c
2	2	a	6	2	a
	3	c		3	b
	1	a		1	c
3	2	c	7	2	b
	3	b		3	a

FORCADEL.

I'ay defia demonftré cecy en mes liures d'Arithmetique. Ils peuuent donc cacher en fix fortes les trois
chofes: c'eft à fçauoir, la premiere, marquee par l'vnité: la feconde, par 2: & la troifiefme, par 3. Et parce
que l'ordre des perfonnes & des pierres premierement
donnees, ne fe change point, 1, 2, 3 monftrent tant la

premiere, seconde, & la troisiesme personnes, & leur
pierres, que la premiere, seconde , & troisiesme chose.
Et en commençant au premier ordre, immobile quant
au nombre des personnes, & des pierres premierement
donnees, il faut raisonner ainsi, qui a la premiere, le
premier auquel i'en ay baillé vne : il en p̃ . . . cques
le double, c'est à sçauoir, 4 : & le troisiesme, auquel i'en
ay baillé 3, en prendra 12 : ils en auront doncques tous
ensemble 23. Ainsi de 23 pierres il resteroit rien, & de
24 il en reste 1 : dont ie dis, que l'ordre des choses, des
personnes, & des pierres, que i'ay premierement bail-
lees, est vn mesmes. Encores pour le 3ᵉ ordre, il conuient dire, qui a la premiere, le second, auquel i'en ay
baillé 2, il en prendra doncques autant : & qui a la
seconde, le 3ᵉ, auquel i'en ay baillé 3, il en prendra dõcques le double, c'est à sçauoir, 6 : puis apres, qui a la 3ᵉ,
le premier, auquel i'en ay baillé 1, ou qui en a vne, il
en prẽdra par ainsi 4, & tous ensemble en auront 18.
Il en restera donc de 24. 6, ou de 23, 5. Ainsi pour l'v
ne, ou pour l'autre reste, ie diray , que le premier aura
caché la troisiesme chose : le second, la premiere : & le
troisiesme, la seconde, &c.

$$1.2.3:1.4.12:23:0:1$$
$$2.3.1:2.8.3:19:4:5$$
$$3.1.2:4.2.6:18:5:6$$
$$1.3.2:1.8.6:21:2:3$$
$$2.1.3:2.2.12:22:1:2$$
$$3.2.1:4.4.3:17:6:7$$

LA PARTICVLIERE DEMON-
stration de la raison des deux quarrez
à leurs costez.

DEs deux costez de deux quarrez a & b, soit la troi
siesme proportionnelle b. c, par la 11e proposition
du sixiesme: ainsi le rectangle b.c. de b.c par a, est egal
au quarré b, par la 17e proposition du mesmes: & par
la septiesme proposition du 5e, la raison du quarré a au
quarré b, est comme celle du quarré a au rectagle b.c:
laquelle est comme de a à b. c, par la premiere dudict
sixiesme. Et par ainsi, comme la raison du costé a au
costé b doublee, par la dixiesme diffinition dudict cinquiesme.

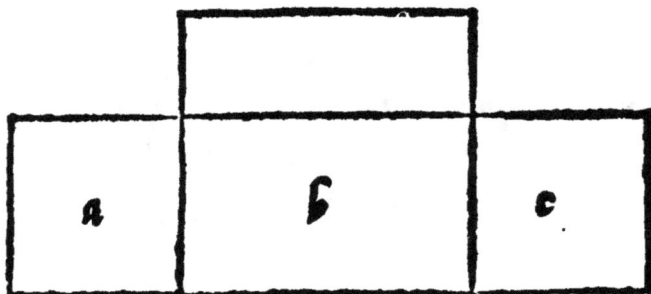

LA DEMONSTRATION DE
la diuination de l'anneau.

ALors que tu fais doubler le nombre des personnes,
& y adiouster 5, puis apres le tout multiplier par
5, tu fais autant que si tu faisois multiplier ledit nombre des personnes par 10, & au produict y adiouster
25. Parquoy si de ce produict tu en leues 25, par le

nombre des dixaines qui reste, tu cognois le nombre des
personnes. Mais tu y fais adiouster le nombre du doigt
auquel est l'anneau: si doncques tu en leues 25, il reste
le nombre, duquel le nombre des dixaines te donne tousiours le nombre des personnes, & les vnitez le nom-
bre du doigt, auquel est l'anneau, s'il y a quelque chose au premier lieu: sinon, le nombre plus petit de l'vnité du nombre des dixaines, est le nombre des personnes,
& l'autre dixaine (car il n'y en aura pas d'auantage)
te monstre que l'anneau est au dixiesme doigt. Apres
cela, tu dis qu'on mette deuant ou à costé de tout ce nõbre, vers dextre, le nombre, qui signifie la quantiesme
ioincture du doigt, auquel est l'anneau. Tu fais autant,
comme si tu faisois multiplier le nombre des personnes
par 100, & le 5 adiousté par 50, qui font 250: le nombre aussi du doigt, auquel est l'anneau, par 10, & à
tout cela adiouster ledit nombre de la ioincture. Et par
ainsi, si du tout tu en leues 250, il reste le nombre duquel le nombre des centeines te monstre le nombre des
personnes s'il y a quelque chose aux dixaines: sinon,
il en faut leuer l'vnité, & pour dix dixaines compter
le dixiesme doigt. Et quand il y a quelque chose aux
dixaines, le nombre d'icelles te monstre le nombre du
doigt auquel est l'anneau: & le nombre des vnitez, te
monstre le nombre des ioinctures.

LA DEMONSTRATION POVR
trouuer vne troisiesme ligne proportior-
nelle à deux autres.

LEs deux lignes font a.b, & b.c, perpendiculaires
l'vne fur l'extremité de l'autre, defquelles les autres extremitez, s'entregardent par la ligne a.c : &
parce que ie veux, que la raifon de a b, à b.c, foit comme de b.c, à la 3e, fur l'extremité c, de la ligne a.c : ie
fais vn angle egal à l'angle a, par la 23e propofitiõ du
premier: iceluy fera l'angle a.c.d, & les lignes a.b, &
c.d, eftendues s'entrecoupẽt au poinct d: car les angles
a, & a.c.d, font plus petits, que deux angles droits. Du
poinct d doncques ie fais le centre, & de la diftance a,
d, ie defcris la circonference a. c. e, dont la partie du
diametre, b.e, fera la troifiefme ligne proportionnelle à
a.b, & b.c, par le correlaire de la huictiefme propofition du fixiefme.

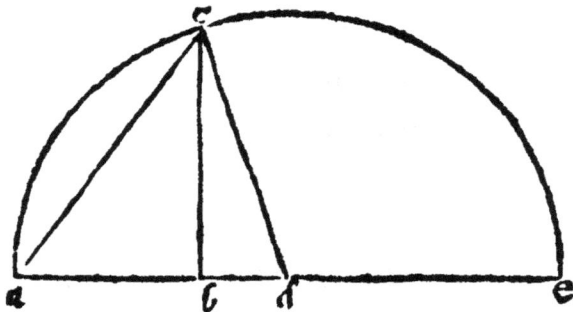

PROPOSITION DE QVATRE
quantitez proportionnelles.

S'Il y a quatre quantitez proportionnelles, la raifon
de toutes à la tierce & feconde comme vne, eft
cõme de la tierce & premiere cõme vne, à la feconde.
Les quatre quantitez proportionnelles font a.b.c.d.

La premiere est, a: la seconde, b, &c. Apres auoir consideré la raison à l'opposite, par la changee proportiö-
nalité 16e proposition du cinquiesme, la raison de d à
b, est comme de c à a, de la quarte à la seconde, comme
de la tierce à la premiere: & par la conioincte proportionnalité 18e proposition du cinquiesme, de d & b cöme vne à b, est comme c & a côme vne à a, de la quarte & seconde à la seconde, comme de la tierce & premiere à la premiere: & par la 2e proposition du cinquiesme, de d. b. c. a comme vne, à b & a comme vne,
est telle, qu'est de c & a comme vne à a, de toutes à la
seconde & premiere, comme de la tierce & premiere
à la premiere: & par la changée proportionnalité, de
toutes à la tierce & premiere, sera telle que de la seconde & premiere à la premiere: de a b. c. d comme v-
ne, à c & a comme vne, est vne raison telle, que de a
& b comme vne à a. Mais la raison de c à b est comme de b à a: par la douziesme proposition doncques du
cinquiesme, de c & b comme vne, à b est comme de b
& a comme vne à a, de la troisiesme & seconde à
la seconde, telle qu'est de la seconde & premiere à la
premiere. Et par ainsi, par la onziesme proposition
dudit cinquiesme, de toutes à la tierce & premiere, la
raison est telle, qu'est de la tierce & seconde à la seconde: de a. b. c. d. à c & a comme vne, est comme de
c & b comme vne à b: & encores par ladite changee
proportionnalité, de toutes à la tierce & seconde,
la raison est vne mesme, qu'est de la tierce & premiere à la seconde: de a. b. c. d à c & b comme

vne, eſt telle, qu'eſt de c & b comme vne, à b : comme
nous le voulions demonſtrer.

$\frac{1}{a}$	$\frac{2}{b}$	$\frac{4}{c}$	$\frac{8}{d}$	8.	2.	4.	1
				10.	2.	5.	1
				15.	3.	5.	1
				15.	5.	3.	1
				6.	2.	3.	1
				4.	2.	2.	1
				15.	5.	6.	2
				15.	6.	5.	2

LA DEMONSTRATION D'VNE
maniere de cognoiſtre vn nombre,
conceu de quelcun.

S'Il y a deux nombres diſtans enſemble ta. ?t ſeulement de l'vnité, & quelque nombre, moindre que
le plan qui ſe fait des deux, eſtāt diuiſé par le plus petit, laiſſe quelque choſe, mais par le plus grand il laiſſe rien : alors ce qui eſt laiſſé, eſt touſiours egal au combien. Ce que monſtre, par la premiere propoſition du ſecond, que le nombre diuiſé contient autant de fois le
plus grād, comme il reſte, quand il eſt diuiſé par le plus
petit. Si doncques quelcun a conceu 66, lequel il me
dit eſtre moindre à 10 fois 11 : ie luy demande ce, qui
reſte quand il eſt diuiſé par le plus petit, c'eſt à ſçauoir, par 10, il me dit 6, lequel ie multiplie par 11, fait
66. Puis apres il me dit que ledit nombre, qu'il a con-
                                                            ceu,

ceu, eſtant diuiſé par 11, laiſſe rien. Ie diray donc, qu'il
a conceu 66.

Encores, ſ'il y a deux nombres de telle diſtance que
nous venons de dire: le quarré du plus petit, contient le
plus grand vne fois moins, que n'eſt le plus petit, & 1
d'auantage. Et ſi dudit quarré ſe ſouſtraict le plus petit, le reſte contiẽdra le plus grand deux fois moins, que
n'eſt le plus petit, & 2 d'auantage. Et d'auãtage, ſi du
meſme quarré ſe ſouſtrait deux fois le plus petit, la reſte cõtiendra le plus grãd 3 fois moins, que n'eſt le plus
petit, & 3 d'auãtage, &c. Et par ainſi, ſi du quarré du
plus petit ſe ſouſtraict 3 fois le plus petit : la reſte contiendra le plus grãd autãt de fois, qu'eſt la differẽce du
plus petit à 4, & reſtera 4: ſi on en leue 6 fois le plus pe
tit, la reſte, diuiſee par le plus grãd, laiſſe 7, &c. Quel
cun doncques a conceu 60, qu'il me dit eſtre moindre à
10 fois 11: par-quoy ie luy dis, qu'il le diuiſe par le plus
petit c'eſt à ſçauoir, par 10. Il me reſſond, qu'il reſte
rien: & que l'ayant diuiſé par 11, il reſte 5: qui me mõſtre que, ſi du quarré de 10, c'eſt à ſçauoir, de 100, ie
ſouſtrais 4 fois 10, qui font 40, il reſte 60, pour le nõbre qu'il auoit penſé. Or eſt ce vne meſme choſe, de
partir 5 quarrez de 10, c'eſt à ſçauoir, 500, par le rectangle, qui ſe fait de l'vn par l'autre, qui eſt 110, &
prendre le reſte tant ſeulement pour le nombre conceu: car ſi 500 contiennent cinq quarrez de 10, ils en
contiennent bien 4 quarrez & leſdits 4 fois dix : leſquels ſouſtraicts de 500, il reſte le meſme 60.

Maintenant ſ'il a penſé vn nombre, c'eſt à ſçauoir,

Y

73, qui ne se peut partir iustement ny par l'vn, ny par
l'autre : ie luy demande tousiours s'il est plus petit que
10 fois 11, ou le plan de quelques autres de telle distance: ou bien s'il me dit, que son nombre s'escrit par deux
figures, ie prendray deux nombres, dont le rectangle
s'escrira par trois figures, &c. Ie luy demande donc le
reste d'iceluy party par 10, qu'il me dit estre 3 : & par
ainsi ie prens 3 fois 11, c'est à sçauoir, 33, lequel (comme
nous venons de dire) se partira par 11 & par 10 : il
laisseroit 3. Puis apres il me dit, que son nombre party
par 11, laisse 7 : qui fait, que de 100 si i'en leue 6 fois
10, il reste 40: qui se partira par 10, & par 11, il laisseroit 7. I'adiousteray dõcques 40 auec 33, ils font 73,
pour le nombre qu'il a conceu: car party par 10, il laisse autant que 33 party par 10: & party par 11, il laisse
autant, que 40 party par 11. Le mesmes aduiendra
de reste, si 733, de 7 fois 100, adiousté auec 33, se diuise
par 110 : car 700 contient 6 fois 100 & 6 fois 10:
dont il resteroit 40, lequel adiousté auec 33, il en viendroit 73. Et de là s'ensuit la reigle : A celle fin que tu
sçaches, dire à quelcun le nombre, qu'il aura pensé, demande luy par combien de figures il s'escrit : & prens
deux nombres distans de l'vnité, dont le rectangle s'escriue par vne figure plus, pour estre plus certain que le
produict excedera le nombre, qu'il a esleu:& pour plus
grande commodité, prens, pour le plus petit nombre, vn
nombre simple article. Puis apres tu luy feras partir le
nombre pensé par le plus petit, & ce qu'il te dira qu'il

reſte en la diuiſion, tu le multiplieras par le plus grãd,
& garderas ce produit : de là tu luy feras partir le petit nombre conceu par le plus grand, & le reſte qu'il
te dira , tu le multiplieras par le quarré du plus petit,
& adiouſteras au produict ce que tu as gardé . En fin
tu partiras le tout par le produict de tes deux nombres,
ſ'il ſe peut faire : & le reſte , ſera le nombre qu'il a
penſé : ſi non, ce que tu auras gardé, eſt le nombre qu'il
auoit pris.

F I N.

Y ij

APPENDICES, OV

COMMENTAIRES EXEMPLIFIEZ
sur l'Arithmetique de Géme Phrison:

Dediez à tref-noble, excellente, & vertueuse Dame,
Susanne Habert Parisienne, femme de Charles
du Iardin, valet de Chambre du Roy:

Par Lucas Tremblay Parisien, professeur és bonnes
sciences Mathematiques demeurant à Paris.
Le Mercredy, 1. iour de May, 1585.

OCTONAIRE A LADICTE
DAME DV IARDIN.

Madame, qui tres-fort aymez
Les nobles Vertus, & Sciences,
Touliours ceux-la vous estimez
Qui vous en font experiences.
C'est pourquoy voz faicts renommez
M'ont esmeu ce present vous faire,
M'asseurant bien que ne blasmez,
Chose qui tant vous peut complaire.

Anagramme du nom de madame du Iardin.

BAS HEVR NATENS.

SVR LA NVMERATION DES
nombres entiers contenus au premier liure
de l'Arithmetique de Gemme Phrison.

POur facilement nombrer, il faut en com-
mençant du cofté dextre diftinguer toutes
les figures ou lettres par triades, c'eft à dire
de trois en trois lettres: & dire à chacune tria-
de, Nombre, Dixaine, Centaine.
Mais la premiere triade fera Vnitez:
La feconde, Mille.
La tierce, Millions.
La quarte, Mille de millions.
La cinquiefme, Billions.
La fixiefme, Mille de Billions.
La feptiefme, Trillions.
La huictiefme, Mille de Trillions.
La neufiefme, Quatrillions.
La dixiefme, Mille de Quatrillions.
L'onziefme, Quintillions.
La douziefme, Mille Quintillions.
La treiziefme, Sextillions.
La quatorziefme, Mille de Sextillions.
La quinziefme, Septillions.
La feiziefme, mille de Septillions.
La dixfeptiefme, Octilions.
La dixhuictiefme, Mille d'Octilions.
La dixneufiefme, Nonilions.
La vingtiefme, Mille de Nonilions.
La vingt & vniefme, Decilions.

Y iij

La vingt deuxiefme, mille de Decilions.

La vingt troifiefme, Onzilions.

La vingt quatriefme, mille d'Onzilions.

La vingt & cinquiefme, Douzilions.

La vingt fixiefme, mille de Douzilions

La vingt feptiefme, Treizilions.

La vingt huictiefme, mille de Treizillions.

La vingt neufiefme, Quatorzilions.

La trentiefme, mille de Quatorzillions.

La trente & vniefme, Quinzilions.

La trente deuxiefme, mille de Quinzilions.

La trentretroifiefme, Seizilions.

La trente quatriefme, mille de Scizilions.

La trente cinquiefme, Dixfeptilions.

La trente fixiefme, mille de Dixfeptilions.

La trente feptiefme, Dixhuictilions.

La trente huictiefme, mille de Dixhuictiliõs.

La trente neufiefme, Dixneufilions.

La quarantiefme, mille de Dixneufilions.

La quarante & vniefme, Vingtilions.

La quarante deuxiefme, mille de Vingtilions.

Et ainfi confequemment en procedant iufques en infiny. Tellement que lõ pourroit dire Trentilions, Quarantilions, Cinquantiliõs, Centilions, Bifcentilions, Trecentiliõs, Quadricentilions, Quinticentilions. Et cetera.

Et certes ces mots font à mon iugement plus receuables, que toutes ces dictions efpouuentables & barrogoüynes de Miliart,

Miliart de Milliart Mille Mille MilleMiliart de
Miliart.Mefmes Megret en fa Grâmaire Fran-
çoife a vfé de ces Triades iufques aux quinzilions. Ce que Claude de Boifsiere Daulphi-
nois a enfuiuy en fon Arithmetique, laquelle i'ay quelque peu reueuë & augmentee &
leuë publiquemét, depuis vingt & quatre ans.

Or il faut noter que vne vnité prochainement precedente vaut dix vnitez prochainement fuyuantes. Tellement que comme en vn
mille il y a dix cens, & en vn cent y a dix fois
dix, & en vne dixaine il y a dix fois vn : aufsi
en vn quintilion il y a dix cens mille de qua-
trillions:en vn quatrilion il y a dix cens mille
de Trilions.
En vn Trilion,dix cens mille de Billions.
En vn Billion,dix cens mille de milions.
En vn mille de million,dix cens millions.
En vn million dix cens mille. En vn mille y
a dix cens:en vn cent,dix fois dix:en vn dix,y
a dix fois vn.
En vn vingtillion, y a dix cens mil de dix-
neufillions.
En vn dixneufillion,dix cens mil de dixhuictilions.
En vn dixhuictilion,dix cens mil de dixfec-
ptilions.
En vn dixfeptilion,il y a dix cens mille

de seizilions: En vn centilion y a dix cens mille de nonante neufillions, & ainsi consequemment.

Tellement qu'en l'exemple suyuant il y auroit.

123|456|789|027|434|762|742|780 soldats.

Cent vingt trois mille de Trillions: quatre cens cinquante six trillions: sept cens octâte neuf mille de billions: vingt sept billions: quatre cens trente quatre mille de millions: sept cens soixante deux millions: sept cens quarante deux mil, sept cents octante soldats, Escus, Loups, Brebis, Moutons, Poulles, ou Regnards.

SVR L'ADDITION DES NOMBRES ENTIERS DE MESME ESPECE.

Le denombrement des enfans d'Israel aagez de vingt ans & plus, portans armes qui sortirent d'Egypte, faict au desert de Synay de chacune Tribu & lignee.

DE la tribu de Ruben y auoit	46500 hom.
De la tribu de Symeon	59300 hom.
De la tribu de Gad	45650 hom.
De la tribu de Iuda	74600 hom.
De la tribu d'Issachar	54400 hom.
De la tribu de Zabulon	57400 hom.
De la tribu d'Ephraim	40500 hom.

De la tribu de Manaſſé   32200 hom.
De la tribu de Beniamin   35400 hom.
De la tribu de Dan   62700 hom.
De la tribu d'Aſer   41500 hom.
De la tribu de Nepthalim   53400 hom.

Somme toute il y auoit   603550 hom.

ſans les femmes & les enfans & ieunes gar-
ſons au deſſoubs de l'aage de vingt ans. Six
cens trois mille, cinq cens ciuquante hômes,
que Moyſe conduiſoit ſoubs la protection de
Dieu.

ADDITIONS DE DIVERSES

eſpeces.

3480 eſcus	45 ſols	8 deniers
970 eſcus	59 ſols	10 deniers
15248 eſcus	35 ſols	11 deniers
2000 eſcus	22 ſols	3 deniers
150 eſcus	20 ſols	9 deniers
100 eſcus	27 ſols	5 deniers

21951 eſcus	191 ſols	* 6
	11	10 deniers

Faut reduire les deniers en ſols, & les ſols en
liures ou eſcus, & eſcrire le reſte au deſſous.
Comme és meſmes eſpeces on eſcrit ce qui
eſt outre les dixaines : en adiouſtāt ce quelon
a retenu, auec ſon ſemblable. Faut noter que
le denier vaut deux oboles ou mailles : & l'o-
bole deux pittes.

346 liures	12 fols	4 den.	ob	pitt.
1564 liures	19 fols	11 den.	ob	pitt.
253 liures	16 fols	10 den.	ob	pitt.
1250 liures	1 fols	2 den.	ob.	

| 3415 liures | 5ɸ fols | 29 den. | ob. | pitte. |
| | 10 | 5 | | |

ORFAVERIE.

150 marcs	5 Onces	20 den.	16 grains
68 marcs	7 Onces	23 den.	20 grains
12 marcs	3 Onces	12 den.	19 grains

| 232 marcs | 27 Onces | 57 den. | 55 grains. |
| | 1 | 9 | 7 |

Au marc y a huict onces: a l'once y a vingt-
quatre deniers, & au denier, 24. grains.

TOISAGE.

36 toifes	4 pieds	9 poulces	10 lignes
60 toifes	5 pieds	11 poulces	11 lignes
125 toifes	3 pieds	10 poulces	9 lignes

| 223 toifes | 14 pieds | 52 poulces | 3ɸ lignes |
| | 2 | 8 | 6 |

A la toife y a fix pieds: au pied douze poulces, au poulce douze lignes.

ARPENTAGE.

34 arpents	59 perches	20 pieds	6 poulces
160 arpents	99 perches	18 pieds	10 poulces
18 arpents	35 perches	15 pieds	8 poulces
14 arpents	20 perches	3 pieds	2 poulces

| 228 arpents | 218 perches | 58 pieds | 26 |
| | 15 | 14 | 2 poul. |

L'arpent vaut cent perches : la perche vaut 22 pieds,(quelquefois plus ou moins selon les pays:)le pied,douze poulces:le poulce,douze lignes.

Pour adiouster ces additions,il faut reduire les moindres especes aux plus grandes prochaines. Et suyuant cela on pourra adiouster toutes autres choses que lon voudra,pourueu que l'espece precedente contienne plusieurs fois rondement la prochaine ensuyuante.

SVR LA SVBSTRACTION
naturelle de diuerses especes des nombres entiers.

DEbte	3462 Escus	40 sols	8 deniers
Paye	3 6 0 Escus	35 sols	5 deniers
Reste	3102 Escus	5 sols	3 deniers
Preuue	3462 Escus	40 sols	8 deniers

SVBSTRACTION ADVERSE DE
diuerses especes : là où il faut emprunter à vne valeur de la prochaine espece, soit à vn sol, soit à vn escu, ou à vne liure, ou bien à vne dixaine.

Debte 34001 efcus 20 fols 7 deniers.
Paye 7068 efcus 30 fols 9 deniers.
Refte 26932 efcus 49 fols 10 deniers.
Preuue 34001 efcus 20 fols 7 deniers.

D 34040 liures
P 17408 liures 12 fols 3 deniers.
R 16631 liures 7 fols 9 deniers.
P 34040 liures 10 12
Debte 3462 efcus 50 fols 2 deniers.
Paye 1779 efcus
Refte 1683 efcus 50 fols 2 deniers.
Preuue 3462 efcus 50 fols 2 deniers.

POVR SCAVOIR L'INTERVALLE
des temps, pour la Chronologie.

Debte 1585 ans, l'an courant.
Paye 789 ans, l'an que mourut vn Roy.
Refte 796 ans qu'il y a depuis fon decez.
Preuue 1585

Faut foubftraire de l'an courât l'an qui cou-
roit certain an propofé: Et le refte fera le téps
qui eft expiré depuis ce temps là.

Pour faire la preuue de fubftraction, il fault
que le prouenu de la paye & de la refte, face
autant que la debte.

Mais pour prouuer l'Addition, Il faut de la
fomme totale fubftraire la derniere fomme

particuliere:Et si le Reste de la substraction est
egal au prouenu de toutes les autres sommes
particulieres de l'addition estans adioustees
ensemble,l'on a bien fait.Autremét,l'on a failly.

SVR LA MVLTIPLICATION
des nombres entiers.

LA table suyuante de la multiplication des digits
l'vn par l'autre,faicte en carré,selon Oronce, est
plus facile que la triangulaire de Gemma Frizen : Et
sert tant pour la multiplication que la diuision.

1	2	3	4	5	6	7	8	9
2	4	6	8	10	12	14	16	18
3	6	9	12	15	18	21	24	27
4	8	12	16	20	24	28	32	36
5	10	15	20	25	30	35	40	45
6	12	18	24	30	36	42	48	54
7	14	21	28	35	42	49	56	63
8	16	24	32	40	48	56	64	72
9	18	27	36	45	54	63	72	81

POVR sçauoir combien vallent neuf fois
huict, il faut prendre neuf,au costé senec-
stre de ladicte table,& aller tout droit iusques
au droict du huict de la partie superieure d'i-
celle: & vous trouue, 72 en l'angle commun.
Parquoy direz que 9 fois y vallent 72. Et en
72 y a neuf fois huict, ou huict fois neuf.

Et ainsi des autres.

$$
\begin{array}{r}
3\ 6\ 0\ 0\ 0\ \text{foldats} \\
\text{à}\ \ 1\ 2\ 5\ \text{efcus par an} \\
\hline
1\ 8\ 0\ 0\ 0\ 0 \\
7\ 2\ 0\ 0\ 0 \\
3\ 6\ 0\ 0\ 0 \\
\hline
4\ 5\ 0\ 0\ 0\ 0\ 0\ \text{ef. pour } 1.\ \text{an}
\end{array}
$$

$$
\begin{array}{r}
3\ 6\ 0\ \text{degrez} \\
\text{à}\ \ 3\ 0\ \text{lieuës Fran-} \\
\text{çoiſes pour degré, ſelon Appian.} \\
\hline
1\ 0\ 8\ 0\ 0 \\
\hline
1\ 0\ 8\ 0\ 0\ \text{lieuës pour le}
\end{array}
$$

circuit de la terre

$$
\begin{array}{r}
3\ 6\ 0\ \text{degrez,} \\
\text{à}\ 3\ 1\ \text{lieuës}\ \tfrac{1}{4}\ \text{ſelon Orôce \& Ptolomee} \\
\hline
3\ 6\ 0 \\
1\ 0\ 8\ 0 \\
9\ 0\ \text{pour le quart de lieuë.} \\
\hline
1\ 1\ 2\ 5\ 0\ \text{lieuës que la terre a de circuit.}
\end{array}
$$

$$
\begin{array}{r}
1\ 5\ 8\ 5\ \text{ans} \\
\text{à}\ \ 3\ 6\ 5\ \text{iours}\ \tfrac{1}{4}. \\
\hline
7\ 9\ 2\ 5 \\
9\ 5\ 1\ 0 \\
4\ 7\ 5\ 5 \\
396\tfrac{1}{4}\ \text{pour le quart de iour.} \\
\hline
\end{array}
$$

Vallent 578921 iours & $\tfrac{1}{8}$.

36740 Portugaifes
35 liures 12 fols 6 deniers piece

183700
11220

1285900 liures
22044 liures pour les 12 fols
918 liures 10 fols pour les 6 deniers

1308862 liures 10 fols tournois
36740 Portugaifes
à 12 fols

73480
36740

440880 fols
22044 liures
36740 Portugaifes
18370 fols
918 liures 10 fols

NOTA, que pour faire cefte operation
tout au long, il faudroit multiplier les Portugaifes par 35 liures: puis par 12 fols : puis par 6
deniers: & apres il faudroit par reigle briefue
ou reigle longue reduire les fols en liures :
& icelles adioufter auec les liures, puis les deniers en fols, & les fols en liures : & puis les adioufter auec les liures : & finalement adioufter
enfemble tout cela comme il appert cy deffus.
Dont lefdictes 36740 portugaifes vaudroient
1308862 liures 10 fols tournois.

QVand il y a des Escus, sols, & deniers à partir ou diuiser à certain nóbre de personnes. Il faut premierement diuiser les escus par le diuiseur proposé : & s'il reste quelque chose, le faut côuertir en sols: & les adiouster auec les sols proposez en la diuision: Et s'il reste des sols, il les faut reduire en deniers, & les adiouster auec les autres deniers proposez à diuiser, & diuiser tant les sols que les deniers par le mesme diuiseur. Et s'il reste des deniers, il en faut faire des oboles, ou des pittes, & diuiser comme dessus. Et s'il reste encore quelques pittes ou oboles, qui ne peuuent estre diuisez par le diuiseur, il faut escrire ledict Reste sur le diuiseur, & en faire vne fraction d'obole, ou de pitte, ou de deniers si le cas le requiert, comme il appert en l'exemple suyuãt.

3470 escus 50 sols 8 deniers.
à partir à 19 hommes.

1

1 7 3
2 5 5 2
3 4 7 0 escus (182 ¹⁴⁄₁₉
1 9 9 9
5 2

Reste 12 escus
60 sols
720 sols

720 sols

720 ſols

Adiouſtez 50 ſols　　31

　　　770 ſols　770 (40 ſols $\frac{10}{19}$

　　　　　　　　　199

　　　　　　　　　1

Reſte 10 ſols

　12 deniers

　　20

　　10

　120 deniers　　64

Adio. 8　　　128 deniers

　128 deniers　1 9　　(6 $\frac{4}{19}$

Reſt. 14 deniers

　2 mailles　1 9

　28 mailles　$\frac{28}{19}$ (1 ob. & $\frac{9}{19}$ d'obo.

Parce que 9 mailles ne vallent que 18 pittes,
leſquelles ne peuuent eſtre diuiſees par 19, il
en fault faire $\frac{9}{19}$ de maille en fraction.

Parquoy ie concluds que chacun doit auoir
pour ſa part, 182 eſcus 40 ſols 6 deniers, obole,
& $\frac{9}{19}$ d'obole, ou de maille.

La preuue de diuiſion ſe fait, en multipliant
la part par le diuiſeur, & adiouſtát au produit
le reſte de la diuiſion, ſi reſte y a.

Et ſi tout le prouenu eſt egal à la ſomme que
lon a diuiſee, lon a bien fait, pourueu que le re-

Z

ſte ſoit moindre que le diuiſeur, autrement
lon a failly : comme il appert en l'exemple
ſuyuant.

83
17
2895
37+0 (19| 35
2958 195
19

Preuue

195 le diuiſeur
19 la part.

1755
195

Reſte 35 Adde

3740 ſomme
à diuiſer.

LA PREVVE DE MVLTIPLI-
CATION.

Il faut diuiſer la ſomme totalle, par le ſecód
multiplicateur ou nombre multipliant, & ſi la
part de la diuiſion eſt egalle au premier multiplicateur ou nombre multiplié, l on a bien
faict, comme il appert en l'exemple ſuyuant.

Preuue

346 premier multiplicateur. 18
19 ſecond multiplicateur. +1

11   587
346   65 + 346
3574 ſomme totalle   1999
11

POVR SCAVOIR L'AAGE DE la lune, par l'Arithmetique, sans Calendrier ny Almanach.

PRemierement il faut trouuer le nombre d'or, & pour ce faire il faut adiouſter vn an aux ans de la natiuité de noſtre Seigneur Ieſus Chriſt, & diuiſer le prouenu par dixneuf. Et ce qui reſtera ſera le nombre d'or de ladiête annee: mais ſ'il ne reſte rien de la diuiſion, nous aurons dixneuf pour nombre d'or.

EXEMPLE.

1585		39	l'an 1585
1 Adde		7 6	le nombre
1586		1586 (83 19	d'or eſt 9.
		199	

POVR TROVVER LE BISSEXTE.

Il faut diuiſer par quatre les ans de ladiête natiuité. Et ſ'il ne reſte rien de la diuiſion, il ſera Biſſexte en ladiête annee. Mais ſil reſte vn, il ſera le premier an d'apres : & ſil reſte deux, il ſera le ſecond an d'apres: & ſil reſte trois, il ſera le tiers an d'apres le Biſſexte.

EXEMPLE.

321
1585 (396 ¼
444

1585 nous auons le premier an d'apres le Biſſexte.

POVR TROVVER L'EPACTE.

COmbié que ſelon Iacq. Pelet. en ſes annotatiós qu'il a faiteſſur l'Arithmetique Latine de G.F. il cuyde auoir dóné le moyen de

Z ij

trouuer l'Epacte en multipliãt le nombre d'or par onze, & diuisant le prouenu par trête, disant que ce qui restera de la diuision, sera l'Epacte. Conformément à ce qui est trouué es tables d'Alfonse commentees par feu M. Pasquier Hamelin. Si est-ce que cela n'est pas vniuersel, mesmemét depuis le temps de la reformation du Calendrier Rommain. Parquoy ie suis d'aduis que lon adiouste touliours onze à l Epacte de l'an passé, & si le prouenu est moindre que trente, ce sera l'Epacte de l'an prochain. Mais s'il y a plus de trente, ce qui sera outre, sera l'Epacte requise pour ladite prochaine annee, que si ledict prouenu valloit trente precisé, l'Epacte de l'annee suyuante seroit vn.

Or l'Epacte est le surcroist resultant des onze iours, dont nostre an commun excede les douze Lunaisons.

EXEMPLE.

1584 l'Epacte fut 18. Parquoy si lon y adiouste onze, nous aurons 1585, pour Epacte 29. Aussi en adioustant onze à 29, il prouiendra 40, dõt il faudra oster trente, & il restera 10 pour l'Epacte de l'an 1586. Et ainsi faut continuer, cõme dict est.

POVR TROVVER LE IOVR DE
la nouuelle lune, par le moyen de l'Epacte & des considerations ensuyuantes.

A L'Epacte il faut adiouſter le nombre des Calendes ou premiers iours des mois qui ſont expirez depuis Mars, à commencer d'iceluy, ſi la nouuelle lune que lon cherche eſt depuis le premier de Mars, iuſques au dernier de Decembre incluſiuement. Mais ſi depuis le premier de Ianuier iuſques au dernier de Feurier, il faut commencer à compter dés Ianuier, & finir en Feurier. & adiouſter vn, ſi c'eſt en Ianuier, ou Feurier. Apres cela il y faut adiouſter le nombre des iours du moys. Cela fait, il faut ſubſtraire ledit prouenu, de trente, & ce qui reſtera, monſtrera l'aage de la Lune. Et ſil reſte vn, elle a vn iour: mais ſil reſte 7. elle a ſept iours, & eſt le premier quartier: ſil reſte quatorze, il eſt pleine Lune: ſil reſte 21. il eſt le dernier quartier. Et ſil ne reſte rien, il n'y a point de lune.

EXEMPLE.

Ie veux ſçauoir le dixhuictieſme de Iuillet 1585 combien la lune aura de iours. Premierement ie mettray l'Epacte de ceſte annee qui eſt vingt & neuf, à laquelle i'adiouſteray cinq pour nombre des Calendes, ou nombre des premiers iours des mois qui ſont depuis Mars, qui ſont cinq, en comptant vn pour Mars, vn pour Auril, vn pour May, vn pour Iuing, & vn pour Iuillet. Et il prouiendra trente quatre, auſquels i'adiouſteray le nõbre des iours

Z iij

& quantiesme du mois qui est dixhuict, & il prouiendra cinquante deux, desquels i'oste-ray trente, & il restera vingt & deux iours pour l'aage de la lune.

Toutesfois comme dit Peletier en ses annotations sur Gemme Frizon, cela s'entend desmoyennes conionctions, ou oppositions: qui peuuent differer du vray mouuement & aage de la Lune par l'espace de treize heures & d'auantage. Or le vray aage de la lune se treuue és Ephemerides iustifiees au clymat où lon est: comme il se treuuera aussi és Almanachs qui sont precisemét calculez: comme ceux que i'ay faicts depuis quatre ans. Où ie me suis bien donné de garde de prendre quinze pour quatorze, ou quatorze pour quinze. Et pour ce faire i'ay eu vn grandissime labeur, pour tousiours proffiter à la Republique.

DEVX EXEMPLES
D'ARCHITECTVRE, TIREZ
de la faincte Efcriture, l'vn du temple
de Salomon: & l'autre de l'Ar-
che de Noé.

*Sur la quatriefme Partie de l'Arithmetique de Gē-
me Phrifon, traittant des Proportions.*

NOvs lifons au tiers liure des Roys, fixiefme chap. que le temple de Salomon en
Ierufalē auoit 60 couldees de lõg, vingt couldees de large, & 30 couldees de hault: fans cõ-
prédre le porche qui eftoit aufsi lõg que la lar
geur du tēple, & auoit dix couldees de large.
A fçauoir en quelle proportiõ eftoit bafty le
fufdit tēple, & iceluy porche, & cõbiē il auoit
de toifes? *RESPONSE.*
Le tēple eftoit fait en proportion harmoni-
que ou de Mufique, fi lon cõpare la longueur,
la hauteur, & la largeur l'vne auec l'autre, c'eft
à fçauoir 60 — 30 — 20, qui refpondent à
6 — 3 — 2. Dont lés deux extremes 60 &
20, ou bien 6 & 2 font en proportion triple,
reprefentans diapafon, diapente, ou la douziefme de Mufique. Mais 60 & 30, ou

Z iiij

bien 6 & 3 font en proportion double, reprefentans le Diapafon, ou l'Octaue. Comme 30
& 20, & 3 & 2 font en proportió fefquialtere,
reprefentans le Diapente de Mufique, ou la
quinte. Or la difference de 60 à 30 & de 30 à
20 font en proportion triple. Car la difference
de 60 à 30 c'eft 30, & de 30 à 20 c eft 10. Mais
30 à 10 font en proportion ou raifon triple :
comme 60 à 20 font en raifon triple. Ou bié
tout ainfi qu'en ces trois nombres 6, 3, 2. fix
& deux font en raifon triple, comme les differences de fix à trois & de trois à deux font
en proportió triple, comme il appert aux fuyuantes operations.

$$60\text{---}30\text{---}20 \quad | \quad 6\text{---}3\text{---}2$$
$$30 \quad 10 \quad | \quad 3 \quad 1$$

OR qui demanderoit combien de toifes de
Paris valans chacune fix pieds de long,
contenoit ledit temple en longueur, hauteur,
& largeur.

Il faut confiderer que la couldee felon laquelle il eft mefuré en l'Efcripture eft diuerfe-
ment prinfe: car comme dit Calepin, la couldee qu'que fois vault fix paulmes, & quatorze doigts. Et conuient noter qu'il y a deux
fortes de Paulme, c'eft à fçauoir la maieure, &
la mineure. La maieure vault douze doigts: &

est dicte en Grec *Epitame*. Mais la mineure
vault quatre doigts, & est dicte en Grec *Pale-*
stes. Or le doigt vaut quatre grains d'orge, mis
en large, & non en lóg: & le pied de Roy vaut
seize doigts, ou douze poulces. Et comme
recite Vitruue liure troisiesme, la couldee
vaut vn pied & demy. Le pied est la sixiesme
partie de nostre hauteur : mais la couldee en
est la quarte partie. D'auantage comme dict
Herodote liure 1. il y a la couldee de Roy laquelle est plus grande de trois doigts que la
commune. Outre plus comme disent Sainct
Augustin & sainct Origene, il y a la couldee
Geometrique: laquelle vaut autant que six de
nos couldees communes. Mais la commune
coudee vaut vn pied & demy, parquoy ceste
couldee Geometrique (seló laquelle, comme
i'estime, estoit mesuré le temple de Salomó, &
l'arche de Noé) vaudroit neuf pieds de Roy.
Dont iceluy temple auoit 540 pieds de long,
qui valent 90 toises: Et 270 pieds de haut, qui
vallét 45 toises: Et 180 pieds de large, qui valent 30 toises. Comme il appert aux suyuantes operations.

1½ pied	60 long	30 hault	·20 large
6 longueurs	9	9	9
6	540 pieds	270 pieds	180 pieds
3		3	
9 pieds pour	ꝗ ꝗ φ | 90	ꝗ ꝗ φ | 45	180 | 30
couldee	ϐ ϐ | toif.	ϐ ϐ | toif.	ϐ ϐ | toifes.

90 — 45 — 30

45   15

Mais le porche dudict têple auoit dix couldees de large, qui vallent 90 pieds, ou quinze
toifes fur 20 couldees de lôgueur, ou 30 toifes.

10 couldees	3
9	ϸ φ
90 pieds	ϐ ϐ (15 toifes de largeur

N O T A.

Et qui voudroit dire que le temple de Salomon estoit faict felon la mefure de la commune couldee vallât vn pied & demy, il f'en-
fuyuroit qu'il n'auroit eu que quinze toifes de
long, & fept toifes & demye de haut fur cinq
toifes de large: ie m'é rapporte à ce qui en eft,
& aux Pelerins de Ierufalem, f'ils ont peu re-
marquer les vrays fondemens d'iceluy temple. Qui eftoit le plus grand & magnifique de
tout le monde.

Quâd à l'arche de Noé, i'en dis autât, car fi
on la mefure à la petite ou cômune couldee,
elle auoit de lôg trois cés couldees valàs 75.

toifes, & de large 50 couldees vallans douze
toifes & demye, & de haut 30 couldees vallans 7 toifes & demye. Mais fi on la trouue
trop petite pour y loger huict perfonnes, &
de tous les animaux auec les viures pour vn
an:il la faudra mefurer felon la grande couldee deffufdicte laquelle vault 6 couldees cô-
munes ou petites. Et elle aura de lôg 450 toifes, & de large 75 toifes, & de haulteur 45 toifes, felô la mefure de la couldee alleguee par
Sainct Augustin & Sainct Origene. Et alors
on ne la trouuera trop petite pour contenir
tout ce qui estoit dedans. Ladicte mefure de
l'Arche est en Genefe fixiefine chapitre.

Et fi quelque infidelle, ou Atheiste veut dire,
comment est il pofsible que tant bestes cruel-
les & fauuages eftans dedans l'Arche, pou-
uoient durer enfemble, fans faire mal à Noé,
à fa femme, à fes trois fils, & fes trois filles, &
à tous les autres animaux domeftiques & plus
doux qui y estoient, & comment ils ne f'en-
tremangeoient : ie leur refponds que rien
n'est impofsible à Dieu, qui a gardé Da-
niel estant en la foffe des Lyons fameli-
ques : & Sidrach, Mifach, & Abdenago
dedans la fournaife ardente, lefquels aufsi

par fa puiffance & bonté infinie,a contenu en
paix tous les animaux qui eftoient en ladicte
Arche de Noé.Car Dieu eft veritable & fide-
le en toutes fes parolles & promeffes , & eft
puiffant & bon p... conferuer tous ceux qui
luy plaift,& efperent en luy. Lequel ie fupplie
nous deliurer & preferuer de tous maux, &
nous afsifter en tout lieu. Amen.

*A luy foit honneur & gloire eternellement, qui
m'a deliuré d'innumerables perils & dangers, & de-
liurera toufiours, f'il luy plaift. Amen.*

L'arche auoit 300 couldees de long
           50 couldees de large
           30 couldees de hault

$$300 \, (6 \qquad \qquad 2 \qquad \qquad$$
$$50 \qquad \qquad \frac{50}{30}(1 \tfrac{2}{3} \qquad \frac{100}{300}(10$$
$$\qquad \qquad \qquad \qquad \qquad \qquad 3$$

---

75 toifes	12 toifes $\frac{1}{2}$	7 toifes $\frac{1}{2}$
6	6	6
450 toiles de long	72	42
	3	3
	75 toifes de large	45 toif. de haut.

Dont la longueur & la largeur eſtoient en proportion ſextuple, mais la largeur à la hauteur, en proportion bipartiente tierces : & la longueur à la hauteur, en proportió decuple.

Ie me contenteray pour ce coup de ſi peu d'Annotations & Appendices, iuſques à l'autre impreſsion : laquelle parauenture on fera entre cy & quelques ans.

EXHORTATION A LA VRAYE

NOBLESSE, ET PAR CONSE-
quent aux Sciences & Vertus.

TOVS ceux & celles qui sont tres-fort ama-
teurs des Sciences & Vertus, sont tres-nobles.
Car la vraye Noblesse viêt des Vertus. Dont les vnes
sont Theologales, comme Foy, Esperance, & Chari-
té: les autres sont Cardinales ou Morales, côme Pru-
dence, Iustice, Force & Temperance. Et les autres
sont Intellectuelles, comme les Sciences, les sept arts
Liberaux, entre lesquels sont les Mathematiques:
Arithmetique, Geometrie, Musique, Astrologie:
sans oublier les trois premiers d'iceux, c'est à sçauoir,
Grammaire, Rethorique, & Dialectique. Et generalement toute la Philosophie, tant Rationelle que Naturelle, & choses qui en deffendent. Parquoy i'exhor-
te la Ieunesse, à tousiours embrasser les Vertus &
bonnes Sciences. Car si elle est de noble Race, elle en
sera doublement noble: Mais si elle est d'infime, vile,
& basse côdition, elle en deviendra ennoblie. On peut
affermer le contraire de ceux qui degenerent, ou sont
contempteurs des Sciences, & des Vertus.

A PARIS,

Acheué d'imprimer par CHARLES
ROGER, l'vnziesme iour du mois
de May, M. D. LXXXV.

VIRTVTIS ET GLORIÆ,

COMES INVIDIA.

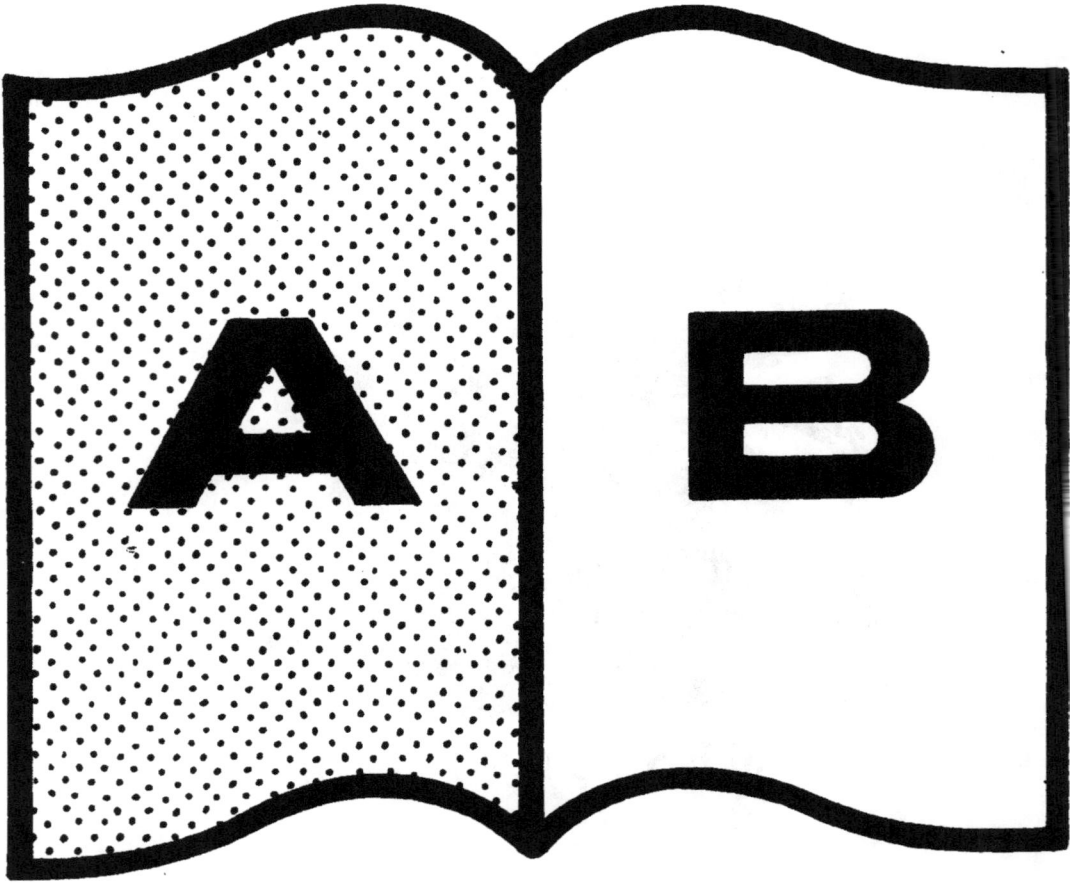

A **B**

Contraste insuffisant

NF Z 43-120-14

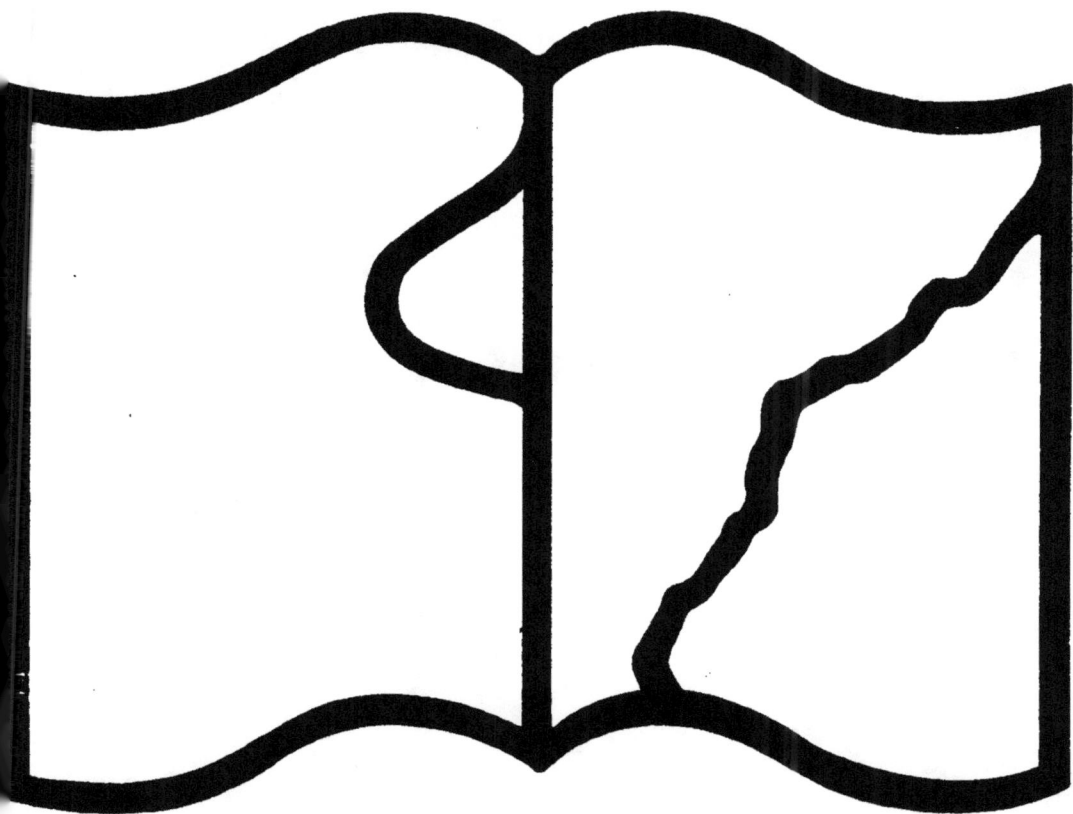

Texte détérioré — reliure défectueuse

NF Z 43-120-11